Das inoffizielle Android-Handbuch

Andreas Itzchak Rehberg

Das inoffizielle Android-Handbuch

WILEY

Bibliografische Information der Deutschen Nationalbibliothek

Die Deutsche Nationalbibliothek verzeichnet diese Publikation in der Deutschen Nationalbibliografie; detaillierte bibliografische Daten sind im Internet über http://dnb.d-nb.de abrufbar.

1. Auflage 2016

Coverbild: kirill makarov@fotolia.com
Umschlaggestaltung: Torge Stoffers Graphik-Design, Leipzig
Korrektur: Petra Heubach-Erdmann
Satz inmedialo Digital- und Printmedien, Plankstadt
Druck und Bindung: Media Print, Paderborn

ISBN 978-3-527-76068-8

Inhaltsverzeichnis

Vorwort **13**

Hinweise zur Benutzung des Buchs **15**

Danksagung **17**

1 Grundlagen für den Einsteiger **19**

1.1 Grundlegendes zur Bedienung des Androiden 19

1.1.1 Knöpfe 19

1.1.2 Der Touchscreen 22

1.1.3 Der Sperrbildschirm 22

1.1.4 Die Benachrichtigungsleiste 25

1.1.5 Der Benachrichtigungsbereich 26

1.1.6 Benachrichtigungen für einzelne Apps verbieten 28

1.1.7 Google-Konto 31

2 Mit Android arbeiten **37**

2.1 Steuerzentrale: Einstellungen und »Switches« 37

2.1.1 Konfiguration 37

2.1.2 Schnelleinstellungen 44

2.1.3 Zusätzliche Einstellungen 45

2.2 Anwendungen verwalten 45

2.2.1 Apps? APK-Datei? 45

2.2.2 Bordmittel 46

2.2.3 Default-Apps 50

2.2.4 Play-Store-Ergänzungen 52

2.2.5 Playstore-Alternativen 53

2.2.6 Alternative Verwaltung 57

2.2.7 Apps aus »alternativen Quellen« 58

2.2.8 Apps organisieren 59

2.3 Datensicherung 61
2.3.1 Wie Android die Daten verwaltet 62
2.3.2 »Shared Storage« – oder »Die« SD-Karte 62
2.3.3 Google Cloud Backup 64
2.3.4 Vollständiges Backup ohne root und Cloud 67
2.3.5 Lösungen von Drittanbietern 70
2.4 Zurücksetzen 71
2.4.1 Softreset 71
2.4.2 Hardreset 72
2.4.3 Factory-Reset 72
2.4.4 Wipe des Dalvik-Cache 73
2.4.5 Safe-Mode 74
2.5 Von Task-Killern und anderen bösen Buben 74
2.6 Datenaustausch mit dem PC 75
2.7 Datenaustausch zwischen Android-Geräten 77
2.7.1 Bluetooth 77
2.7.2 Android Beam 78
2.7.3 Wi-Fi Direct 79
2.8 Den Funktionsumfang mit Apps erweitern 80
2.8.1 Telefonieren 81
2.8.2 Mail 83
2.8.3 Lektüre 84
2.8.4 Schule und Studium 85
2.8.5 Unterwegs 87
2.8.6 Gesundheit 88
2.8.7 Büro, Office & Verwaltung 90
2.8.8 Augmented Reality 95
2.8.9 Fernbedienen und Überwachen 96
2.8.10 Multimedia: Alles, was Krach macht 96
2.8.11 Fotografie 98
2.8.12 Tools 99
2.8.13 Automatisieren von Aufgaben 101
2.9 Benutzer und Profile 102
2.9.1 Benutzer 102
2.9.2 Profile 104

3 Sicherheit 105
3.1 Was brauche ich wirklich? 105

3.2 GMV 105
3.3 Firewall und Antivirus: Worum handelt es sich da eigentlich? 106
3.4 Antivirus und Anti-Malware 108
3.5 Bei Diebstahl und Verlust 109
3.6 Worauf Apps Zugriff haben 112
3.7 Apps vor unbefugtem Zugriff schützen 113
3.8 Kinderschutz 114
3.9 In fremden Netzen 116

4 Privatsphäre 119
4.1 Privacy First? 119
4.2 Kontakte und Kalender 121
4.3 Ortsdaten 123
4.4 Welche Daten sammelt Google eigentlich? 124
4.4.1 Was Google sammelt 124
4.4.2 Was Google mit den gesammelten Daten macht 125
4.4.3 Wo man die erfassten Daten kontrollieren kann 126
4.4.4 Welche Daten wohin weitergegeben werden 127
4.5 Digitales Testament 128
4.6 Welche Apps und Unternehmen sammeln sonst noch fleißig? 128
4.7 Die Cloud 131
4.8 Google Now 132
4.9 Zwischenbilanz 136
4.10 Weitere Aspekte 136
4.11 Werbefinanzierte Apps 137
4.11.1 Wie kann man sich schützen? 139
4.12 Was bringen sichere Apps, wenn die Schnüffler ohnehin schon im System sitzen? 142
4.13 Gibt es noch mehr zu beachten? 144
4.14 Es sind doch nur Verbindungsdaten! 144

5 Fragen aus Alltag und Praxis 147
5.1 Google-Account 147
5.1.1 Wozu brauche ich einen Google-Account? 147
5.1.2 Kann ich einen Account mit mehreren Geräten nutzen? . . . 147
5.1.3 Wie kann ich meinen Google-Account ändern? 147
5.1.4 Kann ich die YouTube-App mit einem alternativen Account verwenden? 148

5.2 *Google Play Store* . . . 148
5.2.1 Ich finde den *Play Store* auf meinem Gerät nicht! . . . 148
5.2.2 Warum finde ich die App im *Play Store* nicht? . . . 149
5.2.3 Kann ich eine solche »inkompatible App« trotzdem irgendwie installieren? . . . 149
5.2.4 Wie kann ich einen Play-Store-Download abbrechen? . . . 150
5.2.5 Kann ich mir im Browser am PC anzeigen lassen, welche Apps ich auf welchem Gerät installiert habe? . . . 150
5.2.6 Hilfe, der *Play Store* spinnt! . . . 151
5.2.7 Unbekannter Fehler: -18 . . . 152
5.2.8 Unbekannter Fehler: -24 . . . 152
5.2.9 Unbekannter Fehler: -25 . . . 153
5.2.10 Error [RPC:S-5:AEC-0] . . . 153
5.2.11 Fehler 502 beim Download . . . 153
5.2.12 Fehler XXX . . . 154
5.2.13 Wie kann ich deinstallierte Apps aus der Übersicht »Andere Apps« in meiner Bibliothek entfernen? . . . 154
5.2.14 Lässt sich irgendwo festlegen, dass nur bestimmte Apps automatisch aktualisiert werden sollen? . . . 155
5.2.15 Kann ich auf einem Gerät mehrere Google-Accounts für den *Play Store* verwenden? . . . 155
5.2.16 Wie kann ich im *Play Store* das Land wechseln? . . . 156
5.2.17 Wie kann ich im *Play Store* bezahlen? . . . 156
5.2.18 Wie kann ich den *Play Store* vor der Kaufwut meiner Sprösslinge schützen? . . . 157
5.3 Apps . . . 158
5.3.1 Was passiert mit einer App, wenn sie aus der Liste zuletzt genutzter Anwendungen gewischt wird? . . . 158
5.3.2 Verbrauchen Homescreen-Widgets Ressourcen, auch wenn der entsprechende Bildschirm nicht angezeigt wird? . . . 158
5.3.3 Was bedeutet die Nachricht, dass installierte Apps optimiert werden? . . . 159
5.3.4 Wie kann ich an ältere Versionen installierter Apps kommen? 159
5.3.5 Ich habe eine APK-Datei auf meinen PC heruntergeladen. Wie installiere ich sie jetzt? . . . 160
5.3.6 aLogCat zeigt unter Jelly Bean keine Einträge anderer Apps mehr an! . . . 160
5.3.7 Ich erhalte ständig die Meldung »App xyz wurde unerwartet beendet« . . . 161

5.3.8 Google Play-Dienste verbrauchen plötzlich enorm viel Akku! 161
5.3.9 Kann ich eine App davon abhalten, ständig im Hintergrund zu laufen? 162
5.4 Backup 162
5.4.1 Welche Arten von Backups gibt es eigentlich und was wird da jeweils gesichert? 162
5.4.2 Wie kann ich vom Android-Gerät auf ein Nandroid-Backup zugreifen? 163
5.4.3 Kann ich Backups auf einem anderen Gerät wieder herstellen? 164
5.4.4 Kann ich Backups automatisieren und außerhalb meines Gerätes speichern? 164
5.5 Medien 165
5.5.1 Wie kann ich Dateien in der Mediengalerie ausblenden? 165
5.5.2 Wie kann ich eigene Töne als Klingelzeichen, Benachrichtigung oder für den Wecker nutzen? 165
5.5.3 Wie kann ich aufgenommene Fotos und Videos automatisch auf der SD-Karte speichern lassen? 166
5.6 Umgang mit der SD-Karte 166
5.6.1 Wo finde ich die SD-Karte im lokalen Dateisystem? 166
5.6.2 Wie kann ich vom PC auf die SD-Karte zugreifen? 166
5.6.3 Wie kann ich einen Rescan der SD-Karte veranlassen? 167
5.6.4 Wie kann ich meine SD-Karte wechseln? 167
5.6.5 Ich kann App xyz nicht auf die SD-Karte verschieben! 168
5.6.6 Ich finde keine Option zum Verschieben von Apps auf die SD-Karte! 169
5.6.7 Interne und externe SD-Karte vertauschen 169
5.7 Netzwerk 169
5.7.1 Die Netzwerk-Icons in der Statusbar sind plötzlich weiß! 169
5.7.2 Ich kann mit dem Browser auf Webseiten zugreifen – aber meine Apps kommen nicht ins Netz? 170
5.7.3 Wie bediene ich Webseiten, die ein »Mouse-Over«-Menü verwenden? 170
5.7.4 Wer frisst meine mobile Datenflat – und wie verhindere ich das? 171
5.8 Telefonie 173
5.8.1 Rufumleitungen lassen sich nicht deaktivieren 173
5.8.2 Ich fahre ins Ausland/Grenzgebiet. Wie vermeide ich Roaming-Kosten? 173

5.8.3 Auf meinem Smartphone kann ich die SIP-Einstellungen nicht finden! . . . 175

5.9 Sicherheit & Privatsphäre . . . 176

5.9.1 Ich habe mein Entsperrmuster/Passwort vergessen! . . . 176

5.9.2 Was ist eine »Smudge Attack« und wie schütze ich mich davor? . . . 178

5.9.3 Wie bereite ich mein Gerät für den Verkauf vor? . . . 178

5.9.4 Kann die Einstellung »unbekannte Quellen« von Apps zur Installation anderer Apps missbraucht werden? . . . 179

5.9.5 Was hat es mit den ACCOUNT Permissions auf sich? Ist da besondere Vorsicht geboten? . . . 180

5.9.6 Welche Android-Einstellungen betreffen meine Privatsphäre? 181

5.10 Weiteres . . . 183

5.10.1 Wie kann ich ohne root Screenshots vom Android-Handy erstellen? . . . 183

5.10.2 Das Share-Menü funktioniert plötzlich nicht mehr! . . . 184

5.10.3 Ich bekomme plötzlich Werbung in der Benachrichtigungsleiste eingeblendet! . . . 184

5.10.4 Mein Gerät hängt in einer Force-Close-Schleife . . . 184

5.10.5 Mein Androide spinnt! . . . 186

5.10.6 Mein Touchscreen spinnt, wenn das Gerät am Ladekabel hängt! . . . 186

6 Tiefergehendes für Fortgeschrittene . . . 189

6.1 Der Super-User »root« . . . 189

6.1.1 Vorteile des root-Zugangs . . . 190

6.1.2 Risiken des root-Zugangs . . . 191

6.1.3 Wie bekomme ich root-Zugang? . . . 191

6.1.4 Laufen dann alle Apps mit root-Rechten? . . . 192

6.1.5 Weiterführende Informationen . . . 193

6.2 Apps am automatischen Starten hindern . . . 193

6.3 Vorinstallierte Apps entfernen . . . 196

6.4 Tuning – Das Android-System auf Trab bringen . . . 197

6.4.1 Schnellwaschgang . . . 197

6.4.2 Apps auslagern . . . 198

6.4.3 Cache bereinigen . . . 200

6.4.4 Unnütze Apps raus! . . . 201

6.4.5 CPU-Taktung anpassen . . . 202

6.5 Durststrecke – mehr aus dem Akku herausholen 204
6.5.1 Was verbraucht Energie? 204
6.5.2 Wie können wir dem beikommen? 204
6.5.3 Helferlein 206
6.5.4 Wer saugt da meinen Akku leer? 208
6.5.5 2G versus 3G: Spart 2G wirklich so viel Akku? 210
6.6 ROMs: Stock, Vendor und Custom 212
6.6.1 Stock-ROM 212
6.6.2 Vendor-ROM 212
6.6.3 Custom-ROM 213
6.6.4 Selbst installieren? 214
6.7 Zugriffe sperren: Firewalls & Permission-Blocker 215
6.8 ADB: Die Android Debug Bridge 219
6.8.1 Backup & Restore 219
6.8.2 Apps installieren und löschen 220
6.8.3 System- und Fehlerprotokolle einsehen 221
6.8.4 Shell-Zugriff 221
6.8.5 Dateien kopieren 225
6.8.6 Linux: Android-Dateisystem am Rechner einbinden 226
6.8.7 Daten retten 227
6.8.8 Weitere Einsatzmöglichkeiten 229
6.8.9 ADB installieren 229

A Android Permissions – und was sie bedeuten 233
A.1 Permission Groups 233
A.2 Protection Level 233
A.3 Permissions 234

B Secret Codes oder Magische Nummern 245
B.1 USSD-Codes: 245
B.2 Erweiterte Service-Codes: 245
B.3 Geräte-, Hersteller- und systemspezifische Codes: 245
B.4 USSD-Codes 246
B.5 Erweiterte Service-Codes 246
B.6 Geräte-, Hersteller- und System-spezifische Codes 247

C Leistungsaufnahme verschiedener Komponenten 249

D Begriffserklärungen 253

Stichwortverzeichnis 270

Vorwort

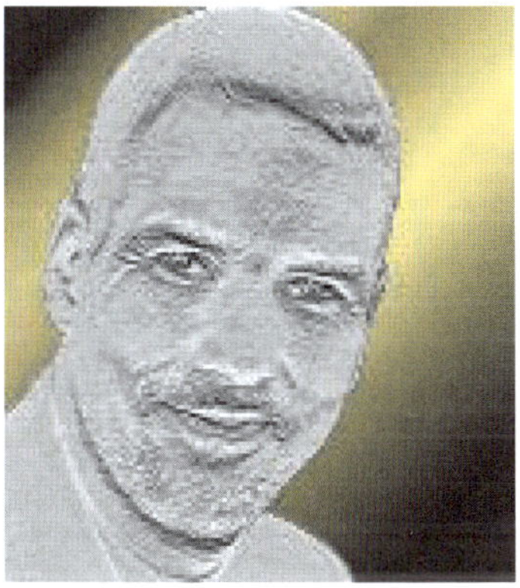

Izzy

Nach nunmehr vier erfolgreichen schwarz-weißen Auflagen innerhalb von vier Jahren (2011–2014) im Hause Franzis wird es jetzt bunt: Dank der Unterstützung aus dem Wiley-VCH Verlag erscheint diese fünfte Auflage im Vierfarb-Druck. Damit das Lesen noch mehr Spaß macht und das Buch noch anschaulicher wird.

Bonus-Material *http://bit.ly/1U7FOGV*

Ursprünglich (2011) als eine thematisch sortierte Sammlung von Apps begonnen, hat sich der Charakter des Buchs mittlerweile stark gewandelt und es ist ein ausgewachsenes Android-Handbuch daraus geworden. Die anfangs im Forum bei AndroidPIT gepflegten Übersichten finden sich nun bei *IzzyOnDroid* und werden nach wie vor aus diesem Werk referenziert. Vier Jahre lang ist dieses Buch ständig gewachsen, stets kam Neues hinzu. Und so geht der Verlagswechsel auch mit einem großen »Hausputz« einher: Kapitel wurden gestrafft, einiges Überflüssige entfernt und auch ein wenig reorganisiert sowie neu strukturiert. Viele werden dies begrüßen, anderen mag es weniger gefallen. Wer die umfangreicheren, ursprünglichen Kapitel vermisst, findet sie jetzt im »Bonus-Material« auf meiner Website.

Es handelt sich bei diesem Buch um eine Übersicht, die den Einstieg erleichtern soll – doch fortgeschrittene Anwender kommen ebenfalls durchaus auf ihre Kosten: Auch vor tiefer gehenden Themen wird hier nicht »haltgemacht«. Hoffentlich immer auf eine Art, die beiden Gruppen gerecht wird.

Izzy's Bücher *http://amzn.to/1SZm8GQ*

Bedanken möchte ich mich bei all denen, die dieses Buch in den letzten vier Jahren begleitet und unterstützt haben: durch Korrekturlesen (hallo Sabine!), Kauf meiner Bücher bei Amazon (oder auch anderer Dinge nach Nutzung der Amazon-Partner-Links), hilfreiche Kritiken und Hinweise sowie durch Bekanntmachen und Verlinken auf den verschiedensten Webseiten. Euer Engagement macht mir Mut und zeigt mir, dass meine Zeit hier sinnvoll investiert ist – bitte weiter so und mehr!

StackExchange

Stack Exchange™ Logo

Stack Exchange http://bit.ly/1SODqTk

Eine Hauptquelle meiner Recherchen ist Stack Exchange. Diese große, internationale Community tauscht sich in vielen »Stacks« (was man hier mit »Fachbereiche« wiedergeben könnte) aus. Bei den Begriffserklärungen habe ich **Stack Exchange** detaillierter beschrieben. Dort bin ich unter anderem im Android-Bereich aktiv unterwegs und fühle mich richtig zu Hause – auch wenn die englische Sprache Mittel zur Verständigung ist. Auf Fragen erhält man nirgends so schnell und so fachkundig Antworten wie bei *Stack Exchange*™!

Noch eins muss ich loswerden: Viele der hier kurz vorgestellten (oder auch nur genannten) Apps habe ich selbst nie getestet – etwa, weil ich nicht die Voraussetzungen dazu habe (ich nutze kein Facebook und mein Smartphone auch nicht zum Spielen, um nur zwei Dinge zu nennen). Ein Grund mehr, auf die Erfahrungen der Community zurückzugreifen.

Hinweise zur Benutzung des Buchs

Am Seitenrand finden sich hin und wieder QR-Codes. Sie sollen helfen, den Anschluss ins Internet zu finden: Sind sie schwarz, führen sie zu weiteren Informationen, die in Grün leiten direkt weiter zur vorgestellten App – öffnen also im Normalfall die *Google Play Store* App. Um deren Beschreibungen möglichst kurz zu fassen, enthalten die schwarzen Codes für die gebräuchlichsten Sites im Zentrum das zugehörige Logo: Links *Amazon*, *AndroidPIT*, *Aptoide*, *Heise*, *IzzyOnDroid*, *Stack Exchange* und *Wikipedia* lassen sich auf diese Weise einfach identifizieren, ohne dass es jedes Mal extra vermerkt werden muss. Keine Sorge: Die QR-Codes funktionieren trotzdem.

Um sie nutzen zu können, braucht es zwei Zutaten: ein Android-Gerät mit integrierter Kamera und eine App, die sich auf QR-Codes versteht. Für Letztere gibt es einige Hinweise im Abschnitt 2.8.7, »Büro, Office & Verwaltung«. Ersteres hat der Leser dieses Buchs in der Regel bereits (falls nicht, stehen die zugehörigen Adressen zusätzlich unter den Codes, damit man auch mit anderen Geräten an die Infos herankommt). Wie werden diese Codes genutzt? Ganz einfach: Androiden zücken, den QR-Codereader starten und die Kamera auf den QR-Code richten. Um alles Weitere kümmert sich die entsprechende App dann selbstständig: Sie öffnet in der Regel den Webbrowser und ruft die durch den Code festgelegte Webseite auf. Ganz bequem also.

Dass sich mit diesen Codes noch Weiteres anstellen ließe und was alles – diese Informationen befinden sich im genannten Kapitel.

Was ist bit.ly?

Damit man keine langen URLs abtippen muss, verwenden wir teilweise den Abkürzungsdienst `bit.ly`. Dieser setzt lange Originallinks in deutlich kürzere um. Man tippt z. B. `bit.ly/1U7FOGV` in die Adresszeile des Browsers ein (dabei die Groß- und Kleinschreibung beachten) und wird automatisch zu `android.izzysoft.de/books.php?topic=anwender` (der Seite mit dem Bonus-Material zu diesem Buch) weitergeleitet. Die QR-Codes selbst verweisen generell direkt auf die originale URL.

URL-Abkürzungsdienste wie `bit.ly` kommen in den Medien immer wieder wegen Sicherheitsrisiken ins Gerede, da auf den ersten Blick für den Nutzer nicht zu erkennen ist, wo ein verkürzter Link hinführt. Wer bei einem bit.ly-Link Sicherheitsbedenken hat, fügt am Ende ein +-Zeichen an, zum Beispiel: `bit.ly /1U7FOGV+`. dann wird eine Informationsseite mit dem tatsächlichen Link angezeigt, statt dass direkt auf die jeweilige Website weitergeschaltet wird.

Begriffe, die in Anhang D näher erklärt werden, sind **fett** markiert. Einige der hier vorgestellten Tools, Apps und Hinweise setzen den root-Zugang (vergleiche Abschnitt 6.1) zum Gerät voraus. Die Textteile, die sich speziell mit root beschäftigen, sind in farbigen Kästen untergebracht.

Danksagung

Ja, hört der denn mit der Vorrede gar nicht mehr auf? Gleich, gleich. Aber dieser Abschnitt muss noch sein:

Denn bedanken muss ich mich auf jeden Fall. Nicht nur, weil sich das eben so gehört – sondern weil ich dazu viele gute Gründe habe. Ohne den Rückhalt der Community wäre es zum einen erst gar nicht zu diesem Buch gekommen – und zum anderen hätte die Erarbeitung vieler Inhalte und Ergänzungen ohne ihre Hilfe weit mehr Zeit gekostet (so ich sie denn überhaupt zustande gebracht hätte).Viele Ideen stammen von Stack Exchange – einer Community, die ich seit geraumer Zeit als ein Zuhause betrachte. So manche Perle fand ich dort, erfuhr (und gab) tatkräftige Unterstützung und habe enorm dazugelernt. Gegenseitige Wertschätzung trägt außerdem zum »Wohlfühlklima« bei: Es ist ein wirkliches Miteinander. Wer der englischen Sprache auch nur halbwegs mächtig ist, dem sei ein Besuch und Mitmachen wärmstens ans Herz gelegt!

Stack Exchange http://bit.ly/1SODqTk

Ein ganz besonderer Dank geht an meine Frau, die schon glaubt, ich wäre mit dem Computer zusammengewachsen. Zum Glück brachte sie statt einer Säge oder eines Tranchiermessers Nervennahrung an meinen Schreibtisch. Danke für deine Geduld mit mir!

Abschließend noch meinen Dank an die Leser dieses Buchs, die es bis hierhin durchgehalten haben und die hoffentlich auch noch ein wenig weiterlesen: viel Spaß bei der Lektüre!

Kapitel 1
Grundlagen für den Einsteiger

Im ersten Teil dieses kleinen Handbuches geht es um die Grundlagen. Fortgeschrittenere Anwender können diesen also getrost überspringen – und gleich zum zweiten oder gar dritten Teil schreiten.

Die erste Inbetriebnahme und Grundeinrichtung des Androiden erlaube ich mir an dieser Stelle zu überspringen: Zum einen unterscheiden sie sich je nach Hersteller ein wenig, zum anderen liegt dem Gerät zumindest dafür in der Regel eine Kurzanleitung bei. Wer dennoch Starthilfe benötigt, findet sie zum Beispiel in einem Workshop bei `Chip.de`.

Workshop http://bit.ly/1SZlzwl

Wie soll Steve Jobs am Ende seiner Vorstellung des ersten iPhone gesagt haben: »Ach ja, telefonieren kann man damit auch.« Natürlich sind wir mit Android im »ganz anderen Lager« (laut Stevie in der Schmuddel-Ecke – aber wir wissen es natürlich besser). Dennoch gehe ich hier ähnlich vor und klammere das Telefonieren zunächst aus. Zuerst einmal geht es um Grundsätzliches: Wie bedient man ein Android-Gerät? Und was sind eigentlich die einzelnen »Bedien-Elemente«?

1.1 Grundlegendes zur Bedienung des Androiden

1.1.1 Knöpfe

Auch wenn ein Androide überwiegend über den Touchscreen bedient wird, gibt es da doch noch ein paar Knöpfe, die sich drücken lassen. Was so ein richtiger Power-Riegel ist, der verfügt auch über einen gleichnamigen Knopf. Kein Gerät kommt ohne diesen. Und was lässt sich damit nun so Besonderes anstellen, dass er an dieser Stelle extra erwähnt werden muss?

Zunächst das Triviale: Das Gerät lässt sich damit anschalten. War es zuvor komplett ausgeschaltet, muss der Power-Knopf dafür ein wenig länger gedrückt werden. Anders sieht es aus, wenn nur das Display ausgegangen ist (das tut es, um Strom zu sparen) – dann genügt ein kurzes Antippen. Das Gleiche noch einmal, und der Bildschirm geht wieder aus. Noch immer trivial. Allerdings wird der Bildschirm dabei auch gleich gesperrt – sodass man ihn bei erneutem Anschalten zunächst auch wieder entsperren muss. Das verhindert zum einen unbeabsichtigte Bedienung in der Hosentasche – kann aber,

Abbildung 1.1 Das Power-Menü

sofern die Sperre mit einem PIN-, Muster- oder Kennwort-Schutz versehen wurde, auch vor unbefugtem Zugriff schützen.

Interessanter wird es, drückt man diesen Knopf bei aktivem Display ein wenig länger – denn dann kommt plötzlich ein Menü zum Vorschein. Je nach Android-Version lassen sich hier verschiedene Dinge auswählen: Gerät herunterfahren/neustarten sind fast generell dabei. Spannende Dinge gibt es jedoch gelegentlich auch: Spätestens ab Android 4.0 lässt sich bei den meisten Geräten über dieses Menü auch ein Bildschirm-Foto auslösen. Und manche Geräte bieten an dieser Stelle auch einen schnellen »Profil-Wechsel« an – etwa eben einmal auf lautlos stellen oder in den Flugzeug-Modus wechseln ...

Doch ein Android-Gerät bietet noch weitere »Knöpfe«. Die zur Lautstärke-Regelung seien nur kurz erwähnt, und auch zum Auslösen der eingebauten Kamera ist gelegentlich ein Knopf reserviert. Und dann sind da noch drei bis vier weitere, die meist nicht ganz so offensichtlich sind: Auf neueren Androiden handelt es sich hier nämlich nicht um »Hardware-Knöpfe«, sondern um sogenannte »Soft Keys«, die meist bei eingeschaltetem Display auch beleuchtet (und bei ausgeschaltetem Display ohne Funktion) sind.

Symbole sollen diese Knöpfe intuitiv bedienbar machen. In den meisten Fällen ganz rechts außen findet sich eine Lupe – zwar ohne Hut, aber der Detektiv steht anbei: Hiermit steht vielerorts eine Suchfunktion zur Verfügung. Dann ist da ein Haus: Dies ist der sogenannte »Home-Key«, der von überall sofort auf den »Homescreen« führt. Die gerade genutzte Anwendung wird dabei nicht beendet, sondern wartet im Hintergrund. Und damit muss auch die zweite Belegung dieser Taste sofort erwähnt werden: Ein langes Drücken öffnet eine Liste der zuletzt gestarteten Apps, sodass man wieder zur wartenden App zurückgelangen kann.

Weiterhin wäre da noch der »gebogene Pfeil«, der fast schon »Bitte wenden!« zu rufen scheint. In Menüstrukturen hat er die Funktion »Zurück«, was auch bei vielen Apps gilt: So Letztere nicht explizit einen Knopf zum Beenden bieten, soll diese Taste das erledigen. Gelegentlich hilft ein langer Druck hier, eine App auch wirklich zu beenden – doch in der Regel ist so etwas speziellen Custom-ROMs vorbehalten.

Abbildung 1.2 Softkeys vor Android 4.0

Einen haben wir noch – einen Knopf, meine ich. Mal eine Liste, mal mit vier Quadraten, von denen eines ausgemalt ist. Nein, das ist nicht der Knopf, um schnell Yatzee (oder ein anderes Würfel-Spiel) zu starten – sondern der Menü-Knopf (so vorhanden – denn ab Android 4.0 und mit Einführung des Holo-Designs verliert er langsam seine Bedeutung). Bei vielen Apps (und auch auf dem Homescreen) lassen sich damit Zusatz-Funktionen aufrufen.

Abbildung 1.3 Softkeys ab Android 4.0

Ab Android 4.0 haben sich die Softkeys ein wenig verändert. In aktuellen Geräten sind sie nun nicht mehr fest integriert, sondern werden dynamisch vom System behandelt: Steht beispielsweise keine Menü-Funktion zur Verfügung, wird die »Menütaste« auch gar nicht angezeigt. Auch die Funktionalität hat sich im Vergleich zu früheren Versionen leicht geändert:

- Die »Zurück-Taste« ist geblieben und funktioniert wie gehabt.
- Auch die Taste mit dem Haus führt nach wie vor zum Homescreen. Bei langem Drücken öffnet sich jedoch nicht mehr die Liste zuletzt geöffneter Apps – stattdessen poppt ein »Google«-Kreis auf, über den man zu »Google Now« gelangt.
- Neu ist die Taste mit den zwei Rechtecken, die man »Multi-Tasking-Taste« nennen könnte: Hierüber öffnet man nun die Liste der zuletzt genutzten Apps. Unerwünschte Kandidaten lassen sich mit einer Wisch-Bewegung aus selbiger entfernen (wobei das System sie höflich bittet, sich doch gleich ganz zu beenden).

Abbildung 1.4 Softkeys ab Android 5.0

- Die »Menütaste« ist nun ein »senkrechter Strich« und (wie beschrieben) nur sichtbar, wenn auch Menü-Funktionen zur Verfügung stehen.

Unter Android 5 hat sich das Aussehen der Softkeys nochmals verändert: Jetzt steht ein einfaches Dreieck für die »Zurück-Aktion«, ein Kreis kennzeichnet die »Home-Taste« und ein einfaches Quadrat führt zur Liste der zuletzt genutzten Apps.

1.1.2 Der Touchscreen

Android-Geräte werden in der Regel über einen Touchscreen bedient – nur wenige bieten zusätzlich eine Hardware-Tastatur. Während es noch offensichtlich ist, dass sich eine App durch einfaches Antippen des zugehörigen Icons starten lässt, sind viele Interaktionen für den Anfänger ein wenig »versteckt«. Da wären zum einen die Menüs, die sich – sofern vorhanden – über die Menütaste aktivieren lassen. Und oftmals fördert ein »langes Drücken« ein Kontextmenü zutage.

In vielen Apps finden zusätzlich Wischgesten Verwendung: So gelangt man etwa durch waagerechtes Wischen zu weiteren Bildschirmen (bei einer E-Book-Lese-App etwa zur vorigen beziehungsweise nächsten Seite) oder kann durch senkrechtes Wischen entlang der linken Bildschirmkante die Helligkeit des Displays regeln. Beliebt sind auch Zwei-Finger-Gesten, wie etwa das sogenannte »Pinch-to-Zoom«: Hierbei berührt man das Display mit zwei Fingern und zieht diese auseinander – um etwa in ein Bild hinein zu zoomen. Umgekehrt verkleinert man das Ganze wieder, indem man die Finger aufeinanderzubewegt. Das klappt nicht nur beim Betrachten von Bildern in der Galerie, sondern beispielsweise auch in den meisten Webbrowsern.

1.1.3 Der Sperrbildschirm

Wie bereits erwähnt, schaltet man mit dem Power-Knopf den Bildschirm an. Um ein versehentliches Bedienen in der Hosentasche zu vermeiden, wird an dieser Stelle ein Sperrbildschirm (auch als »Lock-Screen« bezeichnet) aktiv. Je nach Android-Version sieht dieser unterschiedlich aus; gemeinsam ist jedoch allen Versionen, dass er sich mit einer Wisch-Bewegung entriegeln lässt. Oftmals verbergen sich hier auch Zusatzfunktionen – so lassen sich gleichzeitig mit dem Entriegeln etwa auch noch Aktionen ausführen. Abbildung 1.5 zeigt einen Lock-Screen unter Android 4.4 (Kitkat): Ausgehend vom Zentrum entsperrt man das Gerät, indem man den Finger auf eines der Symbole zieht. Bewegt man ihn zum Schloss, wird das Gerät lediglich entsperrt; bewegt man

Abbildung 1.5 Sperrbildschirm

ihn auf eines der anderen Symbole, wird gleichzeitig die zugehörige App gestartet. Eine sinnvolle Vorbelegung der einzelnen Icons ist bereits konfiguriert – kann vom Anwender jedoch unter Einstellungen › Bildschirmsperre › Sperrbildschirm-Anwendungen angepasst werden.

Sicherheit gegen unbefugte Bedienung bietet das jedoch noch nicht: Lässt man das Gerät etwa auf dem Kneipentisch liegen, während man auf die Toilette geht oder wird das Smartphone gestohlen, haben andere mit dieser Art von Sperrbildschirm leichtes Spiel – und könnten nicht nur problemlos auf die Inhalte zugreifen, sondern auch teure Anrufe tätigen oder gar Schadsoftware installieren. Doch dagegen lässt sich etwas unternehmen, indem man einen Sperr-Code einrichtet. Dies erledigt man in den System-Einstellungen unter Bildschirmsperre › Bildschirmsicherheit › Display-Sperre. Standardmäßig ist keine Passcode-geschützte Sperre aktiviert – das wäre ja auch fatal, denn woher sollte der neue Anwender den Sperr-Code kennen?

Seit der ersten Android-Version mit dabei, freut sich das sogenannte »Sperrmuster« (auch als »Pattern-Lock« bekannt) großer Beliebtheit. Es ist vom Prinzip her auch wesentlich sicherer als der altbekannte PIN-Code (bei dem viele Anwender entweder nur »1234« oder das Geburtsdatum verwendeten – was sich mit ein wenig »Social Engineering« schnell erraten lässt). Hier muss ein Muster gezeichnet werden, das mindestens

Abbildung 1.6 Sperrmuster

vier Punkte verbindet (siehe Abbildung 1.6). Da hilft das beste Social-Engineering nicht weiter, da ein Bezug zur Person höchst unwahrscheinlich ist. Dennoch ließe sich das Muster unter Umständen auf dem Bildschirm erkennen (siehe Abschnitt 5.9.2).

Eine andere (und noch sicherere) Möglichkeit ist die Vergabe eines Passwortes – sofern hier nicht wieder obiges »1234« verwendet wird. Ein sicheres Passwort besteht aus einer Kombination von Buchstaben und Ziffern (sowie gegebenenfalls Sonderzeichen), die sich nicht in einem Wörterbuch finden lässt. Wie man sich so etwas merken soll? Ganz einfach, beispielsweise mit einem Merksatz. Nehmen wir als Beispiel den Satz »Ich habe ein sicheres Passwort«. Und nun von jedem Wort den ersten Buchstaben: »IhesP« – schaut doch schon recht kryptisch aus! Noch eine Ziffer eingebaut: »ein = 1« ergibt sodann: »Ih1sP«. Steht in keinem Wörterbuch – und lässt sich (dank des Satzes) dennoch einfach merken. Abbildung 1.7 zeigt, wie das dann aussehen könnte.

Eine kleine Unbequemlichkeit ergibt sich damit natürlich: Es dauert ein paar Sekunden mehr, bis man den Sperrbildschirm überwunden hat und wieder mit dem Gerät arbeiten kann.

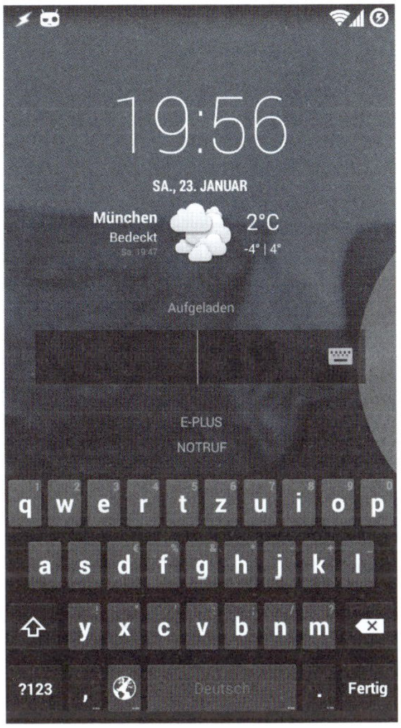

Abbildung 1.7 Passwort-Schutz

1.1.4 Die Benachrichtigungsleiste

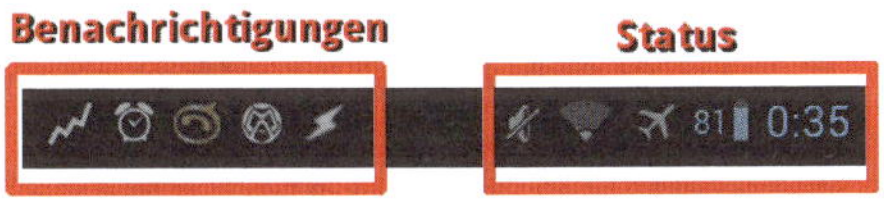

Abbildung 1.8 Smartphone-Benachrichtigungsleiste

Auch als *Notification Bar*, *Status Bar* oder *Statusleiste* bekannt, ist diese auf Tablets und Smartphones leicht unterschiedlich umgesetzt: Findet sie sich bei Ersteren in der Regel in der unteren rechten Ecke, ist sie bei Letzteren am oberen Bildschirmrand untergebracht. Den Aufbau erkläre ich hier für Smartphones:

Abbildung 1.9 TabletBenachrichtigungsleiste

Grob lässt sich die Leiste in zwei Bereiche unterteilen. Auf der rechten Seite finden sich Status-Informationen wie Uhrzeit, Ladezustand des Akkus oder die Empfangsstärke des Mobilfunk- beziehungsweise WLAN-Signals. Dieser Bereich wird vom System verwaltet; Apps können hier normalerweise keine Informationen unterbringen. Für sie ist die linke »Hälfte« reserviert, in der sich etwa anstehende Termine oder Wecker, aber auch Hinweise auf neue Nachrichten oder entgangene Anrufe finden.

Während sich die meisten Status- und Benachrichtigungs-Icons relativ leicht zuordnen lassen, sind andere nicht ganz so intuitiv interpretierbar. Eine vollständige Liste gibt es leider nicht einmal für die vom System verwalteten Status-Icons – da abgesehen von unterschiedlichen Android-Versionen auch hier wieder viele Hersteller ihr eigenes Süppchen kochen. Einige umfangreichere Auflistungen, die sich zumindest größtenteils auf andere Geräte übertragen lassen sollten, finden sich beispielsweise:

Begin Android http://bit.ly/1Jdxjd2

- Bei *BeginAndroid* am Beispiel von Gingerbread
- *Bei CellphoneForums* am Beispiel des LG G2 (Android 4.x)
- *Im GalaxyS5Manual* für das Samsung Galaxy S5 (Android 4.x)

1.1.5 Der Benachrichtigungsbereich

Cellphone Forums http://bit.ly/1JdxPrm

Zumindest für die Benachrichtigungen gibt es zusätzliche Details, wenn man den Benachrichtigungsbereich (auch *Notification Area* genannt) öffnet. Auf dem Tablet tippt man die »Leiste« dafür an, während man sie auf dem Smartphone mit einem Finger

GalaxyS5 http://bit.ly/20ahhVb

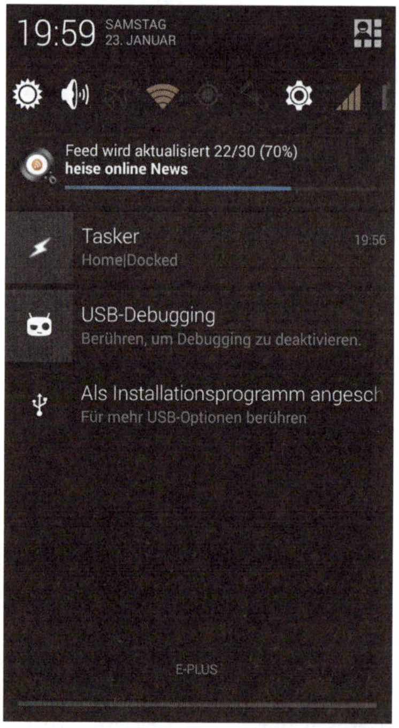

Abbildung 1.10 Benachrichtigungsbereich

»herunterzieht«. Wie Abbildung 1.10 zu sehen, gibt es zu den Icons der Benachrichtigungsleiste hier nähere Informationen – und wir erfahren, dass ...

- der »Blitz« für die App *Tasker* steht, bei dem gerade die Profile »Home« und »Docked« aktiv sind.
- der »Alien-Kopf« für aktiviertes »USB Debugging« steht, und das Gerät per USB angeschlossen ist.
- Die RSS-Feeds gerade aktualisiert werden (und wie es um den Fortschritt dieser Aktion bestellt ist).

Andere Details können etwa die Anzahl verpasster Anrufe, wartender SMS oder neu eingegangener Mails kundtun. Ebenso möglich sind Hinweise auf fehlgeschlagene Hintergrund-Aktivitäten (beispielsweise der automatischen Synchronisation von Dateien) oder auf anstehende Termine. Je nachdem, welche Apps man nutzt, kommen weitere Möglichkeiten hinzu. Hat man die Benachrichtigung zur Kenntnis genommen, kann man sie entweder durch »Herauswischen« entfernen – oder öffnet durch »Antippen« die zugehörige App, was im Regelfall dort auch gleich zum passenden Bildschirm führt. Ist einmal nicht klar, wer eine Benachrichtigung zu verantworten hat, hilft bei aktuellen Android-Versionen ein langes Drücken auf selbige: Das öffnet die Einstellungen der zugehörigen App, in denen man unter anderem auch der Anwendung weitere Benachrichtigungen verbieten kann (siehe Abschnitt »Benachrichtigungen für einzelne Apps verbieten« später in diesem Kapitel).

Des Weiteren finden sich, zumindest in aktuellen Android-Versionen, noch nützliche Schnellzugriffe (»Shortcuts«) im Benachrichtigungsbereich, mit deren Hilfe sich schnell das WLAN oder GPS (de-)aktivieren, die Bildschirm-Helligkeit regulieren oder in den Flugzeug-Modus schalten lässt. Je nach Gerät und Android-Version unterscheiden sich die an dieser Stelle verfügbaren Schalter.

1.1.5.1 Expandable Notifications

Wer glaubt, das wäre schon alles – der irrt: Mit **Jelly Bean** legte Android noch einmal »eins drauf«, und führte die sogenannten »expandable notifications« (etwa: »erweiterbare Benachrichtigungen« – auch als »rich notifications«, also »reichhaltige Benachrichtigungen« bekannt) ein. Um zu verdeutlichen, worum es sich dabei handelt, habe ich statt eines einfachen Screenshots einmal eine »Collage« eingefügt (Abbildung 1.11).

Kurz, es lassen sich einige Benachrichtigungen erweitern – indem man sie auf ähnliche Weise öffnet wie den Benachrichtigungsbereich selbst: durch »Aufziehen«. Je nach Gerät und Android-Version geschieht dies entweder mit einem oder mit zwei Fingern, jeweils von oben nach unten gezogen. Streicht man dabei über den gesamten Benachrichtigungsbereich, werden alle »erweiterbaren Benachrichtigungen« erweitert – und wie in Abbildung 1.11 zu sehen, stehen damit zusätzliche Möglichkeiten der Interak-

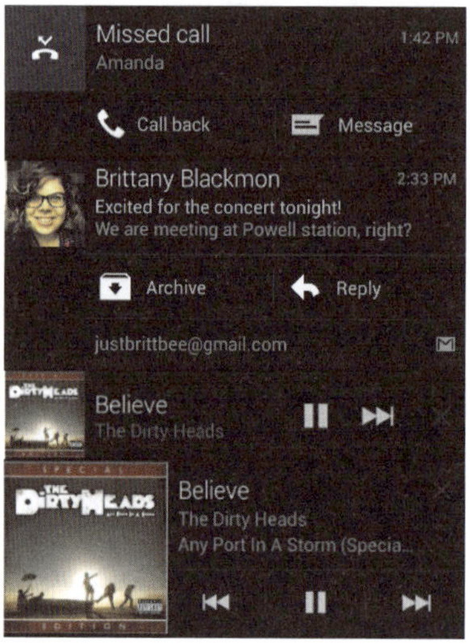

Abbildung 1.11 Expandable Notifications

tion zur Verfügung. So können etwa Nachrichten direkt beantwortet (beziehungsweise archiviert) – oder der Mediaplayer bedient werden, ohne dass man die eigentliche App öffnet.

Erweiterte Benachrichtigungen lassen sich auch wieder schließen. Beim »Zwei-Finger-System« streicht man dazu einfach mit beiden Fingern nach oben. Das »Ein-Finger-System« scheint dies zunächst nicht zu unterstützen, doch hier hilft ein kleiner Trick: Ohne den Finger abzusetzen, zunächst kurz nach unten und dann gleich nach oben streichen, schließt auch hier die »erweiterte Ansicht«.

All Notifications Expanded http://bit.ly/1U7GsnR

Leider werden »expandable notifications« auch zwei Jahre nach ihrer Einführung von viel zu wenigen Apps wirklich genutzt. Wer sich zusätzlich darüber ärgert, dass die vorhandenen Exemplare nicht automatisch im »erweiterten Zustand« angezeigt werden – der hat, ein gerootetes Gerät vorausgesetzt, mit dem *Xposed*-Modul *All Notifications Expanded* die Möglichkeit, dem Abhilfe zu schaffen.

1.1.6 Benachrichtigungen für einzelne Apps verbieten

Eine weitere mit *Jelly Bean* eingeführte Neuerung ist, dass man nun für jede App einzeln festlegen kann, ob man von dieser Benachrichtigungen empfangen möchte. Nicht immer ist klar, wer einem da dieses »Ei ins Nest gelegt« hat – daher ist einer der Zugangspunkte zu dieser Funktion auch direkt im Benachrichtigungsbereich zu finden: Drückt man länger auf eine Benachrichtigung, lassen sich die Einstellungen der zugehörigen App öffnen. Entfernt man hier das Häkchen bei »Benachrichtigungen anzeigen«, sollte sich diese App im Benachrichtigungsbereich nicht mehr blicken lassen.

Abbildung 1.12 App-Info

Auf diese Weise kann man sich auch von »unhöflichen Apps« befreien, die Benachrichtigungen für Werbung missbrauchen: Gerade in solchen Fällen ist der Übeltäter auf andere Weise häufig kaum zu identifizieren. Neben der Möglichkeit, ihm hier derartige Anzeigen zu untersagen, lässt sich selbiger durch Betätigen des mit DEINSTALLIEREN beschrifteten Buttons auch gleich ganz aus dem System entfernen. Schließlich kann man schwer sagen, welche weiteren »unerwünschten Tätigkeiten« er sonst noch auf Lager hat.

Die »App-Infos« sind übrigens auch über das System-Menü ANWENDUNGEN VERWALTEN (siehe Kapitel 2.2) zugänglich, sollte gerade einmal keine Benachrichtigung zur Hand sein.

1.1.6.1 Benachrichtigungsverlauf

Im Abschnitt »Der Benachrichtigungsbereich« habe ich ja bereits darauf hingewiesen, dass man Benachrichtigungen durch Wischen aus selbiger entfernen kann. Was wenige wissen: Es gibt auch eine Möglichkeit, sich den Verlauf später noch einmal anzuschauen. Wie das ab Android 4.3 geht, beschreibt ein Artikel bei *Stack Exchange*:

Notification History http://bit.ly/1SZmUDC

1. Den *App Drawer* (siehe Abschnitt »App-Drawer«) öffnen und auf den Reiter WIDGETS wechseln

2. Die Liste nach dem Widget für *Einstellungsverknüpfung* durchsuchen. Dieses dann (wie im Abschnitt »App-Drawer« beschrieben) auf den Homescreen befördern
3. Es öffnet sich nun eine lange Liste mit Einstellungen, aus der man *Benachrichtigungen* auswählt.

Nun befindet sich ein Shortcut (Schnellzugriff, siehe Abschnitt »Shortcuts«) zur passenden Seite auf dem Homescreen. Tippt man diesen an, werden die letzten Benachrichtigungen aufgelistet.

1.1.6.2 Android-Benachrichtigungen

Abbildung 1.13 Toast-Nachricht

Die im vorigen Abschnitt behandelten »Notifications« sind sicher die bekannteste Art von System-Benachrichtigungen unter Android – jedoch bei Weitem nicht die einzigen. Da wären beispielsweise noch die »Toasts«: Hinweise, die kurz eingeblendet werden, um sogleich wieder von selbst zu verschwinden. Im Regelfall sind diese dafür gedacht, kurzes Feedback zu geben. Daher tauchen »Toasts« für gewöhnlich auf, wenn der Benutzer manuell eine Aktion angestoßen hat: Einen Kalendereintrag erstellt, einen Wecker aktiviert oder einen Download gestartet. Natürlich beschränkt sich das nicht auf diese drei Beispiele.

Als Drittes wären noch die verschiedenen Dialogboxen zu nennen. Da gäbe es Warnungen (»Alerts«), die einfach so lange stehen bleiben, bis man den einzigen verfügbaren Button betätigt hat. Anders als ein »Toast« schließt sich so ein Dialog nicht automatisch von selbst – um sicherzugehen, dass der Anwender die Nachricht auch zur Kenntnis genommen hat. Bei Bestätigungen (»Confirm«) versteht sich das von selbst, schließlich soll hier eine Auswahl getroffen werden. Anders als in Abbildung 1.14 kann ein solches »Confirm« durchaus über mehr als zwei Buttons verfügen (etwa »Ja«, »Nein, nie«, und »Jetzt nicht – frag später noch mal«).

Auch ein »Prompt« gehört in diese Kategorie. Ein solcher fordert den Anwender zu einer Text-Eingabe auf: ein Wert, ein Name, eine Email-Adresse oder Ähnliches. Schließlich

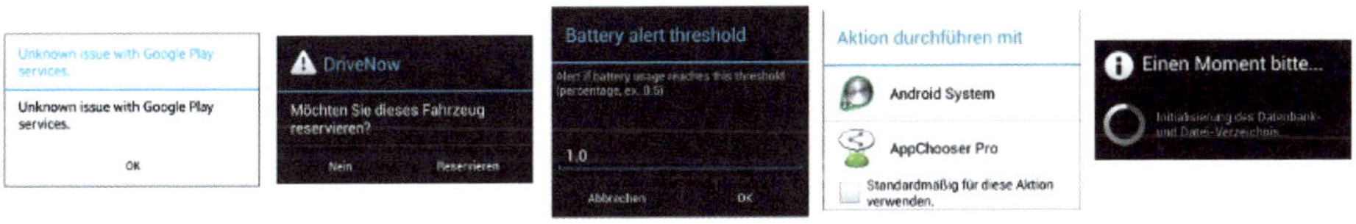

Abbildung 1.14 Verschiedene Android-Benachrichtigungen: Alert, Confirm, Prompt, List, Progress

gibt es auch noch die »List«-Boxen, bei denen der Anwender eine Auswahl treffen soll. Und natürlich diverse »Sand-Uhren« (»Progress«) zur Fortschrittsanzeige bei einer länger währenden Aktion – entweder mit einem Kreisel (bei unbekanntem Fortschritt) oder aber auch mit Fortschritts-Balken.

Warum ich dies hier alles auseinandernehme? Bei Problemen ist es hilfreich, dem Helfer/Entwickler möglichst genaue Details nennen zu können. Beschreibt man ein Problem mit »dann erscheint kurz ein Toast ...«, ist der Sachverhalt wesentlich klarer als bei »dann kommt da so ein Text ...«.

1.1.7 Google-Konto

Bei der ersten Inbetriebnahme weist ein Android-Gerät seinen Nutzer in der Regel darauf hin, dass er doch bitte ein Google-Konto einrichten möge (siehe auch das Kapitel 5.1 unter »Fragen aus Alltag und Praxis«). Für die »echte Google-Experience« sei so etwas schließlich unabdingbar. Zwar funktioniert ein Android-Gerät auch ohne einen solchen Account – allerdings lässt er dann einige Bequemlichkeiten vermissen, die Google in Android integriert hat:

- Das Google Cloud Backup (siehe Abschnitt 2.3.3)
- Die Nutzung des *Google Play Store*, unter anderem zur Installation von Apps (siehe Abschnitt 2.2.2)
- Die Synchronisation von Kontakten und Kalendern (Kapitel 4.2)
- Die vollumfängliche Nutzung von weiteren Google-Diensten, wie etwa Google Now, *GMail* und andere mehr (siehe Kapitel 4.8).

Während dies für den einen genau das ist, was Android ausmacht, läuten bei anderen an selbiger Stelle die Alarmglocken: Wie ist es dabei um meine Privatsphäre bestellt (siehe Teil 4)? (Anmerkung: Auch oder gerade wer meint, ja »nichts zu verbergen« zu haben, sollte vor einer endgültigen Entscheidung das Kapitel 4.13 zumindest kurz »überfliegen«.) Bedenken sind unter anderem auch deshalb nicht ganz unberechtigt, da sich hier eine hohe Konzentration privater Daten an einer Stelle bildet. Gelingt es einem »Bösewicht«, sich Zugang zu verschaffen, besteht auch die Gefahr eines Identitäts-Diebstahls. Einige zentrale Punkte sollen daher im Folgenden kurz angeschnitten werden.

1.1.7.1 Einstellungen mit Auswirkung auf die Privatsphäre

Ganz auf einen Google-Account verzichten möchten sicher die wenigsten, schränkt dies doch insbesondere die Auswahl verfügbarer Apps enorm ein – der *Google Play Store* ist nun einmal die umfangreichste App-Quelle. Doch auch mit eingerichtetem Account lassen sich Einstellungen zum Schutz der Privatsphäre treffen:

- **Datensicherung:** Gleich die erste Frage bei der Account-Aktivierung lautet sinngemäß: »Möchten Sie Ihre Daten bei Google sichern?« Was sich dahinter verbirgt, ist genauer in Abschnitt 2.3.3 beschrieben. Kurzgefasst: Nur wenige Apps unterstützen dies. Dafür gelangen aber auch sensible Informationen wie etwa konfigurierte WLAN-Netze einschließlich ihrer Klartext-Passwörter auf die Google-Server. Da überdies die Wiederherstellung der so gesicherten Daten nicht unbedingt immer funktioniert, stellt sich zumindest die Frage, ob der Nutzen das Risiko wert ist.
  Mit Android 6.0 soll sich das geändert haben (Apps müssen dann nicht mehr speziell angepasst sein, um »mitzuspielen«) – doch das muss sich zunächst einmal in der Praxis zeigen und bewähren.
- **Synchronisation:** Selbst wenn die vorige Frage mit »Nein« beantwortet wurde, werden standardmäßig zahlreiche Daten mit den Google-Servern synchronisiert – ohne den Nutzer davon in Kenntnis zu setzen. Dazu gehören etwa Kalendereinträge und Kontakte. Wer dies nicht wünscht, sollte zum einen die entsprechenden Optionen deaktivieren (zu finden unter EINSTELLUNGEN|KONTEN & SYNCHRONISATION, siehe Kapitel 4.2) – zum anderen aber auch in Erwägung ziehen, in der Kontakte- sowie der Kalender-App den (lokalen) Geräte-Speicher statt des Google-Accounts als Vorgabe für neue Einträge festzulegen.
- **Standortdienste:** Natürlich ist es praktisch, wenn das Gerät schnell weiß, wo man ist. Ortsbezogene Daten erweisen sich an vielen Stellen als nützlich (»Geschäfte in der Nähe« sind da nur ein Beispiel). Allerdings lassen sich so unter anderem auch prima Bewegungsprofile erstellen. Wer das lieber vermeiden möchte, findet Details zum Abstellen im Kapitel Ortsdaten (siehe Kapitel 4.3).

1.1.7.2 Apps und Privatsphäre

Immer mehr Dienste werden in Google-Apps integriert. Google ist nun einmal in erster Linie eine Firma, die ihr Geld mit Werbung verdient – und daher daran interessiert, möglichst viel über uns in Erfahrung zu bringen. Denn so lässt sich Werbung am besten verkaufen. Werfen wir also einmal einen Blick auf diverse »Integrationen« sowie deren Alternativen:

- **SMS/MMS:** Ab Android 4.4 wurden diese in *Google Hangouts* integriert. Wem damit nicht wohl ist, der installiert sich besser eine alternative SMS-App (siehe Abschnitt 2.8.2), die sich dann als Standard festlegen lässt. Wer Hangouts anderweitig nutzt, kann dessen SMS-Handling zur Sicherheit auch unter EINSTELLUNGEN|SMS in der App selbst deaktivieren.

- **Galerie:** Beginnend mit Android 4.4, wird auch diese allmählich in *Google+* integriert. Wer hier rechtzeitig vorbereitet sein will, hält schon einmal Ausschau nach einer alternativen Galerie-App.
- **Google+:** Diese App wird in letzter Zeit mehr und mehr zum Zwang. So lassen sich ohne einen »G+ Account« im *Play Store* keine Apps mehr bewerten, die Galerie wird nach und nach ebenfalls hier integriert (siehe voriger Punkt) und einiges mehr. Wer sich diesem Zwang nicht entziehen kann (oder will), sollte jedoch zumindest erwägen, von gewissen Rechten Gebrauch zu machen – und der Nutzung seiner persönlichen Daten zu Werbezwecken zu widersprechen.
- **Google Now:** Hier kann man sich einmal so richtig vor Augen führen, wie sich die von Google gesammelten Daten nutzen lassen – wie Sabine mit Erschrecken feststellen musste (siehe Kapitel 4.8). Zugegeben, die Funktionalität ist sehr verlockend.

Google Opt-Out http:// tcrn.ch/ 1SZn3XK

1.1.7.3 Schaltzentrale: Homescreen, Widgets & »Home Replacements«

Wenn es bei Android so etwas wie eine »Schaltzentrale« gibt, ist dies sicher am ehesten der **Homescreen**: Hier starten alle Aktivitäten. Das ist es, was der Anwender nach dem Start seines Androiden zu sehen bekommt – von hier startet er seine Apps –, hier platziert er (so er dies tut) seine Übersichten wie aktuelle Kalender-Ereignisse, News-Feeds und so weiter. Daher ist es durchaus sinnvoll, dass sich der erste Teil dieses Abschnitts zunächst diesem widmet.

Eigentlich sollte ich besser schreiben: »**diesen**«. Klar gibt es einen »Standard-Launcher« beziehungsweise »Stock-Launcher« (»Launcher« ist ein anderes Wort für den Homescreen, das obigen Sachverhalt betont: dass man von hier alle Aktivitäten »launcht«, also startet). Auf fast allen Geräten ist jedoch bereits eine Alternative installiert: Da wäre HTC mit ihrem *Sense* Launcher, Motorola mit der *MotoBlur*-Oberfläche und so weiter. Und zahlreiche Alternativen sind im *Play Store* verfügbar – wie etwa der *Holo Launcher* (oben in Abbildung 1.15) oder *Apex Launcher* (unten in Abbildung 1.15). Jeder hat so seine Besonderheiten und Vorteile gegenüber den anderen. Da wären aufs Ressourcen-Schonen getrimmte Launcher, minimalistische Launcher (sowie deren Gegenstücke) – und, und, und. Ein genauerer Überblick findet sich natürlich wieder in der passenden Übersicht.

Holo Launcher

Apex Launcher

Launcher http:// bit.ly/ 1U7GCeU

1.1.7.4 Docking Bar

Das ist in der Regel der Bereich »unten«, in dem besonders häufig genutzte Funktionen verankert sind (in Abbildung 1.15 auch gut zu erkennen). Bei einigen *Launchern* sind diese Aktionen »fest verdrahtet« und lassen sich nicht ändern/anpassen. Die Auswahl der

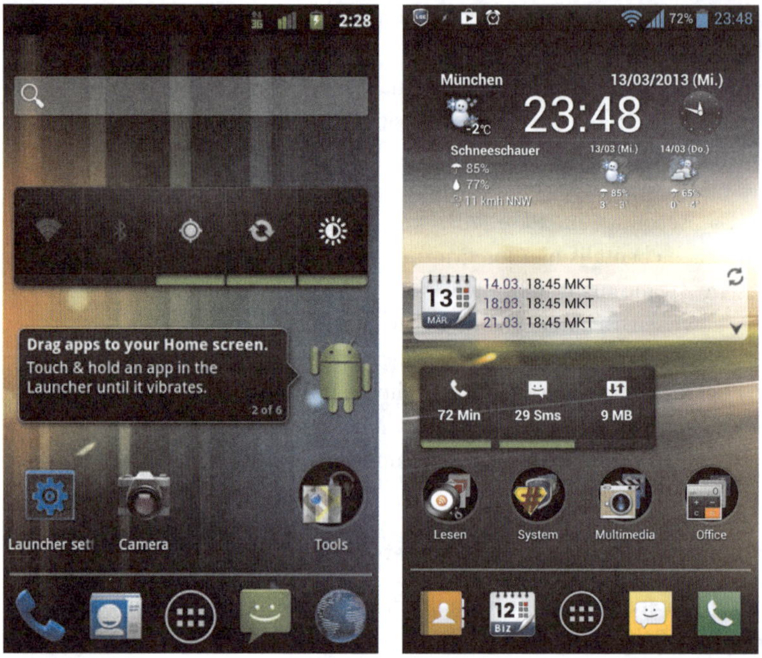

Abbildung 1.15 *Holo Launcher* und *Apex Launcher* als Alternativen zum vorinstallierten Homescreen

Aktionen ist dabei für die Masse durchaus tauglich: Telefon ist immer dabei (das Gerät heißt ja auch »Smart*Phone*« und nicht »MiniComputer« – auch wenn die Grenzen da schwer zu definieren sind), dazu kommen meist Anrufliste und Kurznachrichten sowie der *App-Drawer*.

Die meisten (mir bekannten) *Launcher* erlauben es jedoch zumindest, die Aktionen selbst auszuwählen. So lassen sich entsprechende »Icons« zum Beispiel bei oben genanntem *Apex Launcher* per Drag-and-Drop platzieren (und entfernen), auch die Reihenfolge lässt sich nachträglich ändern. Einige gehen sogar noch weiter und lassen den Benutzer an die grafische Ausgestaltung direkt heran. Wer also alles individuell gestalten möchte, kann dies durchaus tun!

1.1.7.5 App-Icons

Diese lassen sich in der Regel auf dem Launcher (siehe oben) und generell auf den Homescreens platzieren. Letzteres gilt auch für die *Shortcuts* und *Widgets* (siehe unten). Für alle drei ist das Standard-Vorgehen zur Platzierung, eine freie Stelle auf dem »Desktop« »lange zu drücken«. Daraufhin öffnet sich ein Kontextmenü und fragt nach, was es denn sein darf – wobei unsere drei Kandidaten und gegebenenfalls (je nach Launcher) auch noch weitere Dinge zur Auswahl stehen können. Spätestens ab **Ice Cream Sandwich** gibt es auch die Möglichkeit, App-Icons und Widgets direkt aus dem App-Drawer heraus auf den gewünschten Homescreen zu ziehen. Wieder entfernen lassen sie sich ebenfalls durch »langes Drücken« (diesmal auf das Icon selbst) und anschließendes »Ziehen« auf die sich öffnende (meist rote) Mülltonne.

Unsere *App-Icons* haben nun keine weitere Funktion, als die zugehörige App zu öffnen. Nicht viel, aber mehr braucht es ja oft auch nicht: Von zentraler Stelle die wichtigsten Dinge schnell starten, ohne sich erst durch den »Drawer« (die komplette Applikationsliste) wühlen zu müssen. Benötigt man doch einmal etwas Spezielleres, kommen unsere anderen beiden Kandidaten zum Einsatz:

1.1.7.6 Shortcuts

Note Everything

Nomen est Omen, wie der Latiner sagt: Hier geht es um »Abkürzungen«, die einige Apps anbieten. Was auf dem Homescreen wie ein gewöhnliches (gerade eben beschriebenes) *App-Icon* aussieht, ist es auch – nur mit ein wenig Zusatz-Funktionalität. Es springt bei der zugehörigen App gleich zu einem bestimmten Bildschirm oder löst eine bestimmte Aktion aus. Ein »klassisches Beispiel« wäre bei *Note Everything* zu finden: Die Startseite (mit den Übersichten) überspringen und direkt eine neue Notiz öffnen. Oder bei den weiter unten unter Apps organisieren genannten »Organizern« das Öffnen eines bestimmten Ordners (was die beiden oben genannten Launcher auch selbst anbieten). Bei diesen Dingen handelt es sich um *Shortcuts*.

Dazu muss erwähnt werden, dass Shortcuts von den Apps selbst bereitgestellt werden müssen: Was die App nicht anbietet, steht da auch nicht zur Verfügung.

1.1.7.7 Widgets

Gleiches gilt auch für die Widgets: Grafische Elemente, die erweiterte Informationen zur Verfügung stellen – und optional auch noch als Shortcuts dienen können. Einige Beispiele dafür finden sich im Screenshot des *Apex Launcher* in *Abbildung 1.15*.

DroidStats

- *Widgets von DroidStats*, die Informationen zu aktuellen Statistiken (hier: Telefonminuten und SMS) geben – und bei »Antippen« die App gleich auf der zugehörigen Detail-Seite öffnen.

Abbildung 1.16 DroidStats Widget

Mini Info

- *Widgets von Mini Info*, die über diverse System-Informationen auf dem Laufenden halten. Tippt man sie an, wird die App (ganz normal) gestartet.

Abbildung 1.17 MiniInfo-Widget

- Ein TaskManager-Widget, das über freien Speicher sowie die Anzahl gerade laufender Prozesse informiert. Die bei Antippen ausgeführte Aktion ist konfigurierbar – etwa das Starten der App oder Killen aller »black-listed« Apps. Übrigens: Auch die Uhr im Screenshot am Anfang dieses Abschnitts ist ein Widget.

Abbildung 1.18 TaskManager-Widget

1.1.7.8 App-Drawer

Auch zu diesem zu guter Letzt noch ein paar Worte. Manch einem mag er wie eine »unübersichtliche Lagerhalle von Icons installierter Apps« vorkommen. Dem Hörensagen nach muss das nicht generell so sein. Es soll Launcher geben, die hier alternativen Implementierungen folgen, und Dinge wie »Reiter«, »Unter-Ordner«, »Kategorien« und Ähnliches anbieten. Wer hier also gern ein wenig aufräumen würde und einem »alternativen Launcher« nicht abgeneigt ist, sollte bei der Auswahl auch darauf achten. Womit er sich gegebenenfalls auch den unter »Apps organisieren« genannten separaten »Organizer« erspart.

Wo wir gerade beim *App-Drawer* sind: Ab Android 4.0 (»Ice Cream Sandwich«) findet sich in diesem ein zusätzlicher Reiter, der verfügbare Widgets auflistet. Somit hat man endlich eine Übersicht darüber, welche Widgets verfügbar sind. Auf den Homescreen kann man selbige dann befördern, indem man sie ganz dolle drückt: Der App-Drawer blendet sich dann aus und man lässt das Widget schließlich an der gewünschten Stelle einfach »fallen«. Ab Android 4.4 fällt dieser Reiter jedoch wieder weg; das Hinzufügen von Widgets zum Homescreen erfolgt dann erneut wie im Abschnitt »App-Icons« beschrieben.

Kapitel 2
Mit Android arbeiten

2.1 Steuerzentrale: Einstellungen und »Switches«

Haben wir den *Homescreen* als »Schaltzentrale« bezeichnet – so ist der Ort, an dem die ganzen Systemeinstellungen getätigt werden, ja wohl die »Steuerzentrale«. Und es gibt so einiges einzustellen bei Android, die Liste ist also nicht unbedingt kurz. Hinzu kommt, dass vieles »historisch gewachsen« ist – und somit manche Dinge an den verschiedensten Orten zu suchen sind, obwohl sie aus subjektiver Sicht eigentlich zusammengehören ...

Es handelt sich bei aktuellen Android-Versionen schon um recht komplexe Systeme, wo man an vielen Schräubchen drehen können muss. Und insbesondere für Neueinsteiger sind das meist zu viele (wobei genau die, die man gerne hätte, natürlich fehlen). Doch gibt es hier auch einige Apps, die für Erleichterung sorgen: entweder, weil sie die Auswahl auf wesentliche (häufig benutzte) Punkte zusammenstauchen – oder, weil sie in spezifischen Bereichen zusätzliche Einstellungsmöglichkeiten schaffen. Zu beiden Themen finden sich in meiner Übersicht zu Einstellungen zahlreiche Kandidaten.

Übersicht: Einstellungen http://bit.ly/1U7GMCU

2.1.1 Konfiguration

Bei Android lässt sich so einiges konfigurieren. Und mit jeder neuen Version kommen neue Dinge hinzu. Ich möchte jetzt nicht auf alles eingehen – doch einige zentrale Einstellungen sollten hier erläutert werden.

Die folgenden Dinge sind alle in den »Einstellungen« von Android untergebracht. Wie man dorthin gelangt? Vom »Homescreen« ausgegangen (siehe Kapitel 1.3), geht es zunächst über die »Menü« Taste ins Menü, und von dort in den Punkt EINSTELLUNGEN (alternativ ruft man die App *Einstellungen* aus dem App-Drawer (siehe Abschnitt 1.3.5) auf). Dann geht es entsprechend weiter, wie in den folgenden Abschnitten beschrieben.

2.1.1.1 WLAN

Klar, mit so einem Smartphone möchte man gern ins Netz. Und wenn man noch keinen vernünftigen Daten-Tarif gebucht hat: Was liegt da näher, als das heimische WLAN zu nutzen? Oder das bei Freunden und Verwandten? Zumal es in der Regel ja auch schneller ist als die mobile Datenverbindung. Was also ist zu tun?

In den Einstellungen wählen wir den Punkt Drahtlos & Netzwerke. Hier lässt sich WLAN schon erst einmal generell aktivieren (indem man das passende Häkchen setzt beziehungsweise den entsprechenden Schalter »umlegt«). Sodann tauchen wir in den Punkt WLAN-Einstellungen ab – und gelangen zu einem Bildschirm, der dem in Abbildung 2.1 dargestellten ähnelt.

Abbildung 2.1 WLAN-Konfiguration

Der erste Punkt entspricht dem generellen Aktivieren der WLAN-Funktionalität (wie auf der vorigen Seite). Ist WLAN aktiv und mit einem Netzwerk verbunden, wird das an dieser Stelle auch angezeigt.

Darunter nun werden alle aktuell verfügbaren WLAN-Netze aufgelistet. Es wird ebenfalls dargestellt, ob (und wenn ja, wie) diese verschlüsselt sind. Hier müsste also auch das »eigene« WLAN (beziehungsweise das, in das sich eingebucht werden soll) nun stehen. Einfach antippen, gegebenenfalls den Schlüssel (das »Verbindungs-Passwort«)

eingeben und auf VERBINDEN tippen – und wenige Sekunden später sollte die Verbindung stehen. Bei Bedarf lässt sich ab Android 4.0 nach Aktivieren der Checkbox ERWEITERTE OPTIONEN EINBLENDEN auch ein für das jeweilige Netzwerk zuständiger Proxy-Server angeben.

Einmal eingegeben, merkt sich übrigens Android die Verbindungsdaten: Kommt man das nächste Mal bei aktiviertem WLAN in die Nähe dieses Netzes, erfolgt die Verbindung automatisch.

Am Ende des Bildschirms sind noch drei Symbole zu sehen. Mit diesen lässt sich etwa (sofern vom Router unterstützt) per WPS schnell und einfach eine verschlüsselte Verbindung aufbauen, ohne dass man ein kilometerlanges Passwort eingeben muss, oder (mit dem »+« Symbol) ein Netzwerk manuell hinzufügen. Die drei übereinander gestapelten Punkte öffnen ein Menü für weitere Einstellungen, wie der Screenshot zeigt. So kann man unter „Erweitert" beispielsweise festlegen, dass man »unterwegs« über verfügbare offene WLAN-Netzwerke informiert werden möchte. Wer jedoch vertrauliche Daten auf seinem Androiden hat, sollte mit solchen Netzen vorsichtig sein (siehe Kapitel 3.9): Man weiß ja nie.

2.1.1.2 Mobiles Datennetz

Der »moderne Mensch« ist ja heutzutage permanent online. Unser WLAN können wir aber nicht überall hin mitnehmen. Was tun?

Die Antwort heißt: Einen passenden Daten-Tarif (Volumentarif oder Flatrate) buchen und das »mobile Datennetz« konfigurieren! Ersteres gibt es beim Provider – und Letzteres findet sich wieder unter DRAHTLOS & NETZWERKE (ab Android 4.0 versteckt es sich hinter MEHR). Der Punkt MOBILFUNKNETZE (beziehungsweise MOBILE NETZWERKE) führt dann zu einem Bildschirm ähnlich dem in Abbildung 2.2.

Ein kurzer Blick auf das Bild dürfte auch bereits helfen, eine der größten Sorgen auszuräumen: Was ist mit meinen Daten-Kosten, wenn ich im Ausland bin? Ja, was? Das hängt ganz davon ab, was auf dieser Seite konfiguriert wurde. Standardmäßig sind die Häkchen bei ROAMING *nicht* gesetzt (also wie auf dem Bild zu sehen). Im Ausland beziehungsweise generell im Netz eines »Fremdanbieters« wird daher die Datenverbindung gar nicht erst aufgebaut. Daher sollten hier auch keine diesbezüglichen Kosten entstehen.

Weiter unten lässt sich noch ein Häkchen setzen, das die Datenverbindung auf »2G« beschränkt (BEVORZUGTER NETZWERKTYP). Das ist zwar nicht so schnell wie 3G oder gar 4G – spart aber unter Umständen einiges an Energie (siehe Abschnitt 6.5.5), sodass man mit einer Akku-Ladung länger auskommt. Für ein wenig E-Mail und Web ist das auch

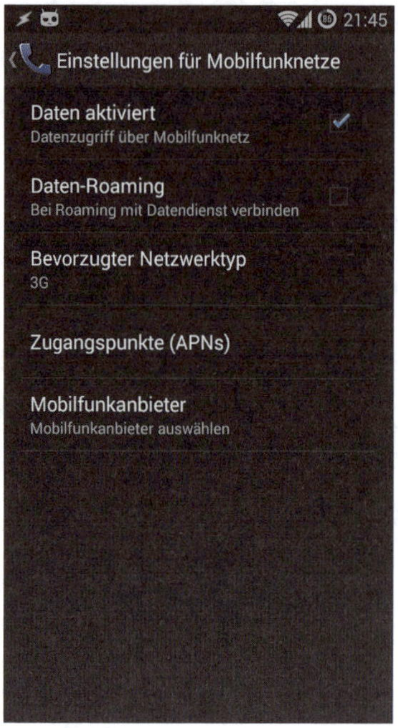

Abbildung 2.2 Mobilfunknetz-Einstellungen

völlig ausreichend. Sollte man tatsächlich einmal mehr Durchsatz benötigen, kann man das jederzeit umschalten.

Cyanogen Mod http://bit.ly/1SZnelO

Woher weiß Android denn nun, wie es ins Internet kommt? Diese Einstellungen verbergen sich hinter den ZUGANGSPUNKTEN. Die meisten ROMs ermitteln diese Konfiguration automatisch (wie zum Beispiel *CyanogenMod*): Anhand der SIM-Karte erkennt es den Anbieter und ordnet die entsprechenden Zugangsdaten aus seiner Datenbank zu. Wer dieses Glück nicht auf seiner Seite hat, findet die passenden Zugangsdaten jedoch hoffentlich bei *IzzyOnDroid* – andernfalls lassen sie sich beim Provider erfragen.

Zugangsdaten http://bit.ly/1U7GOLg

An dieser Stelle ist es später sicher auch interessant zu wissen, wie es eigentlich um den Datenverbrauch bestimmt ist: Wie viel Datenvolumen ist noch übrig? Welche App hat wie viel verbraucht – und wie lassen sich »Datenfresser« im Zaum halten?

3G Watchdog

Seit Version 4.0 bringt Android die dafür notwendigen Werkzeuge selbst mit. Abgesehen vielleicht von einem Widget oder der Prognose des Datenverbrauchs bis zum Ende des Abrechnungszeitraums decken diese auch alles ab, was zuvor Tools wie *3G Watchdog* erledigen mussten: den Anwender warnen, bevor sein Datenvolumen aufgebraucht ist, bei Erreichen des Limits optional die mobilen Daten deaktivieren und die Datennutzung nach Verbrauchern aufschlüsseln. Mehr noch, lässt sich sogar für einzelne Apps die Nutzung von Hintergrunddaten unterbinden (siehe Abschnitt 5.7.4).

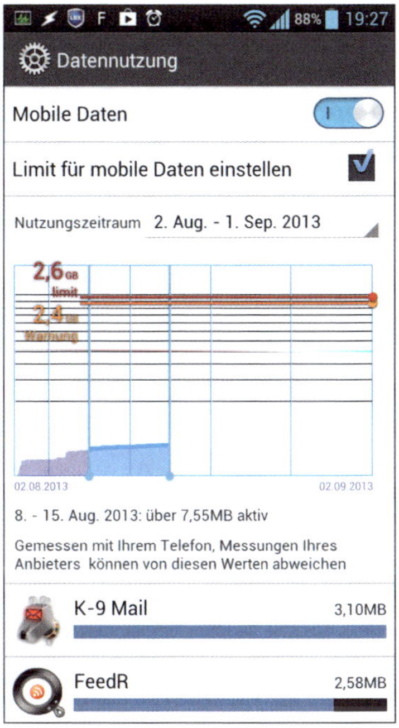

Abbildung 2.3 Daten-Statistiken in Android 4.0

Zu finden ist all dies unter EINSTELLUNGEN | DATENNUTZUNG, wo man auch die »mobilen Daten« selbst (de-)aktivieren kann. Sind diese eingeschaltet und die Checkbox LIMIT FÜR MOBILE DATEN wurde aktiviert, lässt sich in der Klappbox darunter der Abrechnungszeitraum des Mobilfunkanbieters einstellen. Der rote und der orange Balken in der Grafik darunter stehen jeweils für das Limit sowie die Warnschwelle und können entsprechend den eigenen Bedürfnissen verschoben werden.

Welche App nun wie viel Daten verbraucht hat, findet sich unterhalb der Grafik aufgeführt – die größten Verbraucher zuvorderst. Wer genau hinschaut, erkennt einen durch zwei senkrechte Balken eingegrenzten Bereich im Graphen: Auf diesen bezieht sich die genannte Auflistung. Auch diese Balken lassen sich manuell verschieben (der ausgewählte Zeitraum wird unmittelbar darunter angezeigt) – sodass sich der Datenverbrauch gut analysieren und ein »Amok laufender Datenfresser« auch leicht isolieren lässt.

2.1.1.3 Tethering

An dieser Stelle folgt oft die Frage: »Ich habe da noch ein Tablet/Notebook/... Kann ich jetzt irgendwie die mobile Datenverbindung mit nutzen?« Vor Android 2.2 (aka »**Froyo**« oder »Frozen Yoghurt«) hieß die Antwort eindeutig: Jein. Mit root (siehe Kapitel 6.1)

Wireless Tether

und einer App wie *Wireless Tether* ließ sich dies erreichen. Ansonsten galt der übliche Spruch: »Ohne root sich nix tut.«

Zum Glück hat sich das eindeutig geändert: Seit **Froyo** gehört Tethering zur »Standard-Ausrüstung« und ist natürlich auch noch bei den aktuellen Versionen mit an Bord (siehe Abbildung 2.4). Wer sichergehen möchte, dass kein Dritter »mitsurft«, kann das Netzwerk über USB weiterreichen. Einfacher geht es jedoch, wandelt man seinen Androiden in einen »mobilen Hotspot« um. Hierzu wird der zweite Punkt aktiviert und die Details werden unter WLAN-Hotspot-Einstellungen eingetragen: Eine SSID (Name für den Zugangspunkt) kann nach Gusto vergeben, eine Verschlüsselung gewählt und natürlich auch der zugehörige Schlüssel/Passwort hinterlegt werden. Schon steht dem Surf-Vergnügen nichts mehr im Wege.

Abbildung 2.4 Tethering unter ICS

Je nach Hersteller, Gerät, Android-Version und **ROM** sieht dieses Menü allerdings unterschiedlich aus: Einmal fehlt USB-Tethering (zum Beispiel seinerzeit bei meinem *LG Optimus 4X* mit Stock Android 4.0.3) oder es sind zusätzlich Dinge verfügbar wie WiFi Direct oder NFC. Also bitte nicht wundern.

2.1.1.4 Internet-Telefonie

SIPGate

Oh nein, den Netzanbietern hat das sicher nicht sonderlich gefallen. Aber dennoch: Seit **Gingerbread** gehören die **SIP**-Einstellungen zu den Bordmitteln. Wer noch kein Gingerbread (oder eine aktuellere Version) auf seinem Androiden hat, muss dafür zu Drittanbieter-Software wie *SIPGate* greifen, kommt aber auch zum Ziel.

Versteckt sind diese Konfigurationsdaten unter den Anrufeinstellungen *der Telefon-App* (also *nicht* unter Drahtlos & Netzwerke in den Systemeinstellungen), und zwar ganz am Ende des Bildschirms (siehe Abbildung 2.5). Von hier aus geht es über Konten in die Übersicht eingerichteter SIP-Konten – beim ersten Aufruf dürfte diese leer sein. Ein Button, beschriftet mit Konto hinzufügen, wartet jedoch schon auf Betätigung. Die passenden Zugangsdaten gibt es beim VoIP-Anbieter. Essenziell sind Nutzername, Passwort und Server – etliche optionale weitere Einstellungen wie Proxy unter anderem stehen ebenfalls zur Verfügung.

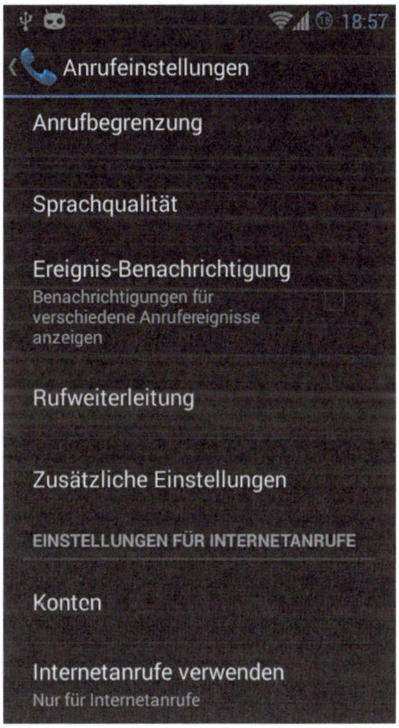

Abbildung 2.5 Anruf-Einstellungen

Mittels einer Checkbox lässt sich ein SIP-Konto als »primär« festlegen – was aber nur bei mehreren Konten interessant ist. Über dieses Konto werden dann ausgehende Anrufe geführt.

Auf einigen Geräten (mein *Optimus 4X* ist wieder einmal ein solches) sind die SIP-Funktionen allerdings einfach nicht auffindbar – obwohl Android 4.0 oder höher zum Einsatz kommt. Da wollen sich einige Hersteller scheinbar bei den Netzanbietern »lieb Kind machen«. Mit ein paar Tricks lassen sich die Konfigurationsbildschirme oftmals dennoch aufspüren: So bietet beispielsweise der *Apex-Launcher* die Möglichkeit, dem Homescreen außer Widgets und Shortcuts auch »Aktionen« hinzuzufügen. Was sich dahinter verbirgt, ist eine Liste von allen Shortcuts, über die diverse Apps zwar verfügen –

Apex Launcher

sie aber nicht unbedingt offiziell anbieten. Hier sucht man nun nach der *Settings*-App (aka »Einstellungen«) und schaut, was sie Interessantes anzubieten hat (sehr viel!). Einen Shortcut generiert, und schon kann man auch auf einem *LG Optimus 4X* auf die SIP-Einstellungen zugreifen.

2.1.2 Schnelleinstellungen

Übersicht: Einstellungen http://bit.ly/1U7GMCU

Sich für jede kleine Änderung durch den Dschungel der System-Einstellungen kämpfen zu müssen, ist besonders für Android-Einsteiger alles andere als komfortabel. Musste man früher für Alternativen auf Drittanbieter-Apps zurückgreifen, hat sich in dieser Hinsicht in der Zwischenzeit zum Glück etwas getan. Nachdem zunächst einige Hersteller (zum Beispiel Samsung) und Custom-**ROM**s (wie *CyanogenMod*) entsprechende Schalterchen in den Benachrichtigungs-Bereich integrierten, zog Android mit Version 4.2 schließlich selbst nach: Die QUICK SETTINGS sind nun fester Bestandteil des Android-Systems. Je nach Android-Version kann man über diese die wichtigsten Einstellungen durch einfaches Antippen des zugehörigen Icons umschalten und gelangt durch langes Drücken zum entsprechenden Konfigurations-Bildschirm – oder umgekehrt. Auch lassen sich Reihenfolge sowie Auswahl meist konfigurieren.

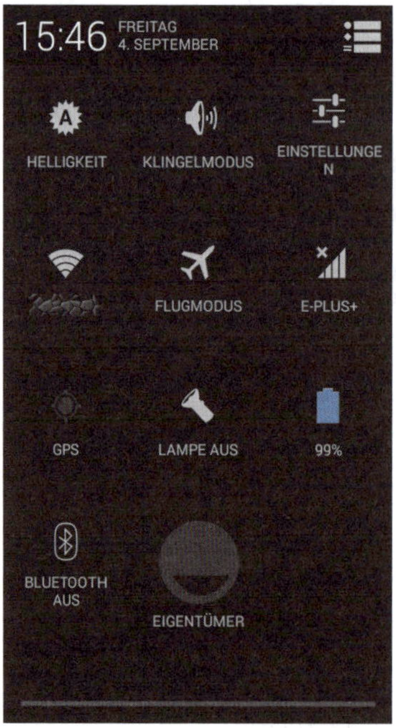

Abbildung 2.6 Schnelleinstellungen

Wer jedoch noch eine ältere Android-Version einsetzt oder mit dem Vorhandenen nicht zufrieden ist, findet in den App-Märkten nach wie vor zahlreiche Alternativen.

2.1.3 Zusätzliche Einstellungen

Während die einen es lieber kompakter hätten, gibt es da auch noch die Gruppe derer, denen die vorhandenen Konfigurationsmöglichkeiten nicht ausreichen. Auch dieser kann (in einem gewissen Rahmen) geholfen werden: Unter »Zusätzliche/versteckte Einstellungen« finden sich bei *IzzyOnDroid* zahlreiche Helferlein für spezielle Einstellungen des Displays, der Lautstärke-Regler, für Netzwerk, Benachrichtigungen, Synchronisation und vieles mehr. Man möge mir vergeben, dass ich sie hier nicht alle vorstelle.

Übersicht: Zusätzliche Einstellungen http://bit.ly/1U7GP1D

2.2 Anwendungen verwalten

Um folgende Themen geht es in diesem Kapitel:

- Installieren von Apps
- Aktualisieren (neudeutsch: »Updaten«) von Apps
- Apps bereinigen (Cache löschen und so weiter)
- Deinstallieren (Löschen) von Apps

Also im Prinzip der ganz normale »Lebenszyklus« einer App auf dem Androiden: Erst wird sie installiert (und benutzt), hin und wieder gibt es neuere Versionen, und schließlich – ist man ihrer überdrüssig geworden oder hat etwas Besseres gefunden – soll sie wieder vom Gerät verschwinden. Zwischendurch gilt es unter Umständen, den Cache zu bereinigen: Entweder um Platz freizuschaufeln oder um diverse kleine Probleme zu lösen. Für all diese Aufgaben gibt es verschiedene Ansätze.

2.2.1 Apps? APK-Datei?

Zuallererst gilt es noch ein paar Begriffe zu klären:

App nennt man die Anwendungen unter Android (und übrigens auch bei Apples iOS). Dieses Kürzel leitet sich nicht etwa von *Apple* ab, wie einige meinen, sondern vom Wort *Application* – jaja, der »Aküfi« (Abkürzungs-Fimmel) ist nicht ausschließlich © Germany.

Eine **APK-Datei** enthält in der Regel eine solche App und ist so etwas wie ein »Installations-Archiv«. Erhältlich im *Play Store* und oftmals auch auf den Webseiten der jeweiligen Entwickler – diese beiden Quellen können als relativ sicher gelten (sowohl was »Systemsicherheit« als auch was »Legalität« anbetrifft; was in letzterem Fall natürlich beides insbesondere von der Vertrauenswürdigkeit des Entwicklers abhängt) –, sind sie auch in der »freien Wildbahn« anzutreffen (etwa als Suchergebnis einer Google-Suche

Google Play Store http://bit.ly/1SZnem2

nach »<AppName>.apk«). Im letzteren Falle ist allerdings Vorsicht geboten: Zum einen sind derartige Angebote nicht selten illegal, zum anderen die hier auffindbaren APK-Dateien oftmals auch manipuliert (Stichwort: **DroidDream**).

Ergo: Das Futter für den Androiden sollte besser ausschließlich aus verlässlichen Quellen besorgt werden. Und die schauen wir uns jetzt an.

2.2.2 Bordmittel

Natürlich bringt Android passende Hausmittel für die genannten Aufgaben mit – irgendwie müssen ja die ersten »Früchtchen« in den Korb gelangen können. Zu diesem Zweck ist auf den meisten Androiden (einige Hersteller kochen hier wieder ihr eigenes Süppchen, sodass dies nicht pauschal für alle Android-Geräte gilt) eine App namens *Play Store* (ehemals *Android Market*) vorinstalliert. Dieser möchte ich zunächst ein wenig Grundwissen vorausschicken, bevor ich auf die App selbst eingehe:

Zunächst einmal ist der *Play Store* die wohl umfangreichste (und darüber hinaus auch die »offizielle«) Quelle für Android-Apps. Daher sind Entwickler natürlich bestrebt, ihre Produkte auf jeden Fall an dieser Stelle unterzubringen. Von wenigen Ausnahmen einmal abgesehen, kann man daher fast sagen: Eine App, die es hier nicht gibt, gibt es einfach nicht (oder sie ist von Google unerwünscht). Darüber hinaus ist der überwiegende Teil der Apps (etwa 75 Prozent) gratis verfügbar – was allerdings häufig mit Werbe-Einblendungen in den jeweiligen Apps verbunden ist, denn irgendwie möchte der Entwickler ja auch für seine Mühe entlohnt werden. Eine Tatsache, die übrigens auch für die meisten anderen App-Märkte gilt.

Vodafone Handyrechnung http://bit.ly/1U7GP1J

Die Nutzung des *Google Play Store* setzt einen gültigen Google-Account voraus (siehe Kapitel 5.1). Diesen kann man sich direkt auf der Webseite gratis anlegen. Bei der Ersteinrichtung eines mit der genannten App ausgestatteten Androiden wird dieser auch abgefragt und kann, sollte man noch nicht über einen Account verfügen, direkt vom Einrichtungs-Assistenten aus erstellt werden (wer dies zunächst übersprungen hat, findet den entsprechenden Punkt in den EINSTELLUNGEN unter KONTEN & SYNCHRONISATION). Will man auch kostenpflichtige Apps nutzen, musste ursprünglich zudem eine Kreditkarte mit dem Google-Account verknüpft werden – andere Bezahlmöglichkeiten waren leider, trotz zahlreicher Nutzerproteste, lange nicht verfügbar. Doch mittlerweile hat sich hier etwas getan: Mobilfunk-Anbieter können auch die Bezahlung über die Telefonrechnung ermöglichen. In Deutschland macht davon T-Mobile bei von ihnen selbst verkauften (also entsprechend »gebrandeten«, siehe »**Branding**«) Geräten Gebrauch, auch O2 hat mittlerweile nachgezogen (Vodafone ist wieder abgesprungen). Außerdem gibt es seit Juli 2013 auch Gutschein-Karten im Handel zu erwerben, mit denen man sein Google-Konto aufladen kann. Nachdem Anwender diesen Wunsch lange Zeit ins Leere sprachen, hat überdies im Sommer 2014 auch Paypal als Zahlungsmittel hier Eingang gefunden.

Ist nun also ein Zahlungsmittel mit dem Google-Account verknüpft (oder das Konto mittels Guthaben-Karte aufgeladen), lassen sich kostenpflichtige Apps über die *Play Store*-App erwerben. Also darauf aufpassen, dass der Sprössling nicht auf Einkaufstour geht – oder Unbefugte am Gerät spielen und Schabernack treiben! (Um dies zu verhindern, lässt sich der Bezahlvorgang mit einem Passwort schützen, was in aktuellen Play-Store-Versionen auch automatisch unter Verwendung des Google-Passwortes geschieht.) Außerdem ist die Rückgabefrist bei Fehlkäufen mit derzeit zwei Stunden etwas kurz geraten – hier gilt es also gegebenenfalls, schnell zu handeln und den Fehlkauf sogleich wieder rückgängig zu machen.

Übrigens: Da jede im *Play Store* erworbene App mit dem zugehörigen Google-Account verknüpft ist, lassen sich einmal gekaufte Apps auf allen mit diesem Account versehenen Androiden nutzen. Also keine Sorge, dass man bei Gerätewechsel alles neu erwerben muss!

2.2.2.1 *Play Store*

Über den *Play Store* (ehemals *Android Market*, siehe Abbildung 2.7) soll der Android-Jünger sich also seine Apps besorgen. Die Fülle an Apps kann hier grob nach Rubriken durchblättert oder, so der Name der gesuchten App bekannt ist, auch gezielt durchsucht werden. Letzteres ist natürlich auch nach Stichworten möglich, die in Namen oder der

Abbildung 2.7 *Play Store*

Beschreibung der Apps vorkommen. Aufgrund der großen Anzahl an im *Play Store* verfügbaren Apps ist das Ergebnis aber nicht unbedingt immer befriedigend – zumal die Ergebnisliste mittlerweile auf 48 Einträge begrenzt wurde. Filtermöglichkeiten (etwa das Ausblenden unerwünschter Entwickler oder das Ausschließen bestimmter Begriffe) gibt es in der App leider nicht.

Google Play Store http://bit.ly/1SZnem2

Etwas komfortabler wird das Ganze, wenn man die Website des *Play Store* mit dem Browser am PC benutzt: Hier lassen sich viele der aus der »erweiterten Google-Suche« bekannten Tricks verwenden – etwa um mit dem Begriff vorangestellten »-«-Zeichen Begriffe auszuschließen (sogar einige erweiterte Attribute des »großen Bruders«, wie etwa »intitle:Begriff«, wenn der App-Name »Begriff« enthalten soll, sind möglich). So findet man zum Beispiel durch eine Suche nach »+scuba -log« (oder »+dive -log« – jeweils ohne die Anführungszeichen) Apps zum Thema Scuba-Diving (Tauchen), schließt jedoch Logbücher aus. Die Informationen lassen sich am größeren Bildschirm auch weit bequemer sichten. Ist die gesuchte App gefunden, kann sie überdies, sofern man mit seinem Google-Account angemeldet ist, mit einem einfachen Klick auf den Button INSTALLIEREN auf den Androiden befördert werden: Schon wenige Sekunden später sieht man dort in der Regel den Download und schließlich auch den Installationsprozess starten. Sind mehrere Geräte mit demselben Google-Account verknüpft, lässt sich das gewünschte Zielgerät natürlich auswählen. Auch filtert der *Play Store* automatisch die Apps aus, die mit dem Zielgerät nicht kompatibel sind (siehe Abschnitt 5.2.2).

Am linken Rand der Seite findet sich übrigens auch ein Navigationsmenü, dessen erste vier Punkte jedoch lediglich wieder in die jeweiligen Sektionen des *Play Store* zurückführen. Auch der fünfte, mit GERÄTE beschriftete Button listet nicht etwa die eigenen Geräte auf, sondern führt wiederum in den entsprechenden Shop-Bereich. Ähnliches gilt auch für die Drop-down-Box direkt rechts daneben: Die hier aufgeführten Punkte beziehen sich lediglich auf die eigenen Einkäufe und filtern entsprechend die Liste. Interessant sind somit nur noch die letzten beiden Punkte, über die sich die eigene Wunschliste verwalten beziehungsweise Google-Play-Gutscheine einlösen lassen.

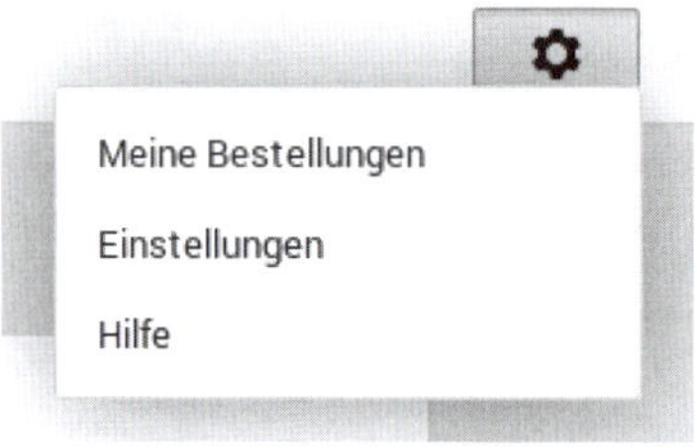

Abbildung 2.8 Google-Play-Einstellungen

Die eigenen Geräte findet man im zweiten Punkt des »Rädchens« (direkt unter dem Account-Namen oben rechts), der mit EINSTELLUNGEN beschriftet ist. Hier kann man seinen Geräten Namen geben und festlegen, ob sie in den Menüs auf App-Seiten als Installationsziel auftauchen sollen (Altgeräte entfernen kann man leider nicht). Auch Wünsche zu Email-Benachrichtigungen (Angebote vom *Play Store* und anderes mehr) lassen sich hier festlegen. Sortieren lässt sich allerdings auch diese Liste nicht, was jedoch hier nicht so stark ins Gewicht fällt: Die Anzahl mit einem Account verwendeter Geräte hält sich normalerweise in Grenzen. Wie sich dort ermitteln lässt, welche Apps man auf welchem Gerät installiert hat(te), findet sich in Kapitel 5, »Fragen aus Alltag und Praxis«.

Um nun aber die Nutzung des *Play Store* auf dem Androiden zu verbessern, bieten sich, abgesehen von »alternativen Market-Apps«, auch diverse »Market-Ergänzer« an.

2.2.2.2 Anwendungen verwalten

Der Punkt Anwendungen verwalten (Abbildung 2.9 oben) findet sich unter Einstellungen | Anwendungen im Android-Menü und ist in Tabs eingeteilt: Heruntergelade (also selbst installierte; dieser Tab wird bei Aufruf von Anwendungen verwalten geladen), Alle, Auf SD-Karte, Ausgeführte. Die ersten drei Tabs sind ruck zuck geladen, der vierte braucht ein paar Sekunden und ist ein vollwertiger Task-Manager.

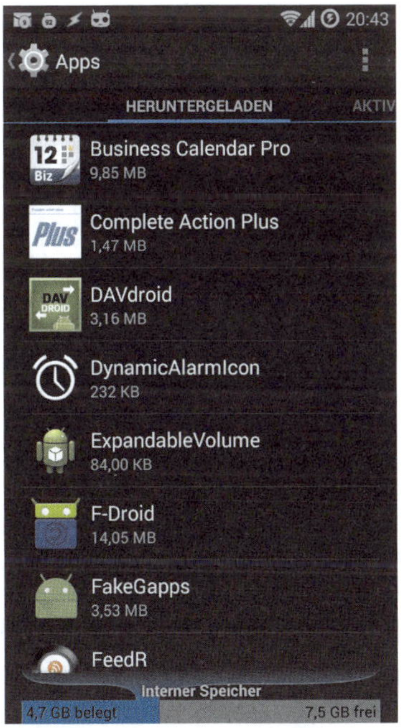

Abbildung 2.9 Anwendungen verwalten

Ist die Liste aufgebaut, lassen sich Details zu den Anwendungen einsehen. Dies geschieht, indem die gewünschte App in der Liste kurz angetippt wird. Sodann offenbart sich: Wie viel Platz belegt die App selbst, wie viel ihre Daten? Wie viel Cache benutzt sie? Und so weiter. Von hier aus lassen sich dann zum Beispiel auch der **Cache leeren**, die **Daten löschen** – oder die Anwendung deinstallieren (löschen).

Alternativen zur Cache-Bereinigung finden sich in Kapitel 6.4.

2.2.3 Default-Apps

Verschiedene Aktionen sind bei Android mit bestimmten Apps verknüpft. Betätigt man beispielsweise die Taste »Home« (beziehungsweise den entsprechenden »Softkey«), so gelangt man zu seinem Homescreen. Wie in Kapitel 1.3 beschrieben, gibt es für diesen Zweck eine größere Auswahl an Apps. Was nun, wenn mehrere davon gleichzeitig auf dem Gerät installiert sind – welche App soll dann gestartet werden? Für eine sinnvolle automatische Auswahl fehlt dabei einfach der Kontext.

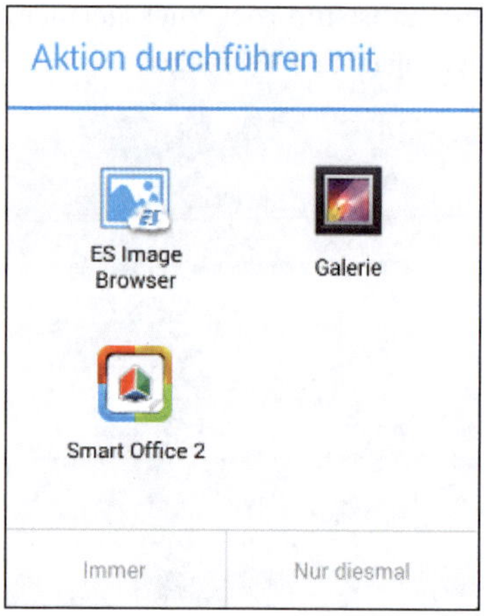

Abbildung 2.10 Aktion auswählen

Vernünftigerweise führt Android in einer derartigen Situation keine Zufalls-Auswahl durch, sondern fragt den Anwender nach seinen Präferenzen – wie in Abbildung 2.10 zu sehen. Möchte man dies von Fall zu Fall erneut entscheiden, tippt man nach Auswahl der App auf den Button NUR DIESMAL. Damit erfolgt die Abfrage beim nächsten Mal erneut. Das ergibt etwa Sinn, wenn man neben der »normalen« Telefon-App noch eine weitere App installiert hat, die über Telefonie-Funktionen verfügt – beispielsweise *Skype* oder *Linphone*. Telefonate im Funk- und Festnetz führt man dann etwa bevorzugt mit der »normalen« Telefon-App durch, wählt aber die günstigere Alternative für

Abbildung 2.11 App-Info

Auslandstelefonate. Möchte man jedoch nicht jedes Mal neu entscheiden müssen, tippt man auf IMMER – und wird in Zukunft nicht mehr behelligt, was insbesondere beim Homescreen sinnvoll erscheint.

Speziell modebewusste Anwender (hust, hust) ändern jedoch hin und wieder ihre Vorlieben. Was also tun, wenn man den »für immer« eingestellten Default einmal ändern möchte? Dafür gibt es verschiedene Möglichkeiten:

- Im zuvor beschriebenen Menü ANWENDUNGEN verwalten die derzeitige Default-App aufsuchen, deren Details aufrufen und etwas nach unten scrollen. Dort findet sich ein Button, mit dem sich die STANDARDEINSTELLUNG ZURÜCKSETZEN lässt (siehe Abbildung 2.11). Beim »nächsten Versuch« erfolgt dann wieder die Abfrage.
- Eine weitere App installieren, die für diese Aktion zuständig ist. Das ändert den Status quo, und die Abfrage erfolgt ebenfalls aufs Neue.
- Eine App zur Verwaltung von Default-Apps installieren. Diese bieten den Vorteil, dass man nicht groß überlegen muss, wie die aktuelle Default-App heißt.

Übersicht: Default-Apps festlegen http://bit.ly/1SZnem5

2.2.4 Play-Store-Ergänzungen

Tablet Market

Tablified Market HD

Im *Google Play Store* findet sich eigentlich alles – die Frage ist nur, wie lange man für die Suche benötigt. Besonders Besitzer eines Tablets ärgern sich oft darüber, dass die Apps das größere Display nicht vernünftig ausnutzen. Oder dass es so schwierig ist, Apps zu finden, die dies tun. Zum Glück gibt es da Abhilfe: Apps wie *Tablet Market* und *Tablified Market HD* haben sich nämlich darauf spezialisiert, nur Tablet-geeignete Apps aufzuspüren.

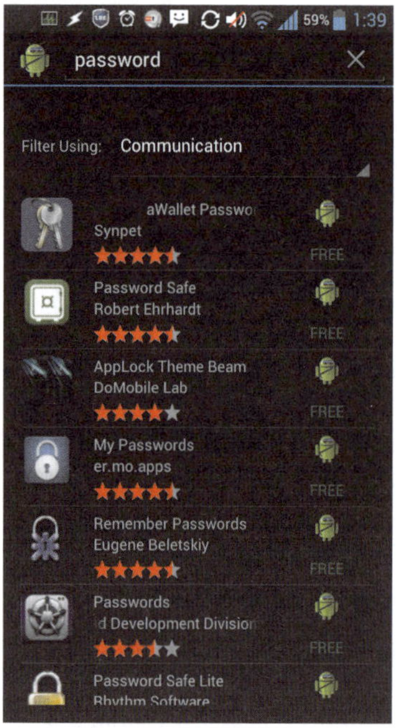

Abbildung 2.12 StripSearch

Strip Search

Strip Search http://bit.ly/1SZnd1h

Ist jemand hingegen – nicht zu Unrecht – besonders besorgt bezüglich der Berechtigungen, die einige Apps verlangen, greift er für die App-Suche im *Play Store* am besten auf *StripSearch* zurück. Diese App stellt ein alternatives Frontend für die Suche im *Google Play Store* dar – das wesentlich aufgeräumter wirkt: Man wird nicht überall mit zahlreichen Grafiken bombardiert, sondern die gewünschten Informationen stehen im Vordergrund. Direkt von der Startseite aus lässt sich eine Suche starten, nachdem man optional einen passenden Filter gesetzt hat. Einige sinnvolle und nützliche Filter sind bereits vorkonfiguriert – lassen sich aber sowohl den eigenen Bedürfnissen anpassen als auch um weitere persönliche Filter ergänzen. Eine Obergrenze für den Preis kann man ebenso vorgeben wie die Sortierreihenfolge der Ergebnisliste. Für Details zur und

Installation der App geht es dann wieder in die *Play Store*-App. Ein Artikel bei *IzzyOnDroid* stellt *StripSearch* detaillierter vor. Und wer die »App-Suche nach Permissions« lieber mit dem Webbrowser vornimmt, findet dort auch eine Möglichkeit dazu – auch wenn selbige lediglich einen Bruchteil der in den Märkten verfügbaren Apps abdeckt.

App-Suche http://bit.ly/1U7GPie

Außerdem gibt es Apps für App-Schnäppchen-Jäger, die bei ihrer App-Auswahl weniger »auf ihre Kosten« kommen wollen.

App-Schnäppchen-Jäger http://bit.ly/1SZneCy

Genervt von der aktuellen *Play Store*-App? Verärgert, dass die Liste aller jemals gekauften (und unter Umständen nicht mehr installierten) Apps verschwunden ist? Ist das Android-Gerät gerootet (siehe Kapitel 6.1), kann Paul O'Brians *Legacy Play Store* Abhilfe schaffen. Paul hat eine ältere Version (als der *Play Store* noch Market hieß) gepatcht, sodass sie sich parallel zur ständig zwangsweise aktualisierten *Play Store*-App installieren lässt (natürlich greift sie dabei auf die gleiche Quelle zu wie auch Googles eigene *Play Store*-App). In diesem Fall lassen sich auch mit *MarketEnabler* die regionalen Beschränkungen aushebeln: Diese App gaukelt dem *Play Store* vor, man wäre mit einem ganz anderen Provider in einem ganz anderen Land unterwegs. Und mit AT&T in den Staaten dürfen »US only«-Apps natürlich installiert werden.

Legacy *Play Store* http://bit.ly/1U7GMTE

Kapitel 2

2.2.5 Playstore-Alternativen

Derer gibt es viele: *Amazon*, *AppBrain*, *PDassi* … Da fällt es schon bald schwer, über alle auf dem Laufenden zu bleiben. Diese Übersicht soll auch keinesfalls vollständig sein – vielmehr beschränke ich mich auf ein paar Beispiele, die mir besonders sinnvoll erscheinen. Für weitere Quellen möchte ich auf *Stack Exchange* verweisen.

Market Enabler http://bit.ly/1SZneCA

Eines ganz zu Anfang: Auch wenn es durchaus Sinn machen kann, mit mehreren/verschiedenen dieser Alternativen parallel zu arbeiten, empfiehlt es sich, Einkäufe immer an der gleichen Stelle zu machen. Sonst verliert man recht leicht den Überblick – und weiß etwa nach einer Neuinstallation oder dem Wechsel auf ein neues Gerät nicht mehr, aus welchem Market man nun die gekaufte App wiederbekommt, ohne sie nochmals bezahlen zu müssen.

Alternative Markets http://bit.ly/1U7GPil

2.2.5.1 AppBrain

AppBrain ist weniger ein alternativer Store – als vielmehr ein alternatives, aufgeräumteres Frontend zum *Google Play Store*. Die Kombination aus Website und App kann sich sehen lassen: Da alles nicht so überfrachtet ist, laden die Seiten auch wesentlich schneller.

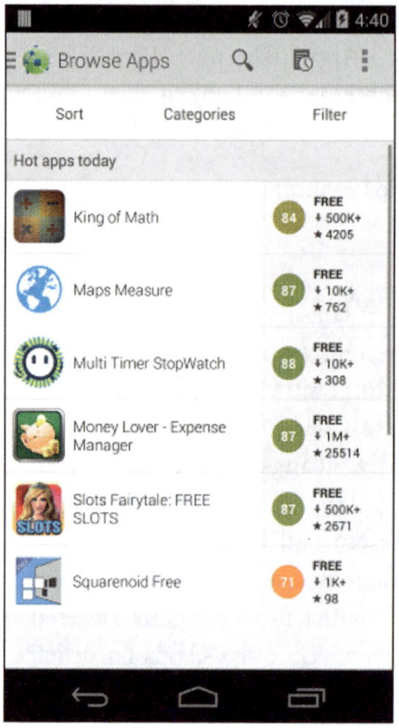

Abbildung 2.13 AppBrain-App

Über einen Filter lässt sich die Auswahl optional einschränken: Gratis- oder Kauf-Apps, neue Apps, aktualisierte sowie im Preis gesenkte Apps sind hier die Kriterien. Man kann den Katalog nach Kategorien durchstöbern und die Ergebnisliste sortieren. Ergänzt wird dies von einer Liste mit Empfehlungen, die anhand der bereits installierten Apps ermittelt werden. Hier kann man »ungewünschte Artikel« auch entfernen und erhält dann wieder neue Vorschläge.

Gut gelöst ist auch das Update: Egal, aus welcher Quelle eine App installiert wurde – sofern sie im *Play Store* enthalten ist, wird sie auch von *AppBrain* gefunden. Nach der Synchronisation der Liste von auf dem Androiden installierten Apps mit der im eigenen *AppBrain*-Konto (das Login dort erfolgt mit dem eigenen Google-Konto) einmal auf den Button PERFORM INSTALLS gedrückt, und ab die Luzie! wird alles in einem Rutsch gemacht. Na ja, fast – eine kleine Mogelpackung ist es naturgemäß, schließlich muss der Telefon-Besitzer ja noch die PERMISSIONS abnicken. Und das erfolgt dann lustigerweise wieder in der originalen *Play Store*-App.

Ein weiteres Plus dieser App: Einzelne Apps lassen sich vom Update ausschließen. Bei diesen erfolgt dann auch keine Benachrichtigung über verfügbare Updates mehr, ebenso werden sie beim gerade beschriebenen Sammel-Update nicht mehr angefasst. Auch kön-nen einzelne Updates einer App übersprungen werden – dann erfolgt eine neue Benachrichtigung für diese erst wieder beim nächsten Update. Beides Dinge, die man in *Googles Play Store* vergeblich sucht.

Wem der *Play Store* zu überladen scheint, der findet oder sich von der Beschränkung auf gerade einmal 48 Einträge in den Suchergebnissen eingeschränkt fühlt, sollte auch einmal auf der AppBrain-Website vorbeischauen. Leider ist die Übersichtlichkeit der App-Detail-Seiten für den End-Anwender einem Relaunch im vierten Quartal 2015 zum Opfer gefallen, was hoffentlich im Nachgang noch wieder bereinigt wird; Entwickler dürften sich jedoch sicherlich über die zahlreichen Statistiken freuen. Für die App-Installation gibt es extra einen GOOGLE PLAY-Button, sodass man seinen »Fund« nicht erst wieder neu dort suchen muss. Dass (potenzielle) »Spam-Apps« in der Ergebnisliste »ausgefiltert« werden, ist ein weiteres großes Plus.

2.2.5.2 Alternative »geschlossene« Märkte

Als derzeit größter und bekanntester Gegenspieler zu *Googles Play Store* muss natürlich der Amazon-App-Shop, ein von Amazon eigens eingerichteter Appstore für Android, genannt werden. Wie man es als Amazon-Kunde ohnehin bereits gewohnt ist, finden sich auch hier »personalisierte Empfehlungen« – und wie von anderen Stores gewohnt, Bewertungen und Rezensionen anderer Nutzer. Für Kauf-Apps gilt: Sie verifizieren ihre Lizenz über die entsprechende Amazon-App. Entfernt man also Letztere von seinem Gerät, stellen die im Shop erworbenen Kauf-Apps früher oder später (bei der nächsten Lizenz-Prüfung) ihren Dienst ein.

Amazon Apps http://amzn.to/1U7GPyD

Der Vollständigkeit halber sei auch die App von PDassi an dieser Stelle kurz erwähnt. Diese bietet unter anderem zusätzliche Bezahlmethoden wie zum Beispiel Paypal, Bankeinzug oder Überweisung – für all jene, die entweder keine Kreditkarte haben oder diese nicht mit ihrem Google-Account verknüpfen möchten.

2.2.5.3 Öffentliche Märkte

Linux-Anwender kennen »Software Repositories«: Diese halten Software-Pakete bereit (und pflegen Updates für selbige), die die Entwickler selbst einstellen. Je nach Betreiber des jeweiligen Repositorys sind Restriktionen für das Einstellen hier wenig bis gar nicht vorhanden. Der lesende Zugriff seitens der Anwender (für die Suche nach Software und deren Installation auf dem eigenen Rechner) ist entweder allen möglich (»public« beziehungsweise »öffentliches« Repository) oder nur einem ausgewählten Personenkreis (zum Beispiel firmenintern oder für Produkt-bezogene Entwicklung).

APT http://bit.ly/1U7GPyM

Einer der bekanntesten Repository-Typen ist APT, das **A**dvanced **P**ackaging **T**ool – hauptsächlich bei Debian und dessen **Derivaten** im Einsatz. Gibt es aber auch für Androiden-Soft:

Debian http://bit.ly/1SZndhM

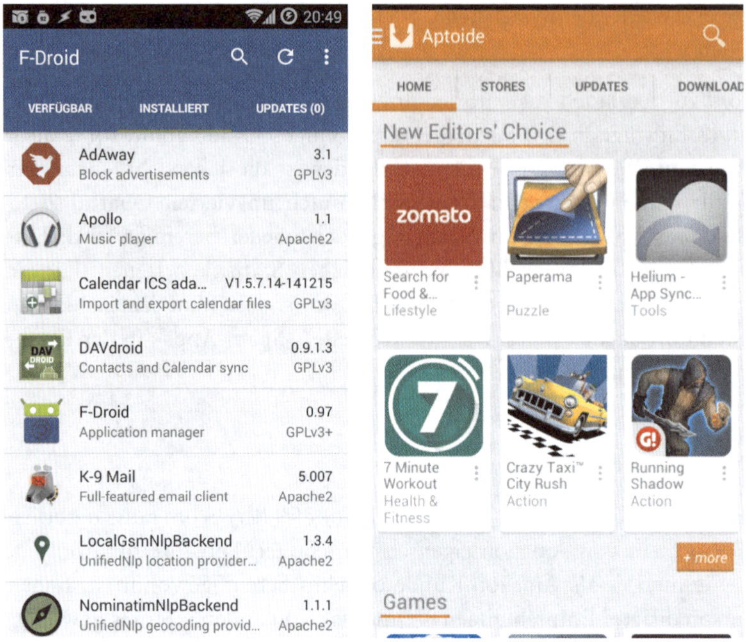

Abbildung 2.14 *F-Droid* und *Aptoide* greifen auf APT-Repositories zu.

Android Markets http://bit.ly/1U7GNab

Mit Tools wie F-Droid und Aptoide oben in Abbildung 2.14 (der Name *Aptoide* ist ganz offensichtlich eine Kreuzung aus »APT« und »Androide«) lässt sich auf derartige Repositories zugreifen. Da Tools zur Pflege solcher Repositories ebenfalls existieren (und zwar als Open-Source-Anwendungen), steht auch dem eigenen Repository (etwa für Entwickler oder auch Firmen) nichts im Wege. An diese Zielgruppe richtet sich *Aptoide* (Entwickler/OEMs können hier ihren eigenen Store realisieren), während sich *F-Droid* auf Open-Source-Apps konzentriert. Details zu diesen beiden Marktplätzen finden sich unter anderem in meinem Artikel »Android Markets: Wie sicher sind alternative Quellen?«.

2.2.5.4 Weitere

Android Drawer http://bit.ly/1SZndhW

Ständig tauchen weitere Alternativen auf, die mehr oder weniger kurzlebig sind. Benötigt man einmal eine ältere Version einer App, hilft ein Blick in den *Android Drawer*: Hier finden sich `.apk`-Dateien freier Apps sowohl in der aktuellen als auch in historischen Versionen (wie übrigens auch bei *F-Droid*). Auch *SlideMe* ist kein Unbekannter in diesem Bereich.

Eine Übersicht alternativer Marktplätze findet sich, wie bereits erwähnt, bei *Stack Exchange*.

SlideMe
http://bit.ly/1JWNCLI

2.2.6 Alternative Verwaltung

Jetzt haben wir alles Mögliche installiert und in Gang gebracht. An dieser Stelle fragte schon Goethes Zauberlehrling:

Ach, da kommt der Meister!
Herr, die Not ist groß!
Die ich rief, die Geister,
Werd ich nun nicht los.

Wie beziehungsweise wo also nun deinstallieren? Die »Hausadresse« findet sich, wie bereits unter »Bordmittel« festgestellt, unter EINSTELLUNGEN | ANWENDUNGEN | ANWENDUNGEN VERWALTEN – ist aber keinesfalls die einzige Möglichkeit. So gut sie auch mittlerweile gelöst ist: Da gibt es einiges, was fehlt oder sich besser machen ließe.

Höchste Zeit also für die Ghost Busters, Krümel- oder besser: *AppMonster*:

AppMonster

Wie im Screenshot in Abbildung 2.15 unschwer zu erkennen, handelt es sich hier um einen vollwertigen Software-Manager. Für circa drei Euro gibt es die Vollversion – nachdem man zunächst natürlich die Gratis-Version ausgiebig testen kann. Einmal installiert, läuft die MonsterApp im Hintergrund (äh, nicht wirklich – genau genommen wird sie bei Bedarf vom Event-Manager aufgerufen; nämlich immer dann, wenn etwas Neues installiert wurde). Wurde etwas Neues installiert, schlägt das Monster zu – und macht sogleich ein Backup auf die SD Karte. Kommt ein Update – schwupps, das Gleiche. Wie, die neue Version tut's nicht? *AppMonster*, hol mal die vorige raus! Kein Thema.

Wipe, Flash, neues ROM – na und? *AppMonster* installiert, »Batch Install« des aktuellen Backups – und schon sind alle Apps wieder da. Na gut, für die Daten braucht's dann allerdings root.

Was wollten wir eigentlich? Ach so, loswerden wollten wir eine App – wie zu erwarten, findet sich dieser Punkt im jeweiligen Kontextmenü (also lange auf den entsprechenden Eintrag »drücken«). Dazu muss die App natürlich erst einmal aufgerufen werden – was jedoch zügig vonstattengeht, da sich *AppMonster* ausschließlich für die vom Benutzer installierten Apps interessiert – und die anderen brav in Ruhe sanften lässt (oder so).

Ist das Android-Gerät gerootet, mausert sich das Monster zur vollwertigen Backup-App, die sich auch um die zugehörigen Daten kümmert.

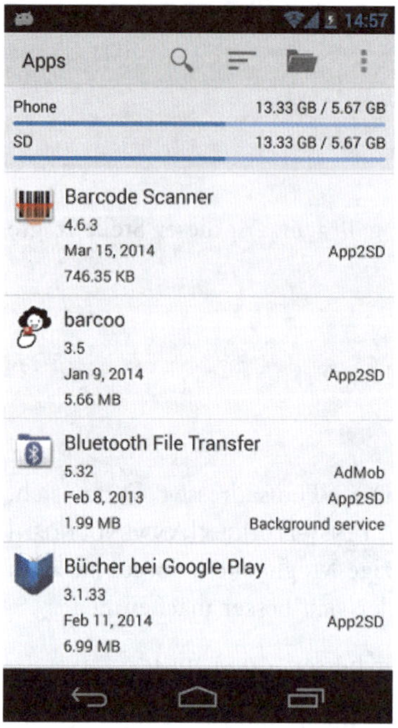

Abbildung 2.15 *AppMonster*

Übersicht: Apps Entfernen http:// bit.ly/ 1SZneT9

Neben Apps zur »alternativen App-Verwaltung« gibt es dann auch solche, die sich auf das Apps-Entfernen spezialisiert haben oder auf das Verschieben von Apps auf die SD-Karte. Und zahlreiche weitere.

2.2.7 Apps aus »alternativen Quellen«

Die Voreinstellung eines Android-Smartphones besagt: »Du sollst keine anderen Quellen haben neben mir.« Und »mir« meint natürlich den *Play Store*. Dahinter steht der Sicherheits-Gedanke: Apps sollten nur aus vertrauenswürdigen Quellen installiert werden. Und die einzige derartige, die Google kennt, ist nun einmal Google.

Hin und wieder will/muss man aber mal eine App aus »alternativen Quellen« installieren: Sei es, dass einem der Entwickler was zum »Testen« zugeschickt hat (»Schau mal, ob das dein Problem löst!«), oder eine App mit dem Browser heruntergeladen wurde, da das Android-Gerät es im *Play Store* nicht findet – oder, oder, oder. Okay, die `*.apk`-Datei haben wir nun – aber wie die App installieren?

Astro Datei-manager

Klar kann man das `*.apk` einfach in den passenden Ordner von *AppMonster* (siehe voriger Abschnitt) packen und es dann damit installieren. Einfacher machen es zahlreiche Datei-Manager, die dann beim Antippen einer solchen Datei den Installer aufrufen. Zu den beliebtesten Kandidaten hier zählen *Astro Dateimanager* und *ES Dateimanager* – beide gut erweiterbar und zum Beispiel auch für den Zugriff auf lokale Netzwerke via FTP oder Windows-Freigaben (aka »SMB«) geeignet.

ES Dateimanager

Welche dieser Möglichkeiten man aber auch verwenden will: Immer kommt der Hinweis »Du darfst hier nicht rein!« – denn zuerst muss die Installation aus »Fremdquellen« generell einmal erlaubt werden. Mit einem kleinen Häkchen an der richtigen Stelle. Dieses findet sich je nach Android-Version unter EINSTELLUNGEN | ANWENDUNGEN oder EINSTELLUNGEN | SICHERHEIT und ist dort mit UNBEKANNTE QUELLEN beschriftet.

2.2.8 Apps organisieren

Jetzt sind jede Menge Apps installiert und die Frage drängt sich auf: Wie soll man da den Durchblick behalten? Öffnet man den »Drawer« (also die Liste der auf dem Gerät verfügbaren Apps), ist die Liste recht lang. Und nicht unbedingt übersichtlich. Alle 87 Apps (oder wie viel auch immer) teilweise ohne jede erkennbare Ordnung (oder im besten Falle alphabetisch sortiert) in einem Ordner.

Zwanzig Mal hin- und herscrollen auf der Suche nach der zu startenden App ist nicht jedermanns Sache. Wie leicht passiert es, dass man ein wenig »zu kräftig schubst« – und schon scrollt die Liste in einem Wahnsinns-Speed vorbei. Oder man schubst »zu langsam« – und das dumme Teil meint, die gerade unter dem Daumen befindliche App starten zu müssen ... Und das »Vollklatschen« aller Desktops mit Icons für jede App ist auch nicht unbedingt die wahre Lösung. Was also tun?

2.2.8.1 Bordmittel

Bei aktuellen Android-Versionen (spätestens ab Version 4.0 aka **Ice Cream Sandwich**) bietet bereits der Standard-Launcher die Möglichkeit, auf dem Homescreen Ordner anzulegen – und auf diese Weise häufig genutzte Apps für den schnellen Zugriff zu gruppieren. Zur Erstellung eines solchen Ordners zieht man einfach das Icon einer App auf das einer anderen: Damit wird der Ordner angelegt und die beiden Apps wandern in selbigen. Den Namen des Ordners kann man anschließend bei geöffnetem »Folder« bearbeiten.

Wie das Ergebnis aussieht, erkennt man in Abbildung 1.15 – in Abbildung 2.16 noch einmal der relevante Teil: Es sind quasi »Widgets« oder »Shortcuts«, die ihren Inhalt

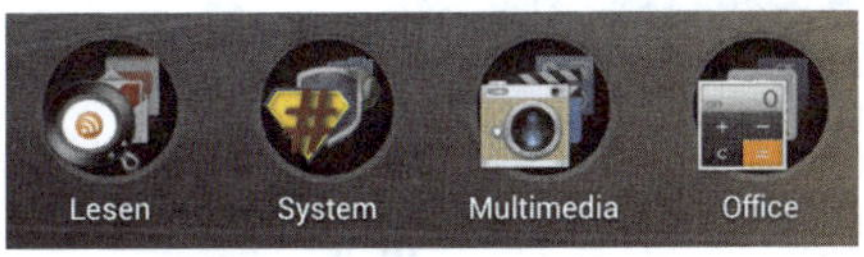

Abbildung 2.16 Homescreen-Ordner

Kapitel 2

bei Antippen als »Overlay« preisgeben. Wem dies nicht genügt, der greift zu einem alternativen Launcher (siehe Kapitel 1.3): Einige dieser Kandidaten verfügen über erweiterte Möglichkeiten und lassen etwa Ordner auf der Schnellstart-Leiste ablegen oder erlauben sie auch im App-Drawer.

2.2.8.2 Drittanbieter

Apps Organizer

Folder Organizer

Titanium Tipps http://bit.ly/1U7GNqJ

Die wohl bekanntesten »Organisierer« sind Apps Organizer (der leider seit 2011 nicht mehr aktualisiert wurde) und *Folder Organizer*, der sich selbst als »the evolution of Apps Organizer« bezeichnet. Die App kann alles das, was Apps Organizer auch kann – und mehr. So lassen sich Apps, Lesezeichen, Kontakte und »Shortcuts« (zum Beispiel zu Systemeinstellungen) mit »Labeln« versehen – und dann nach selbigen auflisten. Jedes Label kann auch als »Folder« auf dem Homescreen platziert werden. Je nach Bildschirmgröße (und -auflösung) sowie Anzahl der Apps mit dem zugehörigen Label ist nun oftmals gar kein Scrollen mehr nötig: Der Start einer App klappt jetzt also mit nur zwei Tapps! Die mit diesen »Organizern« erstellten Labels lassen sich zudem auch in *Titanium Backup* zur Auswahl von Apps verwenden.

Abbildung 2.17 *Folder Organizer* kümmert sich nicht nur um Apps, sondern auch gleich mit um Kontakte, Lesezeichen und mehr.

Natürlich gibt es noch eine ganze Reihe weiterer Kandidaten – die sich jedoch im Großen und Ganzen letztendlich weitgehend mit einer der beiden gerade vorgestellten Apps vergleichen lassen. Zu finden sind diese in der zugehörigen Übersicht (»Apps organisieren«) auf meiner Android-Website. Außerdem bieten einige »alternative Launcher« (siehe Kapitel 1.3) von Haus aus die Möglichkeit, Ordner direkt im *App-Drawer* oder auf dem Homescreen anzulegen, wie bereits erwähnt.

Übersicht: Apps organisieren http://bit.ly/1SZndi1

2.3 Datensicherung

Jetzt ist klar, wie die Apps auf den Androiden (und auch wieder von selbigem herunter) kommen, wie man sie verwaltet und organisiert. Natürlich würde es völlig den Rahmen sprengen, die Funktionsweise aller möglichen Apps hier zu erklären – aber einen wichtigen Punkt gibt es noch: Backups. Vielleicht muss das Android-Gerät ja irgendwann auf Werkseinstellungen zurückgesetzt werden, ein neues Android-Gerät kommt ins Haus oder ein Update »zerschießt« etwas! Die Apps lassen sich zur Not von Hand wieder zusammensuchen. Aber warum umständlich, wenn es auch einfacher geht? Darüber hinaus ist es gut zu wissen, dass die Daten dann wieder zur Hand sind – denn die lassen sich nicht so leicht wieder »irgendwo auftreiben«.

AppMonster habe ich ja bereits im Abschnitt 2.2.6 kurz vorgestellt: Es sichert bei jeder Installation (und jedem Update) die jeweilige App. So lässt sich nicht nur zu einer beliebigen, bereits zuvor einmal installierten Version einer App zurückkehren – sondern auch auf einen Rutsch die jeweils aktuelle Version jeder zuvor installierten App aufspielen. Dies ist zum Beispiel bei einem Gerätewechsel sinnvoll, aber ebenso nach einem Werksreset – vor allem, wenn nicht alle Apps direkt über den *Google Play Store* installiert wurden. In diesem Falle ginge das nämlich auch über die *Play Store*-App – allerdings nur, solange die App auch noch im *Play Store* verfügbar ist.

Was aber ist mit Anwendungsdaten? Was ist mit den Kurznachrichten, Telefonbüchern und so weiter? Die Kontakte lassen sich noch aus der gleichnamigen App (MENÜ | IMPORTIEREN/EXPORTIEREN) sichern beziehungsweise wiederherstellen. Oder sie werden mit dem Google-Konto beziehungsweise einem anderen Dienst synchronisiert, was auch mit den Kalender-Einträgen geht. Für alles andere steht gar kein Bordmittel bereit (warum eigentlich nicht?). Aber auch hier gibt es Abhilfe. Doch bevor wir uns die Backup-Helferlein ansehen, gilt es noch eine wichtige Frage zu klären:

2.3.1 Wie Android die Daten verwaltet

Was wollen wir eigentlich sichern? Wie speichert Android was und wer kann worauf zugreifen? Mit diesen Grundlagen ist es einfacher, die verschiedenen Backup-Helfer zu verstehen.

Datentyp	Beschreibung
Apps	Diese werden im Allgemeinen in Form von `.apk`-Dateien in einem Bereich abgelegt, auf den jede App lesend zugreifen kann.
»private« App-Daten	Jede App erhält automatisch einen nur für sie reservierten Bereich zum Speichern von Daten zugewiesen. Außer der App selbst hat normalerweise nur das System (beziehungsweise root) darauf Zugriff. Eine andere »normale App« kann diese Daten daher nicht sichern.
»zentrale Daten«	Einige Daten werden als »zentral« betrachtet und vom System selbst verwaltet. Diese stehen allen Apps über sogenannte »Provider« zur Verfügung, sofern sie über die entsprechende Berechtigung (siehe »Android Permissions« im Anhang A) verfügen. Hierzu gehören beispielsweise SMS, Kontakte und Anruflisten.
»shared data«	Wörtlich etwa »geteilte Daten«. Dies bezieht sich auf einen Speicherbereich, auf den alle Apps gleichermaßen Zugriff haben. In der Regel ist dies die SD-Karte (siehe »Shared Storage« – oder »Die SD-Karte«).
Systemdaten	Auf einige Daten hat nur das System selbst (und natürlich root) Zugriff. Teilweise überschneidet sich dieser Bereich mit den »zentralen Daten«, wenn entsprechende Schnittstellen existieren.

Betrachtet man obige Tabelle, so wird schnell klar: Da gibt es zumindest zwei Bereiche, die eine »normale Backup-App« nicht sichern kann, da sie keine Zugriffsmöglichkeit hat. Dies betrifft zum einen die »privaten App-Daten« und zum anderen die Systemdaten. Verspricht eine App also ein »vollständiges Backup«, ohne dass sie root benötigt, kann (und sollte) man mit Recht skeptisch sein. Erst ab Android 4.0 weicht diese Grenze ein wenig auf. Mit dieser Version hat Android eine Möglichkeit geschaffen, das System um die Erstellung eines Backups zu bitten (siehe Abschnitt »Vollständiges Backup ohne root und Cloud«).

2.3.2 »Shared Storage« – oder »Die« SD-Karte

HTC Dream http://bit.ly/1U7GQ5G

Einige fragen jetzt vielleicht: »Welche?« Entweder, weil sie ein aktuelles Nexus-Gerät haben (welches über keinen microSD-Einschub verfügt) – oder weil ihr Gerät gleich zwei SD-Karten ausweist: Eine interne und eine externe SD-Karte. Gedacht war sie ursprünglich als Erweiterung für größere Datenmengen. Doch sowohl bezüglich ihres Einsatzes als auch ihrer Umsetzung und Verwendung hat sich im Verlauf der Android-Evolution einiges geändert. Ein kurzer geschichtlicher Abriss soll dies belegen und veranschaulichen: Als erstes Android-Smartphone für den »Massenmarkt« erschien im Juni 2009 das HTC Dream, ausgestattet mit »üppigen« 256 MB internem Speicher und einem Einschub für microSD-Karten. Die »externe SD-Karte« war also von Anfang an dabei. Sogar das allererste Nexus-Gerät, erschienen im Januar 2010 mit installiertem Android 2.1, war mit einer solchen bestückt – und verfügte offensichtlich noch nicht über eine »interne SD-Karte«. Den ersten Beleg für Letztere fand ich erst in einem Forensics-Blog von 9/2010, der das im Juni 2010 (ebenfalls mit Android 2.1) erschienene Samsung Galaxy S i9000 verwendete – und explizit die »interne SD-Karte« erwähnte.

Nexus One http://bit.ly/1SZnf9v

Forensics Ferret http://bit.ly/1U7GNH3

Von etwa diesem Zeitpunkt an gab es Android-Smartphones, die ausschließlich mit einer internen (überwiegend Nexus-Geräte), ausschließlich einer externen (nur noch wenige aktuelle Modelle) oder aber beiden SD-Karten ausgestattet waren (Letztere dürften am häufigsten anzutreffen sein). Eine »dumme Sache« mit der internen SD-Karte war jedoch, da sie sich auf einer eigenen **Partition** befand: Auch wenn dort noch so viel freier Speicher verfügbar war, lief der »interne Speicher« des Gerätes gern einmal voll – und es kam zu der berüchtigten Fehlermeldung: »nicht genügend Speicher vorhanden um …«. Zum Beispiel bei der Installation von Apps. Da dies insbesondere für den Anwender recht verwirrend ist (»Aber ich habe doch noch so viel Platz frei?«), sollte sich dies mit **Android 3.0** ändern. So berichtet The CommonsBlog, frei von mir übersetzt:

Galaxy S i9000 http://bit.ly/1SZnf9y

CommonsBlog http://bit.ly/1U7GNHa

Android 3.0 hat dies geändert, indem es ermöglicht, internen und externen Speicher auf derselben Partition zu vereinen – in verschiedenen Verzeichnissen. Dies gab dem Anwender wesentlich mehr Flexibilität, da nun keine künstliche Unterscheidung mehr zwischen internem und externem Speicher gemacht wurde. Gerätehersteller haben noch immer die Möglichkeit, getrennte Partitionen oder sogar Wechseldatentrager zu verwenden – tun dies jedoch üblicherweise nicht.

(Anmerkung: Der Begriff »externer Speicher« ist hier als Gegensatz zum »Gerätespeicher« zu verstehen – bezeichnet also sowohl die externe als auch die interne SD-Karte. Und der Umgang mit der neuen Möglichkeit ist seitens der Hersteller, anders als der Blog-Artikel darstellt, eher durchwachsen.)

Die nächste Änderung folgte auf dem Fuße: Der beliebte **USB-Massenspeicher** wurde von **MTP** abgelöst. Das hat zwar den Vorteil, dass die SD-Karte bei Einbindung am Computer auf dem Androiden verfügbar bleibt (also keine Apps mehr abstürzen, weil sie plötzlich hier nicht mehr zugreifen können) –, aber auch den Nachteil, dass auf nahezu allen Plattformen plötzlich zusätzliche Treiber nötig wurden. Außerdem kann die meiste Software zur Datenrettung auf diese Weise nicht von außen arbeiten, da sie keinen »direkten und ausschließlichen Zugriff« mehr erhält. Leider steht der USB-Massenspeicher in der Regel auch nicht mehr optional zur Verfügung.

MicroSD Kitkat http://bit.ly/1SZnf9E

Dann kam **Kitkat** und damit der »große Hammer«: Plötzlich war den »normalen Apps« der Schreibzugriff auf die externe SD-Karte nicht mehr möglich (mit Ausnahme eines festgelegten, App-spezifischen Verzeichnisses). Kein übergreifendes Bearbeiten von Dokumenten, kein Aktualisieren von ID3-Tags in MP3-Dateien mehr. Dateimanager, Music-Player, Office-Apps und mehr büßten zumindest einen Großteil ihrer Funktionalität ein – wenn sie nicht gar insgesamt nahezu ihren Sinn verloren. Obwohl einige Hersteller gegensteuerten (und diese Änderung in ihren angepassten **ROMs** korrigierten), änderte sich von offizieller Seite hieran nichts: Kein Update zur Behebung erfolgte.

MicroSD Lollipop http://bit.ly/1U7GQ5R

Ganz ungehört schienen die Proteste der Community jedoch nicht zu verhallen, denn mit **Android 5.0** wurde das Problem schließlich auf andere Art gelöst, die allerdings Änderungen im Code der Apps erfordert. Statt den Schreibzugriff quasi »per se« zu verbieten, kann der Anwender jetzt genau entscheiden, welche App überhaupt und auf welche Verzeichnisse der externen SD-Karte zugreifen darf. Android 6.0 bietet überdies die Möglichkeit, die externe Karte in ihr internes Pendant zu integrieren (allerdings verschlüsselt, sodass sie am PC nicht mehr ohne Weiteres lesbar ist). Wie sich diese in der Praxis bewährt, muss sich jedoch erst noch erweisen.

2.3.3 Google Cloud Backup

Sobald man sein Android-Gerät zum ersten Mal in Betrieb nimmt und das Google-Konto initialisiert, erfolgt auch bereits die Frage: »Möchten Sie Ihre Daten bei Google sichern?« Gemeint ist damit das *Google Cloud Backup*. Klingt zunächst wirklich praktisch: Das Backup läuft immer im Hintergrund – und nach einem **Werksreset** wird alles automatisch wieder hergestellt. So weit die Theorie.

Ticket #17354 http://bit.ly/1SZnf9F

Und wie sieht es in der Praxis aus? Da häufen sich nicht nur Beschwerden, dass das Restore oftmals nur teilweise oder gleich überhaupt nicht funktioniert (siehe Google Ticket #17354, eröffnet im Juni 2011 und noch immer nicht bearbeitet; im Januar 2014 jedoch schließlich von einem Projekt-Mitglied auf »falsches Forum« gesetzt: Man fühlt sich also nicht zuständig). Es wird bei Weitem auch nicht alles gesichert. Denn damit die Daten einer App gesichert werden können, muss die App selbst das aktiv unterstützen – eine Sache, um die sich nicht unbedingt jeder Entwickler kümmert.

SE: Google Backup http://bit.ly/1U7GQCH

Was genau gesichert wird, damit befasst sich unter anderem ein Artikel bei *Stack Exchange*. Dabei wird aus der offiziellen Dokumentation zu Android Honeycomb (3.x) zitiert:

Passwörter http://bit.ly/1Ov5Hio

- Android-Einstellungen, wie beispielsweise gespeicherte WLAN-Netzwerke und Passwörter (dummerweise im Klartext), Benutzerwörterbuch und so weiter
- Die Einstellungen vieler Google-Apps, wie beispielsweise Browser-Lesezeichen
- Aus dem *Play Store* installierte Apps

Nicht unbedingt präzise Angaben: »etc.«, »beispielsweise«. Was genau in der Google Cloud gespeichert ist, soll man im Google Dashboard sehen können. Ein kurzer Check mit meinem Kollegen Dan von *Stack Exchange* (der das Google Cloud Backup aktiviert hat) ergab jedoch, dass die Angaben dort alles andere als vollständig sind:

Google Dashboard http://bit.ly/1KpFON2

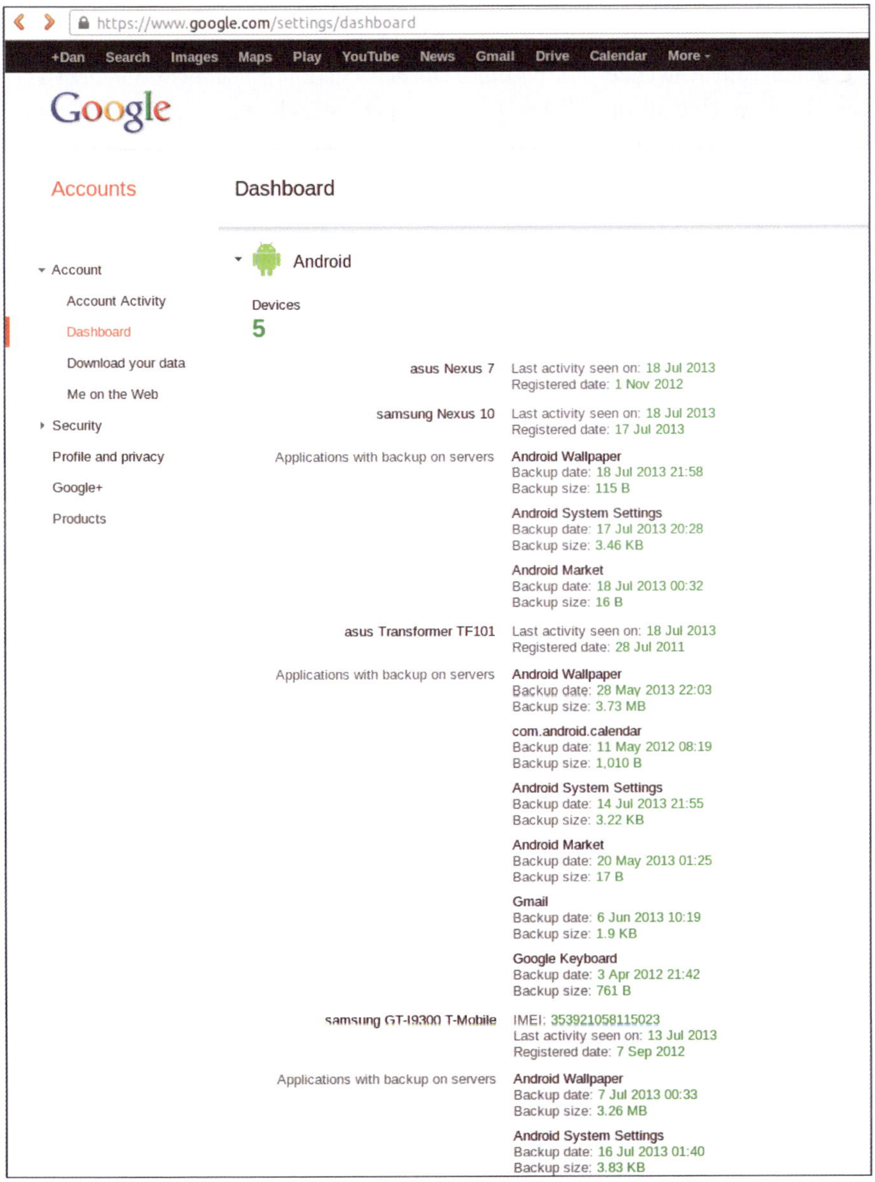

Abbildung 2.18 Im Google-Dashboard soll man alles sehen können, was man in der Google-Cloud gespeichert hat.

Es darf sicher mit Recht bezweifelt werden, dass Dan auf seinem Nexus 10 keine einzige App installiert hat (die drei aufgeführten Apps gehören zum Android-System selbst).

Google löscht nicht http://bit.ly/1U7GQm8

Ein weiterer Punkt ist die Datensicherheit. Wie *Heise* berichtet, werden die gespeicherten Daten auch dann nicht gelöscht, wenn der Nutzer dies explizit anweist: Tage nach der Löschung richtete man ein neues Gerät mit dem »alten« Google-Account ein, worauf sich dieses sofort mit dem hausinternen WLAN verbinden konnte – ohne dass die Zugangsdaten vom Anwender konfiguriert wurden. Sie kamen schlicht aus dem »gelöschten« Backup. Und apropos WLAN-Zugangspunkte: Schon gewusst, dass diese inklusive der zugehörigen Passwörter unverschlüsselt gespeichert werden? Nicht etwa nur auf dem Android-Gerät selbst, sondern auch im Google Cloud Backup. Darauf angesprochen reagiert Google mit flauen Antworten. *Heise* fasst dies etwa so zusammen:

unverschlüsselt http://bit.ly/1SZnfpW

Das entspricht also gerade mal dem Schutz herkömmlicher Mails. Google geht in keiner Weise darauf ein, dass und warum es keine Option gibt, diese äußerst sensiblen Geheimnisse mit einem speziellen Passwort zu sichern, das die Firma nicht kennt. [...]

Kritik http://bit.ly/1U7GQma

Google erachtet eine besondere Sicherung der Passwörter anscheinend nicht als notwendig. Somit muss man davon ausgehen, dass im Rahmen der Zugriffe auf Google-Daten durch die NSA auch die Passwörter direkt in die Hände des US-Geheimdienstes gelangen. Dank der Ortsbestimmung über Netzwerkdienste (per Default aktiviert) ist der Standort des zugehörigen WLAN-Routers dort natürlich ebenfalls bekannt (siehe Abschnitt »Ortsdaten« im Teil 4).

Multiple Devices http://bit.ly/1SZndyy

Doch es gibt nicht nur Negatives darüber zu berichten. Wenn es denn funktioniert (und mit neueren Android-Version scheinen auch die Chancen dafür zu steigen), werden verschiedene Daten (wie etwa die WLAN-Zugangspunkte) auch über verschiedene Geräte hinweg synchronisiert, sofern auf ihnen der gleiche Google-Account zum Einsatz kommt, was manchmal ganz praktisch sein kann (wenn es auch nicht unbedingt immer erwünscht ist; konfigurieren lässt es sich leider nicht). Wie die mit dem gleichen Account erstellten Backups über mehrere Geräte hinweg organisiert sind, damit befasst sich wiederum ein Artikel bei *Stack Exchange*.

Go2Android http://bit.ly/1U7GQmc

Mit »Android M« (also Version 6) soll sich dies jedoch grundlegend bessern. So berichtet zum Beispiel Go2Android, dass Google hier »ein Auto-Backup für Apps und deren Daten« implementiert, das App-Entwickler *nicht* erst mit Extra-Code in ihren Apps aktivieren müssen. Die Sicherung soll dabei auf *Google Drive* erfolgen, wo hierfür expliziter Speicherplatz bereitgestellt wird – und zwar verschlüsselt. Wie gut das letztendlich funktioniert und welche Daten dabei (nicht) gesichert werden, bleibt abzuwarten. Wer sich für weitere Details interessiert, dem sei dieser am Seitenrand verlinkte Artikel bei Phandroid (in englischer Sprache, dafür mit Video) nahegelegt.

Phandroid http://bit.ly/1U7IFzC

Fazit ist und bleibt jedoch: Auf dieses Backup allein sollte man sich nicht verlassen. Und sei es nur aus dem Grund, dass es nicht alle Daten erfasst.

2.3.4 Vollständiges Backup ohne root und Cloud

Mit Android 4.0 wurde diese Möglichkeit still und heimlich in **ADB**-Daemon integriert, ohne dass man groß darüber sprach: Aktiviert man in den Entwickler-Einstellungen das USB-Debugging, wird auf dem Android-Gerät der ADB-**Daemon** gestartet, sodass er unter anderem auch von einem auf dem PC installierten ADB-Client angesprochen werden kann. Das war schon in früheren Android-Versionen der Fall – ab **Android 4.0** jedoch erhielt der Daemon erweiterte Rechte. So lässt sich nun über den Befehl `adb backup` die Erstellung eines Backups anfordern, und zwar sowohl für einzelne Apps einschließlich ihrer Daten (sofern der jeweilige App-Entwickler das nicht explizit unterbunden hat) oder auch für das gesamte System. Das Backup-Archiv wird dann an den Client übergeben und kann so auf dem PC gespeichert werden. Auf Letzterem sind dafür ein paar Voraussetzungen zu erfüllen, auf die ich im Abschnitt 6.8.9 näher eingehe – und das Ganze steht dann auch nur an der Kommandozeile zur Verfügung (beschrieben im Abschnitt 6.8.1).

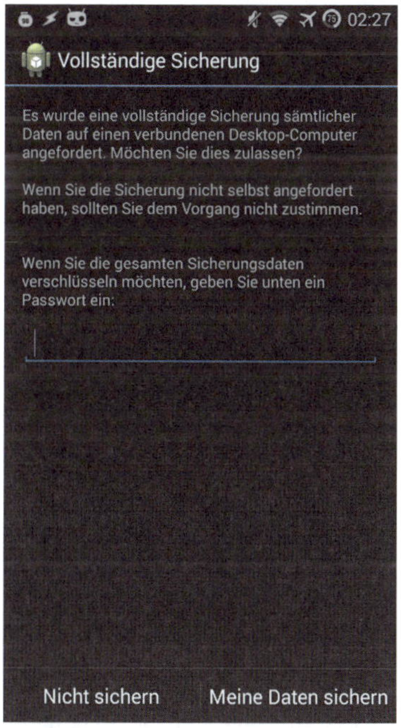

Abbildung 2.19 ADB-Backup auf dem Androiden

Full Backup http://bit.ly/1SZoGVr

Da dies für Einsteiger etwas umständlich sein dürfte, haben sich glücklicherweise einige Entwickler gefunden und für einfachere Möglichkeiten gesorgt. Um auf diese Funktionalitäten ohne viel Umstand zugreifen zu können, stellen sie grafische Frontends bereit –

die auch in einem Artikel bei *Stack Exchange* erwähnt werden. Eine davon möchte ich an dieser Stelle herausgreifen:

XDA: Holo Backup http://bit.ly/1SZoG7X

Github: Holo Backup http://bit.ly/1U7IFzJ

XDA-Developer omegavesko hat ein einfaches Programm erstellt, das den Backup-Vorgang (und natürlich auch die Wiederherstellung) gerade für Unerfahrene ermöglichen sollte. *Holo Backup* wurde dort im Forum vorgestellt, für Linux und Windows lässt es sich gratis bei Github herunterladen.

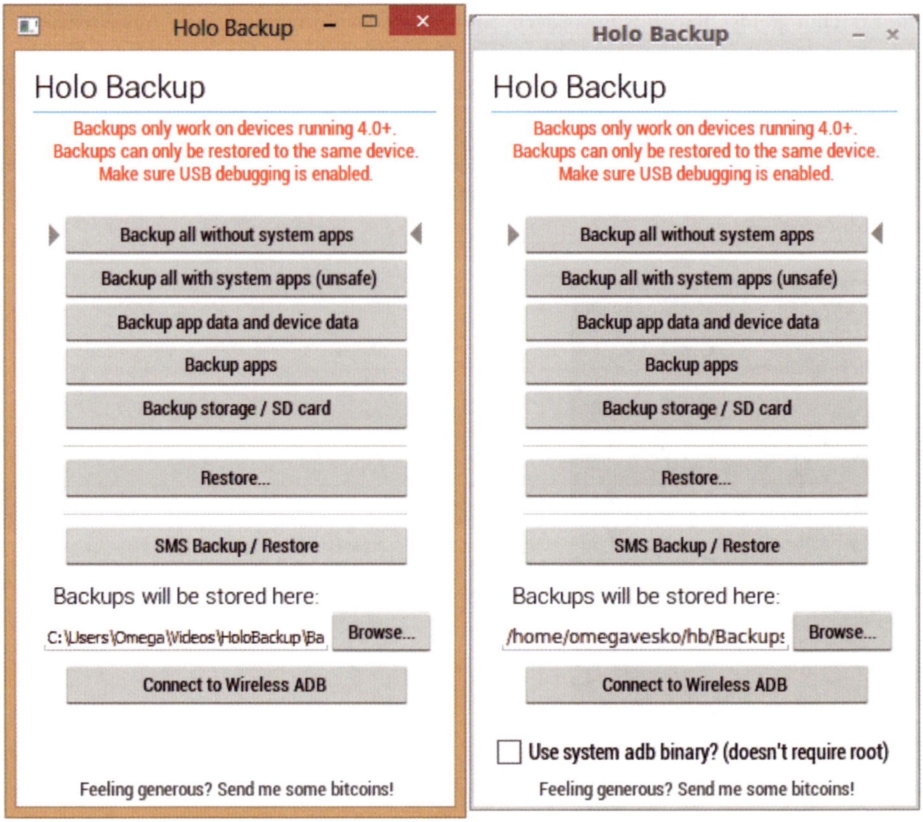

Abbildung 2.20 Holo Backup

Die Bedienung sollte eigentlich selbsterklärend sein – es ist ja alles beschriftet. Was beim Backup allerdings zu beachten ist: Man kann sich aus dem erstellten Backup nicht ohne Weiteres einzelne Dinge zur Wiederherstellung heraussuchen, es ist (mit Bordmitteln) immer ein Alles-oder-Nichts. Also gegebenenfalls besser zusätzlich zum »vollständigen Backup« auch noch das eine oder andere kleinere Päckchen schnüren, etwa die wichtigsten Apps inklusive ihrer Daten jeweils separat.

Nachdem man in *Holo Backup* (oder auch von der Kommandozeile) ein Backup oder eine Wiederherstellung angestoßen hat, muss man diesen Vorgang noch auf dem Gerät selbst bestätigen. Dies dient als Sicherheits-Maßnahme, damit nicht etwa ein Unbefugter eben schnell ein Kabel anschließt, um sich die Daten herunterzuladen. Vor dem Bestätigen des Vorgangs lässt sich auch ein Passwort für die Verschlüsselung festlegen. Dieses Passwort sollte man sich gut merken: Ein verschlüsseltes Backup lässt sich nur mit dem vergebenen Passwort wiederherstellen.

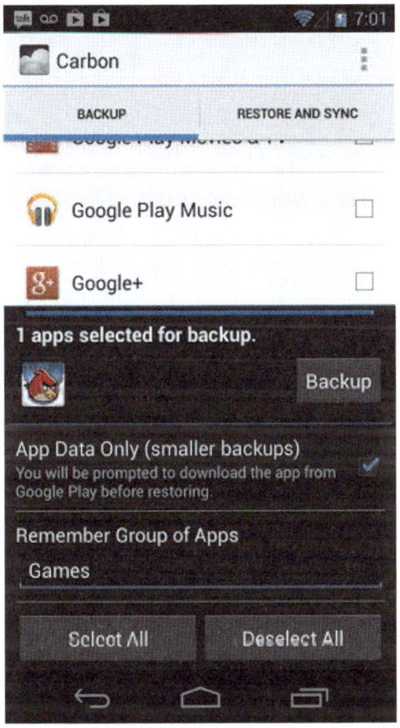

Abbildung 2.21 Helium Backup

Koushs Homepage http://bit.ly/1SZoHbO

ClockworkMod http://bit.ly/1U7IHHJ

Titanium Backup

Helium Backup

Obwohl die Möglichkeit zur vollständigen Sicherung über ADB bereits ein großer Fortschritt gegenüber, ähm, gar keinem Backup ist, hat sie immer noch einen Haken: Sie benötigt einen PC. Unterwegs im Urlaub oder auf einer Geschäftsreise könnte sich das schwierig gestalten. Da dürfte es einige Herzen höher schlagen lassen zu lesen, dass Koushik Dutta aka Koush aka Mr. ClockworkMod eine App erstellt hat, die ein vollständiges Backup ohne root direkt auf dem Androiden ermöglichen soll (siehe Abbildung 2.21)!

Vergleichbar mit dem beliebten *Titanium Backup* (das root voraussetzt), sichert seine *Helium Backup* (ehemals *Carbon Backup*) genannte App sowohl Apps als auch deren Daten – unabhängig von einem etwa angeschlossenen PC. Die Backups werden dabei auf der SD-Karte abgelegt.

Helium Backup http:// bit.ly/ 1U7IHHO

Erwirbt man für knapp vier Euro die Lizenz zur Pro-Version, erhält man noch einige Extras: Keine Werbung mehr in der App sowie eine Synchronisation von Apps zwischen mehreren Geräten ist damit möglich. Ein Scheduler für zeitgesteuerte Backups ist ebenfalls mit dabei und Backups lassen sich auch bei diversen Cloud-Diensten (Dropbox, Box, Google Drive) ablegen. Wer zum Start gern eine Kurzanleitung hätte, findet diese übrigens in einem Blog-Beitrag bei AndroidPIT.

2.3.5 Lösungen von Drittanbietern

Wer wirklich *alles* vollständig sichern will, kommt auch in Zeiten von Kitkat, Lollipop und Marshmallow an »root« nicht vorbei – und nein, das wird sich auch mit Nougat, Ozelotohren und Persipan kaum ändern. Die Killer-App hierfür heißt *Titanium Backup*, und ich werde im Abschnitt »Fortgeschrittenes« (Kapitel 6.3) näher auf sie eingehen – denn diese App setzt **»root«** voraus.

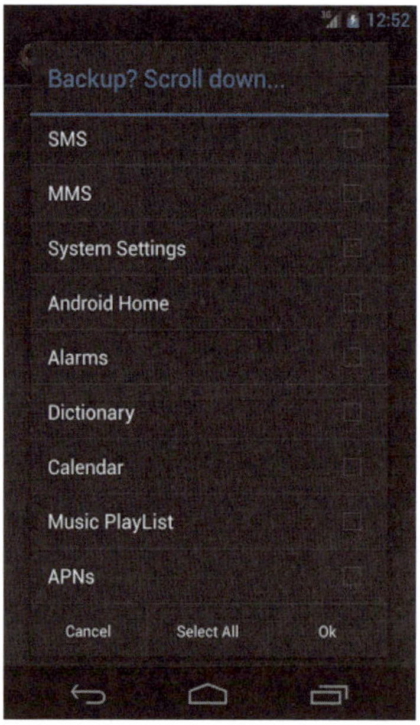

Abbildung 2.22 My Backup

Übersicht: Backup http:// bit.ly/ 1U7IFQ9

Für nicht gerootete Androiden gibt es daher allenfalls Teil-Lösungen, die in der entsprechenden App-Übersicht zum Thema aufgeführt sind. Wie bereits angemerkt: Verspricht eine App ein »vollständiges Backup«, ohne dass sie root benötigt, kann (und sollte) man mit Recht skeptisch sein, denn das ist (zumindest derzeit) technisch einfach nicht möglich: Android lässt eine »gewöhnliche App« einfach nicht überall zugreifen.

Gute Kandidaten für nicht-gerootete Geräte wären beispielsweise *My Backup* (siehe Abbildung 2.22; Kosten der Vollversion: etwa vier Euro) sowie *Backup Your Mobile*. Beide bieten einen recht großen Funktionsumfang, erlauben lokale Sicherungen sowie Sicherungen in die Cloud, bringen einen Scheduler für automatische Backups mit und bieten auf gerooteten Geräten zusätzliche Möglichkeiten.

MyBackup

Backup Your Mobile

Diese beiden Apps bieten somit eine grundlegende Lösung, die die meisten Sachen abdecken sollten. Ein wirklich vollständiges Backup leisten jedoch auch sie nur auf gerooteten Geräten. In der eingangs genannten Übersicht finden sich jedoch auch Backup-Lösungen, die sich auf »Einzel-Probleme« spezialisiert haben. Hilfreich, wenn es zum Beispiel nur darum geht, eben einmal schnell eine Sicherung aller Kurznachrichten (etwa mit *SMS Backup & Restore*) oder der Anruflisten (*Call Logs Backup & Restore*) zu erstellen.

SMS Backup

Call Logs Backup

2.4 Zurücksetzen

Zurück auf LOS! Was ist los? Wo ist LOS? Und was, bitte, wohin zurücksetzen?

Den »älteren Semestern« unter uns ist sicher die »Reset«-Taste am PC noch ein Begriff. So als Reißleine, Notbremse, letzte Ausflucht, wenn nichts mehr geht. Auch das ist eine Form von »Zurücksetzen«. Unter Android gibt es da mehrere Rücksetz-Möglichkeiten, mit zum Teil recht unterschiedlichen Auswirkungen. Und daher auch recht unterschiedlichen Verwendungszwecken.

2.4.1 Softreset

Dieses »weiche Zurücksetzen« lässt sich am ehesten mit dem »Affengriff« unter Windows (Strg+Alt+Entf) vergleichen. Nur dass die Tastenkombination, je nach Gerät, noch wesentlich abenteuerlicher ist. Bei HTC-Geräten zum Beispiel üblicherweise das gleichzeitige Drücken der »Leiser«-Taste, der »Action«-Taste (Trackball), und des Einschaltknopfes. Möglichst ohne das Gerät dabei fallen zu lassen …

Bewirken soll das Ganze dann ein »sanftes« Herunterfahren des Systems – üblicherweise wenn gar nichts anderes mehr funktioniert (sonst könnte man ja auch normal über das Menü abschalten).

2.4.2 Hardreset

In seltenen Fällen kann es vorkommen, dass das Android-Gerät komplett einfriert und sich überhaupt nicht mehr bedienen lässt: Nichts reagiert mehr. Auch zu einem Softreset lässt es sich nicht mehr bewegen. Da hilft dann nur noch die harte Methode: Akku entfernen beziehungsweise bei Geräten mit fest verbautem Akku mit einem spitzen Gegenstand das Reset-Löchlein anpiksen. Gibt es weder einen herausnehmbaren Akku noch ein Reset-Löchlein (was beispielsweise auf das *Huawei P6* zutrifft), hilft oftmals etwas Ausdauer beim Gedrückthalten des Power-Knopfes: Hält man dies für 15 bis 30 Sekunden durch, wird auch hier die Energiezufuhr unterbrochen. Was meist auch bei anderen Geräten (etwa meinem *LG Optimus 4X*) funktioniert, selbst wenn sie über einen herausnehmbaren Akku verfügen.

2.4.3 Factory-Reset

Hierbei handelt es sich um das »Zurücksetzen auf Werkseinstellungen«, was sich zum Beispiel über den genauso benannten Punkt unter EINSTELLUNGEN | DATENSCHUTZEINSTELLUNGEN erreichen lässt. Dabei werden alle vom Anwender installierten Apps sowie sämtliche Einstellungen gelöscht – das Gerät ist somit wieder in einem »jungfräulichen« Zustand (abgesehen von der internen/externen SD-Karte, die hier in der Regel nicht angefasst wird).

Wird es anschließend wieder angeschaltet, muss mit der Einrichtung ganz am Anfang begonnen werden – als hätte man das Gerät gerade zum ersten Mal aus der Originalverpackung geholt. Das ist auch einer der Gründe, für den diese Funktionalität benötigt wird: wenn das Gerät verkauft/verschenkt/weitergegeben werden soll. Natürlich möglichst, ohne private Datenspuren darauf zu hinterlassen.

Übersicht: Datenbereinigung http://bit.ly/1SZoHsu

Apropos Datenspuren: Die verbleiben oftmals trotz eines »Factory-Reset«. Zumindest etwas versiertere Anwender könnten gelöschte Daten wieder herstellen. Wer also ganz auf »Nummer sicher« gehen möchte, nutzt eine App, die gründlich putzt. Die passenden Kandidaten finden sich natürlich wieder einmal in einer Übersicht bei *IzzyOnDroid*. Wie das Ganze funktioniert? Statt die Daten einfach nur zu löschen, wird alles mit Zufallsdaten überschrieben. Ein etwaiger Schnüffler findet dann nur noch Kauderwelsch.

Außerdem ist der »Factory-Reset« auch noch ein »Last Resort«, wenn der Androide komplett verrücktspielt. Der Hersteller verlangt dies meist, um Probleme mit der Hardware ausschließen zu können: Löst ein *Werksreset* das Problem, ist die Hardware nämlich ganz offensichtlich unschuldig – es hat sich nur die Konfiguration verdreht.

Ein *Factory-Reset* besteht prinzipiell aus drei Schritten: Löschen der Cache-Partition, des Dalvik-Cache sowie der (User-)Datenpartition. Ist der Anlass also ein »verrücktspielender Androide«, kann man, bevor man zu diesem Schritt greift, auch eine »datenerhaltene Lösung« versuchen.

Die Cache-Partition lässt sich aus dem **Recovery-Menü** heraus löschen – unabhängig davon, ob das Gerät gerootet oder ein Custom-Recovery installiert wurde. Für den Dalvik-Cache sieht das etwas anders aus:

2.4.4 Wipe des Dalvik-Cache

Dieser erzwingt die Neu-Übersetzung des Programmcodes aller installierten Apps (siehe »**Dalvik**« bei den Begriffs-Erklärungen im Anhang D). Das wäre ein Schritt, den man bei nicht behebbarem »ungewöhnlichen Verhalten« des Systems noch durchführen kann, ohne das ganze Gerät komplett auf Werkseinstellungen zurückzusetzen. Voraussetzung dafür ist allerdings, dass das Gerät gerootet ist – die Hersteller haben diese Möglichkeit von Haus aus leider nicht vorgesehen.

Android-Apps sind in Java geschrieben und Java ist bekanntlich Plattformunabhängig. Vereinfacht ausgedrückt ist das ein Zwischending zwischen einem Skript wie einer Batch-Datei oder einem PHP-Skript und einem kompilierten Programm. Vor der eigentlichen Ausführung muss da also noch eine Übersetzung in Maschinensprache stattfinden, die möglichst nah am verwendeten System ist. Bei Java nennt man dies »Byte-Code«. Um die schmalen Ressourcen von mobilen Android-Geräten noch schonender zu nutzen, geht man bei Dalvik-VMs (so nennt sich die spezielle »Java-Variante« unter Android) noch einen Schritt weiter und nutzt zusätzliche Optimierungs-Möglichkeiten.

Damit dies nun nicht bei jedem Aufruf einer App geschehen muss (das wäre unerträglich langsam), macht Android das unmittelbar nach der Installation einer App – und legt den optimierten »Byte-Code« im sogenannten **Dalvik**-Cache ab. Wird dieser gelöscht, erzwingt dies lediglich eine Neu-Übersetzung (wie bereits beschrieben) – die Anwendungsdaten und Einstellungen bleiben jedoch vollständig erhalten.

ROM Toolbox

Durchführen lässt sich der Wipe aus einem Custom-Recovery (das Standard-Recovery-Menü sieht einen separaten Punkt hierfür seltsamerweise nicht vor) – oder alternativ mit einer passenden »root-App« wie beispielsweise *ROM Toolbox*.

Dieser Schritt ist definitiv zu empfehlen, wenn ein (neues/anderes) **Custom-ROM** eingespielt werden soll. Bei »offiziellen Updates« sollte sich der Hersteller darum kümmern, sofern dies nötig ist.

Ab Android 5.0 wurde Dalvik endgültig durch **ART** abgelöst. Das Verzeichnis für den Dalvik-Cache ist dabei geblieben, ein neues für den ART-Cache allerdings hinzugekommen. Dies gilt es bei Obigem natürlich zu berücksichtigen (aktuelle Custom-Recoveries tun dies).

2.4.5 Safe-Mode

Etwas Ähnliches ist vielen aus der Windows-Welt als »Abgesicherter Modus« bekannt: Bootet man in diesen, werden beim Systemstart alle Anwender-Apps ignoriert. Bei Android-Geräten ist dies beispielsweise hilfreich, wenn das Gerät bei einem normalen Start in einer Force-Close-Schleife festhängt (siehe Abschnitt 5.10.4): Das System fährt hoch, eine »verkorkste App« wird geladen, bringt das System zum Absturz – und dann geht das Ganze von vorn los.

Im »Safe-Mode« hingegen wird die »verkorkste App« (sofern es sich nicht um eine vorinstallierte App handelt) vom System ignoriert, sodass der Bootvorgang erfolgreich abgeschlossen werden kann. Der Anwender kann nun zu EINSTELLUNGEN | APPS navigieren und dem Übeltäter den Garaus machen: entweder gleich deinstallieren oder es zunächst mit dem Löschen von Cache sowie gegebenenfalls Daten versuchen.

Safe Mode

Wie man in den Safe-Mode gelangt (und auch wie man wieder herauskommt), ist bei den Fragen aus Alltag und Praxis erklärt (siehe Aschnitt 5.10.4). Weitere Details sowie Links zu zusätzlichen Informationen rund um den Safe-Mode finden sich unter anderem bei *Stack Exchange*.

2.5 Von Task-Killern und anderen bösen Buben

Oh ja, ich höre schon die Schreie: »Task-Killer gehören verboten! Android kann das selbst!« Und gleich aus der Gegenrichtung: »Task-Killer muss man haben, mein System läuft jetzt viel flüssiger!«

Wer hat nun recht? Beide. Keiner. Denn hier gibt es kein einfaches Schwarz und Weiß. Sicher ist jedoch: Wer nicht weiß, wie man eine Spritze setzt, sollte sich nicht als Arzt ausgeben – das kann sonst gehörig in die Hose gehen.

Man sollte also schon genau wissen, was man tut – und Task-Killer, Autostart-Helfer & Co. können sehr nützlich sein. Wer dies nicht weiß, lässt besser die Finger weg!

Forum: Task-Killer http://bit.ly/1U7IGn2

Kurz zusammengefasst: Hier handelt es sich um ein sehr kontrovers diskutiertes Thema. Worin mir allerdings (fast) jeder zustimmen dürfte: Eingriffe ins System setzen eine gute Kenntnis desselben voraus.

Es ist korrekt, dass Android sich um die Speicherverwaltung selber kümmert. Dennoch haben Task-Manager/Task-Killer durchaus ihre Berechtigung – solange man weiß, was man da tut:

- Falsch: »Ich will den Speicher freiräumen.« Dafür ist der »OOM-Killer« (direkt im Android-System integriert, Näheres dazu in Kapitel 6.4) zuständig.

- Richtig: »Eine App hat sich aufgehängt, und blockiert [irgendwas].« Hier ist der Task-Killer angesagt – weil, bis der »OOM-Killer« hier zuschlagen würde … Und ein Reboot ist nicht gerade die wünschenswerte Alternative.
- Richtig: »Eine App läuft Amok« (Panik-Mode: Man erwischt gerade eine App dabei, wie sie alle persönlichen Daten inklusive Nackt-Fotos auf eine berüchtigte Website hochlädt …). Oh ja: Abschießen! Oder gleich abschalten. Weil: Bis der OOM-Killer … genau, da ist es dann eh zu spät.

2.6 Datenaustausch mit dem PC

Bis zu Android 4.0 war dies recht einfach möglich: USB-Kabel angeschlossen und der Androide wurde vom Computer automatisch als USB-Massenspeicher erkannt. Mit Android 4.0/4.1 änderte sich dies allerdings, da auf Android-Seite der USB-Massenspeicher-Modus durch MTP abgelöst wurde. Dieser Modus bietet zwar einige Vorteile, jedoch auch einen gravierenden Nachteil: Unter Linux, Windows und OS X gibt es oft Probleme beim Zugriff auf *MTP*-Geräte. Und das Ganze muss oftmals erst händisch eingerichtet werden (für Linux am Beispiel Ubuntu hier erklärt, siehe QR-Code). Unter Windows braucht es häufig wieder einen »gerätespezifischen Treiber«, den man sich zunächst auf der Herstellerseite besorgen muss; manchmal klappt es aber auch automatisch. Bei Problemen hilft dieser Artikel hoffentlich weiter (siehe QR-Code). Und auch Mac-User brauchen dafür spezielle Software und seien dafür ebenfalls auf einen speziellen Artikel verwiesen. Ist diese Hürde genommen, sollte der Androide nach Anschließen des USB-Kabels in den jeweiligen Datei-Managern sichtbar sein.

Alternativ und ebenfalls über das USB-Kabel funktioniert der Datenaustausch via ADB, was im Kapitel 6.8.5 beschrieben ist. Unter Linux lässt sich mittels ADB sogar das Android-Dateisystem am Rechner einbinden (siehe Abschnitt 6.8.6).

Doch zum einen ist diese Art Kabel-Verbindung zu umständlich, zum zweiten ist laut Murphy genau dann kein Kabel zur Hand, wenn man es bräuchte, und zum Dritten ist das ja so etwas von uncool und unzeitgemäß … Kurzum: Oftmals geht es kabellos bequemer vonstatten – wobei man auch das natürlich zunächst einmal einrichten muss. Die Möglichkeiten reichen hier von diversen Datei-Servern wie FTP und WebDAV bis hin zu hübschen grafischen WiFi-Datei-Managern à la *WebSharing*. Auch »echte« Windows-Freigaben sind, zum Beispiel mit *Samba Filesharing* (benötigt root) oder *Samba Server* möglich. Diverse Datei-Manager bieten darüber hinaus die Möglichkeit, vom Androiden aus über das Netzwerk auf Freigaben des Rechners zuzugreifen.

Wem das nicht weit genug geht: Man kann auch das *Android-Gerät vom PC aus verwalten* und zwar nahezu vollständig: Anruflisten, SMS, Kontakte und so weiter einsehen, Anrufe initialisieren, SMS schreiben, Dateien verwalten (und mit dem PC austauschen),

Wikipedia: MTP Vorteile http://bit.ly/1SZoJAx

Ubuntu: MTP http://bit.ly/1U7IGn9

MTP Mac http://bit.ly/1U7IleH

MTP Probleme http://bit.ly/1SZoHIW

Übersicht: Datei-Server http://bit.ly/1SZoHJ2

WebSharing

Samba Filesharing

Samba Server

Übersicht: Datei-Manager http://bit.ly/1U7IGDB

Apps organisieren, Fotos anschauen, Musik und Videos wiedergeben und mehr ist auf diese Weise möglich – oftmals weitaus bequemer als beispielsweise auf dem Bildschirm des Smartphones.

Die beliebteste Lösung hierfür heißt *MyPhoneExplorer* – benötigt aber auf PC-Seite ein Windows-Programm und ist somit nur für Windows verfügbar. Dafür lässt sie sich aber auch nutzen, um Kontakte sowie Kalender mit Outlook abzugleichen sowie verschiedene andere Daten vom Androiden auf den PC zu sichern. Zusätzlich zum genannten Windows-Programm ist für die Nutzung von *MyPhoneExplorer* die Installation einer App auf dem Androiden nötig.

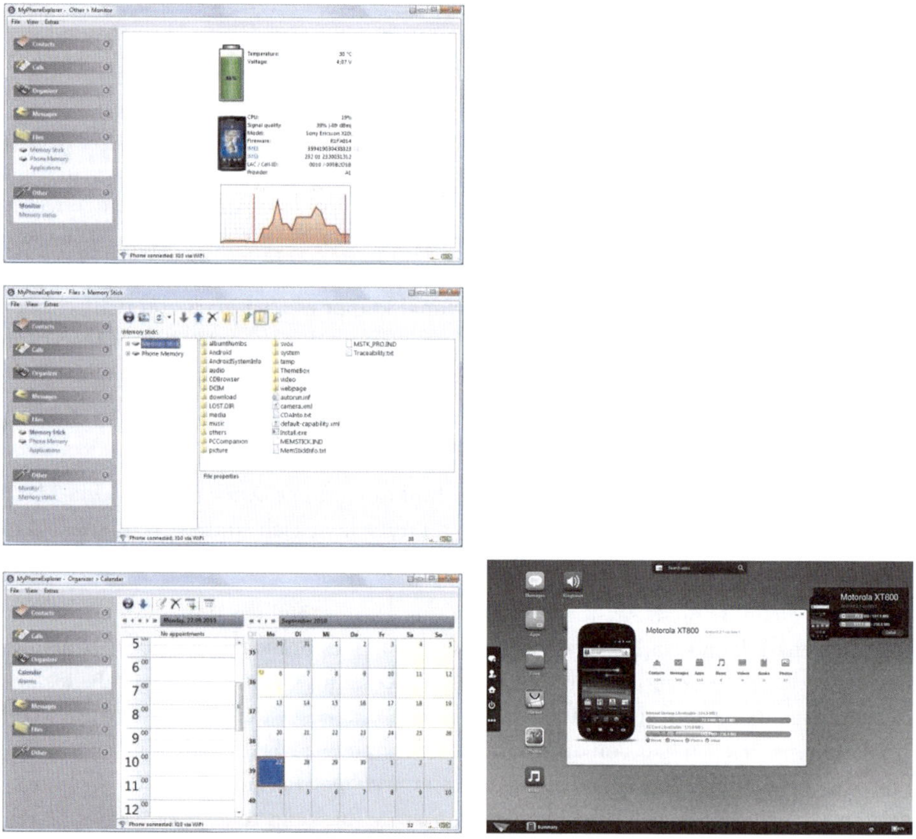

Abbildung 2.23 Mit *MyPhoneExplorer* und auch mit *AirDroid* kann man seinen Androiden vom PC aus verwalten.

Darüber hinaus gibt es jedoch auch reine Browser-basierte Lösungen, die lediglich eine App auf dem Androiden voraussetzen – und somit unabhängig vom auf dem PC installierten Betriebssystem verwendbar sind. Für den »klassischen Anwender« empfiehlt sich beispielsweise *AirDroid* (siehe Abbildung 2.23). Ist jemand technisch versierter und möchte die verfügbare Lösung selbst auf die eigenen Bedürfnisse hin erweitern, lohnt sich ein Blick auf den *PAW Server*. Beide Apps hatte ich in älteren Versionen dieses Buchs kurz vorgestellt; das entsprechende Kapitel findet sich jetzt auf meiner Website. Ebenso natürlich eine passende Übersicht mit weiteren Kandidaten.

AirDroid

PAW Server

2.7 Datenaustausch zwischen Android-Geräten

Sicher greifen hier einige der bereits vorgestellten Möglichkeiten. Und natürlich kann man Daten auch per Anhang an Mails/MMS oder über entsprechende Speicherplätze in der Cloud (wie zum Beispiel Dropbox) austauschen. Aber das kann ja wohl nicht alles sein! Irgendwie muss sich doch auch ein direkter Datenaustausch zwischen zwei Android-Geräten erreichen lassen? Einige der dafür vorhandenen Varianten wollen wir im Folgenden betrachten:

ältere App-Vorstellung http://bit.ly/1U7IGDO

Übersicht: Fernverwaltung http://bit.ly/1SZoHZo

2.7.1 Bluetooth

Den Bluetooth-Standard gibt es bereits seit den 1990er Jahren. Verwendet wird er unter anderem für schnurlose Tastaturen, Kopfhörer, Headsets, GPS-Mäuse und mehr – aber auch zur Übertragung von Daten über kurze Distanzen. Und so konnten schon recht früh Visitenkarten und Dateien von einem Gerät zu einem anderen gesendet werden. Besonders schnell geht das Ganze nicht vonstatten: Anfangs waren es rund 100 »theoretische« Kilobit (also in der Praxis etwa 10 Kilobyte pro Sekunde), mit Bluetooth 2.0 ging es dann bereits mit 2,1 Megabit (also rund 250 Kilobyte pro Sekunde) vonstatten. Für eine 100-Megabyte-Video-Datei darf man damit noch immer eine Übertragungsdauer von circa 400 Sekunden (also knapp sieben Minuten), für ein fünf Megabyte großes Foto noch 20 Sekunden veranschlagen. Alles andere also als ein Full-Speed-Highway. Dennoch für kleinere Datenmengen (Visitenkarten, URLs) völlig ausreichend – und für »schnell mal eben« durchaus in Kauf zu nehmen.

Und wie geht das »schnell mal eben«? Über das sogenannte »Share-Menü«. Das findet sich an verschiedensten Stellen und ist meist über ein Icon zu erreichen, das wie ein durch Verbinden dreier Punkte entstandenes, auf der Seite liegendes V aussieht. Tippt man dieses an, gelangt man zu einem Bildschirm, wie er Abbildung 2.25 dargestellt

Abbildung 2.24 Share Icon

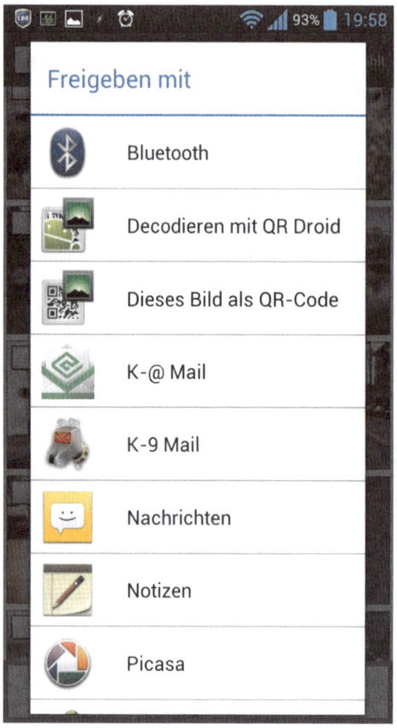

Abbildung 2.25 Share-Menü

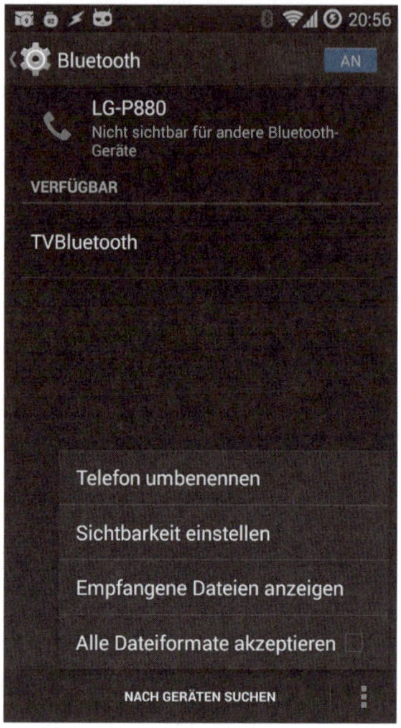

Abbildung 2.26 Bluetooth-Settings

ist (eventuell, nachdem man zuvor noch die zu verteilenden Objekte ausgewählt hat). Schwer zu übersehen, gleich an aller oberster Position: Bluetooth.

Das muss nun natürlich auch auf beiden beteiligten Geräten aktiviert sein, sonst kann kein Kontakt zustande kommen. Per Default »versteckt« sich ein Gerät mit aktiviertem Bluetooth dennoch, um sich gegen Angreifer zu schützen. Also gilt es zumindest für den Empfänger, sein Gerät sichtbar zu machen und ihm einen Namen zu geben. Dies geschieht unter EINSTELLUNGEN | BLUETOOTH, wie in Abbildung 2.26 ersichtlich. In den meisten Fällen bleibt das Gerät so für eine begrenzte Zeit »sichtbar«, um anschließend automatisch zu verschwinden – nur von der Anzeige anderer Geräte, versteht sich, nicht vom Tisch.

Das muss aber auch einfacher gehen, dachte man sich bei Google. Und spendierte Android 4.0 ein neues Feature. Selbiges hört auf den Namen:

2.7.2 Android Beam

»Beam me up, Scotty!«, ist sicher das Erste, was Startrek-Fans dabei in den Sinn kommt. Allerdings werden bei *Android Beam* nicht etwa materielle Dinge, sondern nur Inhalte transportiert. Falsch eingestellt ist der »Transporter« dabei sicherheitshalber ebenfalls, damit das Original erhalten bleibt. So lassen sich Kontakte, Websites, Apps, Maps, Routenplanungen und YouTube-Videos auf ganz einfache Weise von einem Smartphone zum anderen schicken. Dazu holt man sich den zu verschickenden Inhalt auf den Bildschirm und hält Sender- und Empfängergerät mit dem Rücken aneinander. Ein Signalton sowie kurzes Vibrieren kündigen sodann von der Bereitschaft: »Ready to beam up!« Kurzes Antippen des nun verkleinert dargestellten Inhalts auf dem Sender-Gerät vollzieht schließlich den Transfer.

Welche Magie steckt dahinter? Auch wenn ich diesen Text an einem 1. April schreibe, handelt es sich definitiv nicht um einen Scherz. Trotzdem dürften sich einige beim Lesen dieser Zeilen zu früh gefreut haben. Denn *Android Beam* setzt auf die sogenannte Near Field Communication (**NFC**) auf, die leider nicht von jedem Gerät unterstützt wird. Vorausgesetzt wird nämlich ein kleines Stück Hardware, der NFC-Chip. Dieser ist zumeist im Akku beziehungsweise der Gehäuse-Rückwand des Android-Gerätes verbaut – was auch erklärt, warum die Geräte mit dem Rücken aneinander gehalten werden müssen: Die Reichweite dieser Chips beträgt gerade einmal vier Zentimeter.

Ein großes Rätsel dürfte hingegen bleiben, warum Google für die Datenübertragung dabei ausschließlich auf NFC setzt – ist doch damit die Übertragungsrate auf 424 Kilobit beschränkt (und somit langsamer als selbst die Bluetooth-Implementierung, siehe voriger Abschnitt). So werden »größere Inhalte« wie YouTube-Videos oder vollständige Webseiten dann auch nicht direkt übertragen, sondern lediglich deren Link (wer sich für weitere Details interessiert, kann einen Blick auf einen passenden Artikel bei Golem werfen). Samsung hat hier einen Schritt weiter gedacht: Bei deren »S-Beam« erfolgt der Verbindungsaufbau zwar ebenfalls über NFC. Für die eigentliche Daten-Übertragung verwendet man jedoch …

Golem http://bit.ly/1U7Ilvs

2.7.3 Wi-Fi Direct

Hierbei handelt es sich um einen WLAN-Standard, der ganz ohne Router auskommt. Da Wi-Fi Direct-fähige Geräte von der Wi-Fi Alliance zertifiziert werden, sollte man eigentlich davon ausgehen, dass das Ganze herstellerübergreifend funktioniert. Leider ist das in der Praxis nicht immer so, wie auch ein Artikel bei Go2Android bescheinigt. Neben sich nicht finden oder Daten nicht übertragen können (was zwar ärgerlich, aber immer noch recht harmlos ist), weiß man dort von Folgendem zu berichten:

WiFi-Alliance http://bit.ly/1SZoHZs

Doch den Vogel schießt wohl der Test zwischen dem LG Optimus G und meinem Galaxy Note ab. Auch hier ein erfolgreiches Finden und Verbinden, doch sobald wir ein Bild an das Samsung-Gerät schicken wollten, machte das Galaxy Note einen reproduzierbaren Softreset. Welchen rein koreanischen Disput man hier auf Softwareebene austrägt, bleibt wohl ein gut gehütetes Geheimnis der Asiaten.

Go2Android http://bit.ly/1U7IGUg

Der gleiche Artikel weist aber auch auf mögliche Abhilfe hin: Wenn die Hardware etwas unterstützt und die Hersteller lediglich bei der Implementierung ihrer Software

Abbildung 2.27 SuperBeam

Super Beam

WiFiShare

aneinander vorbeigearbeitet haben, sollte eine passende App das Problem doch umgehen können? Eine solche App wird auch gleich benannt: *SuperBeam*. Der Name lässt richtig vermuten, dass damit *Android Beam* imitiert wird: Zur Initiierung der Übertragung wird auch hier auf den NFC-Chip gesetzt. Doch selbst wer keinen solchen in seinem Gerät hat, muss auf diese App nicht verzichten. Alternativ erzeugt sie auf dem Sender-Gerät einen Barcode, der von der gleichen App auf dem Empfänger-Gerät einfach abgescannt wird. Eine Ausweich-Möglichkeit wäre etwa die App *WiFiShare*, die sich, wie bereits bei Bluetooth gezeigt, in das sogenannte »Share-Menü« einklinkt.

2.8 Den Funktionsumfang mit Apps erweitern

Bereits auf dem frisch erworbenen, nagelneuen Android-Gerät sind zahlreiche Apps vorinstalliert. Oftmals sogar zu viele, die lediglich Ressourcen belegen – aber letztendlich vom Anwender gar nicht genutzt werden (siehe »**Bloatware**«). Es fehlen jedoch dafür häufig Dinge, die wirklich gebraucht würden (oder die für einen Zweck vorgesehenen Apps sind in ihrem Funktionsumfang unzureichend). Zum Glück wissen wir Abhilfe: Bereits im Abschnitt 2.2.2.2 steht, dass man zusätzliche Apps installieren kann.

Wie viele gibt es da gerade? Ich schreibe hier besser gar keine Zahl – die würde ohnehin bereits nicht mehr stimmen, kaum dass ich auf **SPEICHERN** drücke. Einigen wir uns auf »echt viele«. So viele, dass man den Durchblick schnell verliert.

Wer nun meint, ich würde jetzt hier jede Menge Apps vorstellen: Weit gefehlt. Dann müsste ich wahrscheinlich im Wochen- oder doch zumindest Monatsrhythmus eine neue Version dieses Buchs veröffentlichen. Das würde zum einen das Buch zu sehr »aufblähen« – und ist mir zum anderen zu umständlich. Dem Leser wahrscheinlich auch, weil der dann immer schauen müsste, ob er auch die aktuellste Version hat – und wenn nicht, an welcher Stelle sich denn nun etwas geändert hat. Daher habe ich eine bessere Lösung:

Ja, genau – es ist wieder einmal *IzzyOnDroid*. Denn hier pflege ich unter anderem meine thematisch sortierten App-Übersichten. Jede dieser Übersichten widmet sich einem bestimmten Thema und listet eine Auswahl dazu verfügbarer Apps auf – ergänzt mit Links zu den Markets, bei denen sie erhältlich sind (Google Play, F-Droid und *Aptoide* werden dabei berücksichtigt), sowie zu Reviews, Testberichten, Video-Demos und was sonst noch an relevanten Informationen zur jeweiligen App verfügbar ist. Hinzu kommen häufig auch weitere Links zu Themen-relevanten Artikeln in Foren und News. Damit sollte ein Vergleich ohne größere eigene Recherchen möglich sein. Hin und wieder stelle ich auch eine oder mehrere Apps in einem Artikel etwas ausführlicher vor. Um jedoch zumindest einen Eindruck zu vermitteln, was so alles möglich ist, möchte ich einige Themen exemplarisch herausgreifen und hier benennen. Die umfangreicheren Vorstellungen aus früheren Ausgaben dieses Buchs finden sich wiederum auf meiner Website.

App-Übersichten http://bit.ly/1PbOjmi

Artikel http://bit.ly/1SZoHZD

Kapitel 2

2.8.1 Telefonieren

Wie? Ja, auch das geht auf unseren Smartphones per App. Für »normale« Telefonate ist die vorinstallierte Telefon-App dafür auch genügend komfortabel (wer das anders sieht, werfe bitte einen Blick in meine Übersicht Kontakt-Verwaltung und Dialer (siehe QR-Code)). Aber das ist in Sachen Telefonie ja noch lange nicht das Ende der Fahnenstange.

Neben der »herkömmlichen Telefonie« gibt es heutzutage natürlich auch VoIP (Voice-over-IP, also Internet-Telefonie). Die bekannteste Lösung in diesem Feld ist sicherlich *Skype*, das für nahezu jedes System verfügbar ist. So auch für Android. Wer über eine Front-Kamera verfügt, kann auch Video-Telefonate führen (siehe Abbildung 2.28). Vorausgesetzt, das Gegenüber hat auch diese Möglichkeit, sehen sich beide Gesprächsteilnehmer: Das große Bild zeigt das Gegenüber, man selbst wird als kleines Bild eingeblendet.

ältere Vorstellungen http://bit.ly/1U7F0GV

Kontakt-verwaltung & Dialer http://bit.ly/1U7IlLR

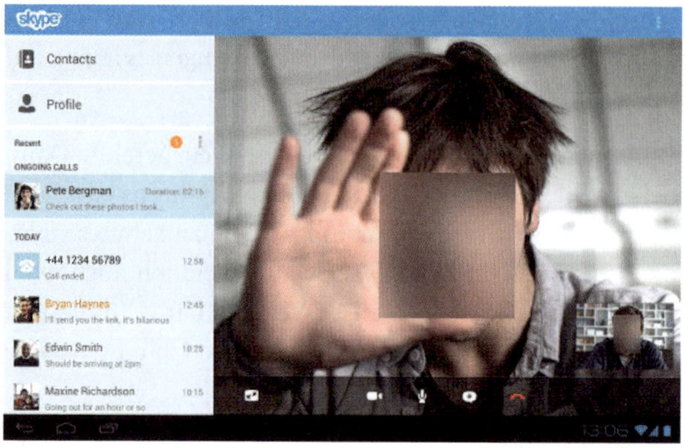

Abbildung 2.28 Skype

Skype

Anrufe von Skype-Teilnehmern untereinander (ebenso wie ihre Chats) sind kostenlos, auch Dateien können zwischen Clients gratis übertragen werden (im Mobilfunknetz können jedoch Kosten für die übertragenen Daten anfallen). Für Anrufe in »andere Netze« benötigt man allerdings ein Guthaben. Die Preise bewegen sich hierbei in üblichen VoIP-Regionen.

Übersicht: Kontaktverwaltung & Dialer http://bit.ly/1U7IILR

Setzt der VoIP-Dienstleister hingegen auf das offene **SIP**-Protokoll, können dessen Android-Kunden auf den seit **Gingerbread** im System integrierten SIP-Client zurückgreifen, dessen Konfiguration im Abschnitt 2.1.1.4 beschrieben wurde. Dies bietet den Vorteil, dass es komplett ins System integriert ist. Vor jedem Anruf kann man sich also fragen lassen, ob dieser über VoIP geführt – und auch festlegen, dass bei verfügbarer WLAN-Verbindung auf eingehende SIP-Anrufe geachtet werden soll.

Alternativen finden sich natürlich im *Play Store* oder in der bereits genannten Übersicht – ähnliche, aber auch ganz andere ...

2.8.1.1 Telefon-Widgets

Um *Shortcuts* und *Widgets* ging es ja bereits im Zusammenhang mit dem Homescreen (siehe Kapitel 1.3). Was aber sollen jetzt bitte »Telefon-Widgets« sein?

Klar, da hat Izzy wieder mal einen Begriff konstruiert. Da gibt es also Icons auf dem Homescreen, die telefonieren können? Ja, so ungefähr. Unter Apps organisieren im Abschnitt 2.2.8 hatte ich ja bereits den *Folder Organizer* genannt, der die Permission zum Anrufen verlangt – genau hierfür: Es lassen sich damit nämlich auch Shortcuts zu Kontakten anlegen. Gibt es also Leute, die man öfter anruft, muss man deren »Kontakte« nicht erst lange im Adressbuch suchen – sondern legt gleich eine passende Verknüpfung auf dem Homescreen ab. Manche Launcher bieten ebenfalls derartige Widgets an – was dann auch bei diesen die geforderte Anruf-Berechtigung erklären dürfte.

2.8.2 Mail

Bei den Kurznachrichten (SMS/MMS) gilt für die meisten Anwender das Gleiche wie bei der Telefon-App: Die vorinstallierte Anwendung genügt. Andere nutzen gleich gar keine SMS oder MMS mehr, und greifen stattdessen nach Messengern à la *WhatsApp* oder *Threema*. Wer dennoch Alternativen sucht, wird (wie immer) in der passenden Übersicht fündig.

Übersicht: Kurznachrichten http://bit.ly/1U7IJPM

Doch auch die Email ist aus unserem Alltag nicht mehr wegzudenken. Das hat man bei Android ebenfalls erkannt und liefert eine passende App gleich mit. Allerdings stößt man bei dieser hinsichtlich Komfort, Funktionsumfang und leider auch hin und wieder der Sicherheit oft schnell an Grenzen. Außerdem lässt sich die Frage, um welche App es sich hier handelt, allenfalls herstellerspezifisch beantworten. Damit keiner meiner Leser »außen vor bleibt«, halten wir also besser nach einer guten Alternative Ausschau.

Eine der bekanntesten und beliebtesten Apps hierfür ist *K-9 Mail*. Unterstützt mehrere Accounts, auf Wunsch auch mit »gemeinsamer Inbox« (quasi als »Zusammenfassung« der einzelnen Eingangs-Ordner; das einer Mail zugehörige Postfach erkennt man dort an einer farblichen Markierung – wobei sich die Farben dafür natürlich wählen lassen). Als Protokolle werden POP3, IMAP4 und Exchange unterstützt; auch das Google-Mail-Konto lässt sich auf diese Weise einbinden. »IMAP-Push« steht ebenfalls zur Verfügung (das heißt, der Mail-Server gibt der App Bescheid, wenn neue Mail da ist).

K-9 Mail

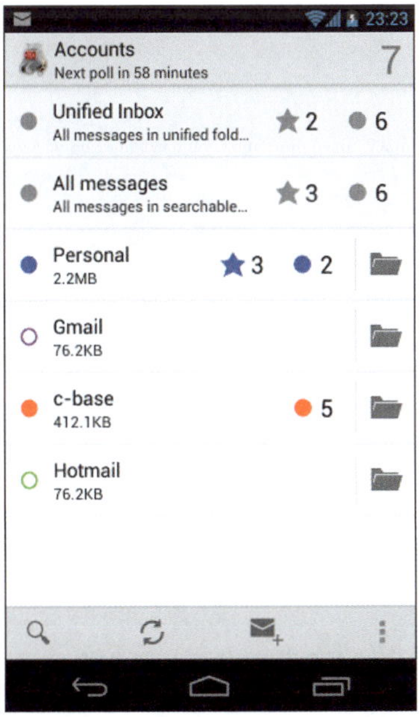

Abbildung 2.29 K-9 Mail

Übersicht: Email-Apps http://bit.ly/1U7IJPQ

Natürlich ist dies nur ein Auszug aus dem Funktionsumfang – da könnte man noch weit mehr aufzählen. Zum Beispiel die Unterstützung für PGP (Signieren/Verschlüsseln von Mails), konfigurierbare Benachrichtigungen in der »Notification Area« (siehe Abschnitt 1.1.4) sowie per Audio, Shortcuts für den Homescreen, Signatur-Unterstützung ...

Für weitere Alternativen empfehle ich einen Blick in die passende Übersicht (siehe QR-Code).

2.8.3 Lektüre

Übersicht: eBook-Reader http://bit.ly/1SZolg2

Übersicht: RSS-Reader http://bit.ly/1U7IJ2h

Übersicht: Nachschlagen & Übersetzen http://bit.ly/1SZoK7E

eBook-Reader wie Amazons *Kindle* sind den meisten bekannt. Aber warum dafür noch ein separates Gerät mitnehmen, wenn unser Androide dieses Feld ebenso beherrscht? Allenfalls die deutlich längere Akku-Laufzeit bei Geräten mit eInk-Display könnte da ein Grund sein. Android bietet zum Thema Lektüre eine Vielzahl an Apps, die von eBook-Readern über RSS-Reader bis hin zu Nachschlagewerken reicht.

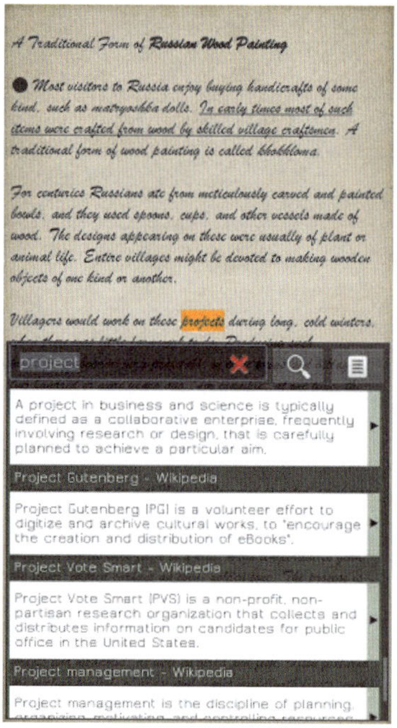

Abbildung 2.30 Moon+-Reader mit ColorDict

Moon+ Reader

Bei den eBook-Readern ist *Moon+-Reader* (in der Pro-Version für circa vier Euro – es gibt auch eine Werbe-Finanzierte Gratis-Version) mein klarer Favorit. Sofern man auf DRM-behaftetes Material verzichten kann, kann ihm keiner das Wasser reichen:

- Zugriff auf zahlreiche Online-Bibliotheken direkt aus der App (vorkonfigurierte wie zum Beispiel *Izzys Bibliothek* mit über 7.500 gratis verfügbaren Büchern in deutscher Sprache und eigene)
- Formate: txt, html, epub, mobi, pdf, cbr, umd, fb2, zip
- verschiedene Themes (unter anderem »Tag-« und »Nachtmodus«)
- Unterstützung für Online- und Offline-Wörterbücher (zum Beispiel für *ColorDict*, siehe Abbildung 2.30)
- Highlighting, Annotations, Bookmarks, Share
- Scrolling, Vorlesen (Pro-Version)

Izzy's Bibliothek http://bit.ly/1SZolg8

ColorDict

Und damit sind nur die wichtigsten Funktionen kurz angerissen. Auch der großartige Support muss besonders hervorgehoben werden: Der Entwickler steht hier definitiv hinter seinem Produkt! Mehr Details gibt es in den Reviews und Testberichten – in der genannten Übersicht bei *IzzyOnDroid* verlinkt, die auch weitere Kandidaten benennt.

FBReader

Alternativen? Gibt es nicht wirklich. Der *FBReader* ist noch recht verbreitet – unterstützt aber weniger Formate und möchte außerdem noch auf Kontodaten zugreifen (sicher fürs Einkaufen von Büchern, das er wohl unterstützt). *txtr* unterstützt neben ePub auch PDF – benötigt aber doppelt so viel Platz für die Installation. Wiederum recht verbreitet und gut bedienbar ist *Aldiko*, der auf manchen Geräten bereits vorinstalliert ist (und zusätzlich DRM-geschütztes Lesematerial unterstützt). Wie bereits geschrieben: Ein Blick in die Übersicht gibt mehr Informationen: Dort ist unter anderem eine Matrix enthalten, die einen allgemeinen Vergleich verfügbarer Lese-Apps ermöglicht.

txtr

Aldiko

Kindle

Der Eine oder die Andere wird sich an dieser Stelle nicht ganz zu Unrecht fragen: »Und was ist mit bekannten und verbreiteten eBook-Reader-Apps wie *Kindle* oder *Google Play Books*? Sind die etwa nicht erwähnenswert?« Sicher sind sie das. Doch ich mache mich ungern von bestimmten Diensten abhängig, was bei diesen beiden Apps definitiv der Fall ist: Die Oberhoheit über das Lesematerial hat hier nämlich der jeweilige Anbieter. Und so kann es durchaus passieren, dass man, im Urlaubsland angekommen, plötzlich feststellt: Alle Bücher sind weg! Kann nicht sein? Jim O'Donnell kann ein Lied davon singen. Oder dass der Zugang zu allen über den Service erworbenen Büchern plötzlich nicht mehr funktioniert, weil man die 30-Tage-Rückgabemöglichkeit bei ganz anderen Produkten einmal zu oft in Anspruch genommen hat. Nicht möglich? Wer es nicht glaubt, kann es bei *Heise* nachlesen. Ich setze lieber auf Apps, wo ich selbst die Kontrolle habe. Insbesondere über meine Inhalte.

Google Play Books

Travelers Beware http://bit.ly/1ZI6Hbn

Zu hohe Retourenquoten http://bit.ly/1WoqMxY

2.8.4 Schule und Studium

Auch Schülern und Studenten steht »Andy« hilfreich zur Seite: So passt zum Beispiel der mit Formel- und Nachschlagewerken gefüllte Schulranzen früherer Tage heute bequem in die Jacken- oder Hosentasche. Da wären Formelsammlungen und Referenzen, Apps zum Nachschlagen und Übersetzen, Vokabeltrainer & Flashcards und vieles mehr. Mit

Übersicht: Vokabeltrainer http://bit.ly/1WoqMhA

Übersicht: Mensa-Pläne http://bit.ly/1OGcqno

Mensa-Plänen ist dabei auch an das leibliche Wohl gedacht. Um zumindest einen kleinen Eindruck zu geben, habe ich eine App aus diesem Bereich ausgewählt:

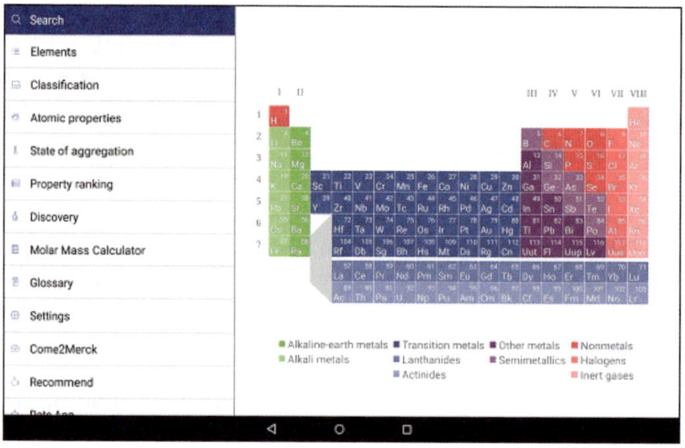

Abbildung 2.31 *Merck PSE* macht die Erkundung des Periodensystems zum Erlebnis.

Merck PSE

Merck PSE ist mit 4,6 von maximal möglichen 5 Punkten im *Play Store* absolut top bewertet und kann daher mit Fug und Recht hier als Vorzeige-App herhalten.

Mercks Periodensystem gibt Schülern, Chemiestudenten und Lehrenden die Möglichkeit, sich umfassend und interaktiv über die Elemente des Periodensystems zu informieren. Damit steht Interessierten ein mehrsprachiges Nachschlagewerk zur Verfügung, das komplexe Inhalte intuitiv erfahrbar macht. So wird die App im *Play Store* beschrieben.

Jede Menge Informationen stehen zu den einzelnen Elementen zur Verfügung. In verschiedensten Ansichten. So lässt sich über einen »Zeitregler« recht einfach feststellen, welche Elemente zum Zeitpunkt X bereits bekannt waren. Oder anzeigen, wer sie entdeckt hat. Oder, oder, oder – der Möglichkeiten sind hier viele. Für weitere Details empfiehlt sich ein Blick in den Testbericht sowie auf die Projektseite – wobei man sich bei Letzterer nicht davon irritieren lassen sollte, dass laufend von irgendeinem iPhone die Rede ist …

Math Ref

Und natürlich gibt es auch entsprechende Referenzen und Nachschlagewerke für andere Fächer, etwa Physik oder Mathematik, wie zum Beispiel das sowohl für Smartphones als auch Tablets optimierte *Math Ref*, die für wenig Geld (etwa 0,75 Euro) eine große Menge Wissen in kompakter Form anbietet.

2.8.5 Unterwegs

Da es hier um *Mobil*telefone geht, sind wir natürlich auch mobil. Die Warte- und Reisezeit in Bahn, Bus und Flieger haben wir uns bereits mit Lektüre verkürzt – aber wohin soll es eigentlich gehen? Und wie kommen wir dahin? In diesem Bereich gibt es Apps für **Fahrpläne** (mit *Öffi* als dem wahrscheinlich prominentesten Vertreter, sowie dem ebenfalls recht beliebten *DB-Navigator* – und auch dem *TripAdvisor*, wenn es einmal etwas weiter weg gehen soll). Ein guter Allrounder und mein persönlicher Favorit wäre hier *Mobility Map*, das nahezu alles unter einem Dach vereint (Öffentliche Verkehrsmittel, Taxi, Car- und Bike-Sharing) – und dabei auch noch erlaubt, Angebote nach persönlichen Präferenzen zu priorisieren: Muss es schnell gehen? Ist der Preis wichtiger? Oder sind es eher Kriterien wie Umweltfreundlichkeit beziehungsweise Streckenlänge? Hat man sich entschieden, navigiert *Mobility Map* auch zum Standort des entsprechenden Verkehrsmittels. Selbst Buchungen sind direkt aus der App heraus möglich. Natürlich kann man auch im Vorfeld festlegen, welche Verkehrsmittel überhaupt berücksichtigt werden sollen: Was bringt einem beispielsweise der *Flinkster* um die Ecke, wenn man ihn ohnehin nicht nutzen kann?

Übersicht: Fahrpläne http://bit.ly/1ZI6Hrl

Oeffi

DB-Navigator

Kapitel 2

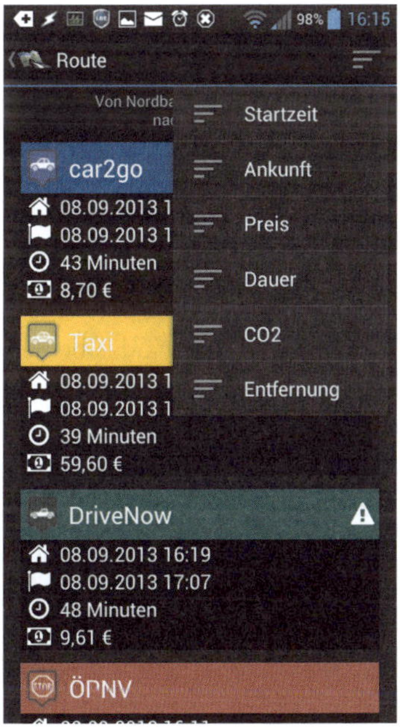

Abbildung 2.32 Mobility Map: Route

Übrigens funktioniert *Mobility Map* nicht nur in deutschen Großstädten. Auch in der »Provinz« zeigte es mir zuverlässig die nächsten verfügbaren Busse. Im Ausland soll es ebenso funktionieren, doch das konnte ich bislang noch nicht testen.

Mobility Map

Navigation http://bit.ly/1ZI6HrM

Locus Map

meinestadt.de

Ein weiterer Bereich wäre die **Navigation**, zu dem nahezu jedem als Erstes *Google Maps* einfallen dürfte – das auf den meisten Android-Geräten bereits vorinstalliert ist. Das kleine Monster bietet eigentlich grundlegend alles, was zur Navigation benötigt wird: Kostenlose GPS-Navigation mit Sprachführung, Orte finden, Bewertungen, Empfehlungen – und bindet auch soziale Komponenten ein (Freunde auf der Karte sehen und bei Orten einchecken). Die Routenplanung eignet sich sowohl für die motorisierte als auch die unmotorisierte Fortbewegung – benötigt dafür jedoch normalerweise eine ständige Netzverbindung, was sich in eingeschränktem Rahmen umgehen lässt, indem man den Karten-Cache vorher entsprechend befüllt.

Natürlich gibt es auch hier wieder Alternativen, für die ich jedoch auf die genannte Übersicht verweise. Mein persönlicher Favorit wäre da *Locus Map* – das neben der Navigation auch das Erstellen eigener Tracks (also Routen-Erfassung mit anschließendem Nachschauen, wie man gelaufen/gefahren ist), das Verwenden eigener **KML**- beziehungsweise KMZ-Dateien als Overlays (vollständig mit Bildern und so weiter auch im Offline-Betrieb) und vieles mehr bietet.

Shopping http://bit.ly/1WoqN4X

Barcoo

Bei der Suche nach einem guten Restaurant, lokalen Veranstaltungen und mehr wollen uns Apps wie *meinestadt.de* und *Qype* helfen, beim Shopping unterstützen uns *Barcoo* & Co. mit Schnäppchen und Preisvergleichen … Kurzum: Auch und gerade unterwegs stehen dem Android-Nutzer zahlreiche Apps zur Verfügung. Wer sich jetzt mehr Details zu den genannten Apps wünscht, findet sie unter anderem bei *IzzyOnDroid*.

Shopping Deals http://bit.ly/1ZMFHaP

2.8.6 Gesundheit

Unterwegs-Apps http://bit.ly/1ZI6HrW

Gesundheit

das ist drin

Mein Kochbuch

Ein weiteres Thema, das ich bei *IzzyOnDroid* ausführlicher behandele. Es gibt Apps, die beim Einkauf von **Nahrungsmitteln** hilfreich zur Hand gehen – wie etwa das bereits zum Thema Shopping genannte *Barcoo* – oder die uns, wie der *das ist drin Scanner* mehr über die jeweiligen Inhaltsstoffe verraten (einschließlich eines integrierten »Lexikons« für die »äh, äh« – äh, E-Nummern, ohne die ja heutzutage gar nichts mehr geht: Dank sei der chemischen Industrie: Im Zeitalter von Rinderwahn, Schweinepest, Vogelgrippe, Atomfisch und EHEC-Gemüse wüssten wir ja ohne sie gar nicht mehr, was wir überhaupt noch essen könnten). Dazu sackweise Rezepte-Apps: Für die Verwaltung der eigenen Rezepte empfehle ich *Mein Kochbuch* (ermöglicht auch Importe von verschiedenen Websites); wer eher ständig auf der Suche nach »anderen Rezepten« ist, greift besser zu einem Lesezeichen, beispielsweise auf *http://m.essen-und-trinken.de/*.

Abbildung 2.33 Jameda Arztsuche

Übersicht: Abnehmen http://bit.ly/1WoqPKi

Hat man es mit »Essen und Trinken« ein wenig übertrieben, bedarf es eventuell eines Helferleins zum **Abnehmen**: Die Auswahl reicht von Diät-Apps über Fitness-Programme bis hin zu kleinen Tools rund um BMI und BMR. Auch Apps zur Rauchentwöhnung gibt es zur Genüge.

Übersicht: Rauchentwöhnung http://bit.ly/1ZI6HIt

Jameda

Für den Ernstfall stehen schließlich Apps wie die *jameda Arztsuche* bereit, damit man nicht an »irgendeinen Quacksalber« gerät oder stundenlang in Warteschleifen beziehungsweise Warteräumen zubringt: Damit lässt sich bereits im Vorfeld abklären, welcher Arzt für den konkreten Fall besonders geeignet ist. Analoges mit Apps für **Apotheken**: Welche hat gerade Notdienst, hat sie das benötigte Medikament auch vorrätig und wie komme ich am besten dorthin? Ist es mit dem Medikament nicht ganz so dringend, existieren auch auf Medikamente spezialisierte Apps für den Preisvergleich in Online-Apotheken – was sich aber wiederum ebenso gut mit einem kleinen Lesezeichen auf eine mobile Seite wie zum Beispiel `handy.medipreis.de` erledigen lässt.

Mobile Notruf-App

Blieben noch diverse **Notfall**-Apps – und auch diesbezüglich bleibt keiner im Regen stehen: So souffliert die *Mobile Notruf-App für Notfälle* bei Anrufen auf 110/112 mit den richtigen Stichworten wie etwa den vier berüchtigten »W-Fragen«: *Wo* ist *Was* geschehen, *Wie* viele Verletzte/brennende Häuser, *Welche* Verletzungen/Gefahren sowie dem fünften »W« (nicht gleich wieder auflegen, sondern *Warten* auf eventuelle Rückfragen) –

und gibt auch Hinweise auf etwaige weitere Notruf-Nummern (Gift-Notruf, Frauenhaus, Telefon-Seelsorge). Andere Apps erlauben, die wichtigsten medizinischen Eckdaten (Allergien, regelmäßig eingenommene Medikamente) per Widget auf dem Sperrbildschirm zu hinterlegen, damit im Falle der eigenen Unansprechbarkeit ein guter Freund oder aufmerksamer Anwesender den Notarzt darauf aufmerksam machen kann (der Arzt selbst darf nicht auf das Smartphone zugreifen und sucht so etwas daher dort auch nicht). Ebenso kann sich die Suche nach der nächsten Toilette zu einem Notfall entwickeln, für die es passende Apps gibt (wofür gibt es eigentlich keine?).

2.8.7 Büro, Office & Verwaltung

Office-Apps http://bit.ly/1Zl6JzP

Auch hier ist die ursprüngliche, wesentlich längere Textfassung auf die Website ausgelagert worden, um Platz für Neues zu schaffen.

»Früher« sprach man von Büro-Gebäuden. Heute ist das Büro da, wo man gerade selbst ist. Dummerweise auch nach Feierabend. Schauen wir uns also mal die Ausstattungs-Möglichkeiten an.

QR Droid

Barcode-Reader sind aus dem Android-Alltag kaum wegzudenken: Sei es für die quadratischen QR-Codes oder die »strichförmigen« Barcodes, es lassen sich damit einfach Informationen erfassen und austauschen beziehungsweise Zusatzinformationen einholen. Etwa zu einem Produkt im Supermarkt oder der Veranstaltung auf einem Plakat. Man kann Adress- und Kalenderdaten einfach austauschen. Sogar zur Automatisierung von Aufgaben lassen sie sich einsetzen. Mein Favorit ist hier *QR Droid* (siehe Abbildung 2.34), der das meiste davon beherrscht – nicht nur lesend, sondern auch schreibend. So kann ich beispielsweise meine Kontaktdaten als QR-Code bereithalten, damit mein Gegenüber sie mit einem einfachen »Piep« auf sein Gerät übernehmen kann. Auch habe ich einen solchen Code parat, damit sich Gäste einfach zu meinem WLAN verbinden können – ohne ein ellenlanges Passwort abtippen zu müssen. Die Notiz an der Kühlschranktür wurde allerdings noch nicht durch ein solches »Quadrat« ersetzt.

Financisto

StarMoney http://bit.ly/1WoqQOI

Einen Überblick über sein **Budget** kann man mithilfe seines Androiden ebenfalls behalten: Sei es mit einfachen beziehungsweise auch umfangreicheren Budget-Planern à la *Financisto*, mit vollwertigen Banking-Apps (zu empfehlen in Sachen Komfort und Sicherheit wären die aus dem Hause StarMoney) – oder gar mit Apps zur Beobachtung der (und zum Handeln an den) Börsen, alles vorhanden. Man *kann* also – *sollte* man aber auch?

In den vorangegangenen Kapiteln klang ja bereits mehrfach an, dass ich eher konservativ bin, was persönliche Daten auf dem Smartphone allgemein und speziell auf fremden Servern und in der Cloud betrifft. Das gilt natürlich insbesondere für so sensible Dinge wie Finanzdaten. Daher sei an dieser Stelle nochmals auf eines deutlich hingewiesen: Das

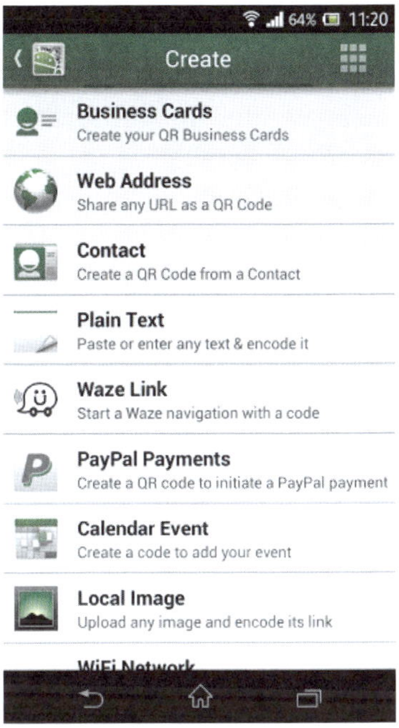

Abbildung 2.34 QR Droid

Risiko eines Missbrauchs ist in diesem Falle größer, als wenn sich selbige Daten lediglich auf dem stationären Rechner daheim (oder gar nur in Papierform im verschlossenen Schrank) befinden. Der Anwender muss also für sich selbst entscheiden, ob er derart sensible Daten überhaupt auf seinem mobilen Gerät haben oder gar der Cloud (und somit fremden Rechnern – einige Apps ermöglichen oder erfordern gar den Upload der entsprechenden Dokumente) anvertrauen möchte.

Business Calendar

Eine **Kalender**-App ist zwar auf jedem Androiden bereits vorinstalliert – in der Regel ist diese jedoch meist weder sehr benutzerfreundlich noch weist sie einen besonderen Funktionsumfang auf. Zum Glück gibt es auch dafür zahlreiche Alternativen, wie etwa den in Abbildung 2.35 abgebildeten *Business Calendar*. Der lässt sich nicht nur sehr angenehm bedienen (inklusive »Copy-and-Paste« von Terminen und flexibler Steuerung der Anzeige per »Pinch-to-Zoom« – Zwei-Finger-Geste), sondern bringt sogar ein eigenes Alarm-System mit – was ihn für mich zum Favoriten macht. Hier lässt sich mehr als nur der Alarmton auswählen: Wie oft und in welchen Intervallen soll der Alarmton wiederholt werden, wenn der Anwender nicht reagiert (ihn also offensichtlich überhört hat)? Neben dem »Okay, hab's vernommen« gibt es zudem die Möglichkeit, den gerade tönenden Alarm zu verschieben. Dafür lässt sich aus zuvor konfigurierten Intervallen auswählen oder auch spontan ein Zeitraum definieren. Und damit wäre allenfalls an

Abbildung 2.35 Business Calendar

der Oberfläche gekratzt. Außerdem stammt diese App aus »deutschem Hause«, sodass auch »Nicht-Fremdsprachler« mit dem aktiven und schnell reagierenden Support keine Probleme haben sollten.

aCalendar

Als Alternative, ebenfalls mit deutschem Support, wäre auch *aCalendar* zu nennen, der sich wiederum voll auf das in Android integrierte Kalendersystem stützt – was die Auswahl oft auf den *Google Calendar* sowie den »lokalen« Kalender beschränkt. Dafür punktet die App allerdings an anderer Stelle: Sie ist relativ leichtgewichtig und kommt auch in der kostenlosen Version komplett ohne Werbung daher. Geburtstage werden in der Tagesansicht gleich mit Kontaktbild eingeblendet, Kalendertermine lassen sich über QR-Codes und NFC austauschen und vieles mehr.

Übersicht: PIM-Sync http://bit.ly/1ZI6JA3

Zusätzliche Features schaltet man sich mit der Kaufversion frei: Erweiterte Einstellungen, Aufgabenlisten, Business-Features wie Einladungen oder die Verwaltung von »frei/belegt«-Zeiten wären nur einige davon. Außerdem tut man dabei gleich noch etwas Gutes: Zehn Prozent seiner Einnahmen reicht *TapirApps* an den *World Land Trust* zum Schutz des bedrohten Wald-Tapirs weiter. Mit jedem Kauf von *aCalendar* erhält dieses Tier circa vier Quadratmeter Lebensraum als Eigentum.

Synchronisieren lassen sich Kalender (und auch Adressbücher) übrigens nicht nur über Google oder Samsung, sondern durchaus auch direkt mit eigenen Ressourcen. Details dazu wieder einmal in der zugehörigen Übersicht.

Passwörter sollen möglichst sicher gespeichert werden. Apps dazu gibt es ja scheinbar wie Sand am Meer – sicher sind diese aber nicht unbedingt. Daher sollte bei der Auswahl dringend ein Blick in die entsprechende Übersicht geworfen werden! Dort werden zwar nicht alle verfügbaren Apps ausführlich vorgestellt, doch die Liste hilft schon einmal, die »potenziell unsicheren Kandidaten« zu eliminieren. Open-Source-Produkten empfehle ich hier den Vorzug zu geben, zum Beispiel *KeePassDroid* beziehungsweise *Keepass2Android*. Beide bieten die Möglichkeit, die eigene Passwort-Datenbank plattformübergreifend synchron zu halten – also nicht nur auf dem Androiden, sondern auch auf dem PC nutzen zu können.

Übersicht: Passwort-Safes http://bit.ly/1WoqNSz

KeePass Droid

Keepass 2Android

Generell vorsichtig sein sollte man in diesem Zusammenhang mit dem Austausch von Passwörtern per Copy-Paste: Auf das Clipboard des Androiden haben auch andere Apps Zugriff. Daher vorher schauen, welche Schutzmaßnahmen der jeweilige Passwort-Safe dagegen bietet.

Office-Pakete mögen sich auf dem Smartphone allenfalls zur Betrachtung von Dokumenten oder vielleicht noch kleineren Korrekturen eignen – doch auf Tablets (gegebenenfalls gar noch mit externer Tastatur) können sie durchaus für ein »mobiles Büro« herhalten. Die meisten Apps in diesem Bereich haben sich jedoch leider voll und ganz (und ausschließlich) auf Microsoft-Formate festgelegt, kaum jemand unterstützt mit ganzem Herzen offene Dokumentenformate wie ODF. Eine rühmliche Ausnahme bilden da die Produkte aus dem Hause *SoftMaker*: Je eine App für Text-, Tabellen- und Präsentationsdokumente bieten vollständige Unterstützung für MS- *und* ODF-Formate, sodass man zu beiden Seiten kompatibel ist. Jede einzelne dieser Apps schlägt allerdings mit knapp sieben Euro zu Buche, wobei es in allen drei Fällen auch eine kostenlose Testversion mit 30 Tagen Laufzeit gibt.

Wikipedia: ODF http://bit.ly/1ZI6JQp

PDF-Dateien lassen sich unter Android sowohl anzeigen als auch erstellen. Vorinstalliert sind passende Apps in den seltensten Fällen – sie lassen sich jedoch in der passenden Übersicht bei *IzzyOnDroid* problemlos finden. Wer sich für die Lektüre ohnehin bereits den dort genannten *Moon+ Reader Pro* zugelegt hat, bekam damit gleichzeitig einen guten und schnellen PDF-Reader – der es auch erlaubt, in den PDF-Dateien Markierungen und Notizen zu hinterlegen. Für die Erstellung von PDF-Dokumenten buhlen zahlreiche Apps um die Gunst des Anwenders; hier muss man jedoch beachten, dass die Verarbeitung fast immer auf einem Server in der Cloud stattfindet – Vorsicht daher mit »brisantem Material«.

Übersicht: PDF http://bit.ly/1WoqQhk

Eine dritte Kategorie sind die »Hosentaschen-Kopierer«, wie beispielsweise der *CamScanner Phone PDF Creator*. Diese fügen in der Regel lediglich mit der Kamera aufgenommene Bilddateien zu einem PDF-Dokument zusammen. Ob dafür »die Cloud« in

CamScanner

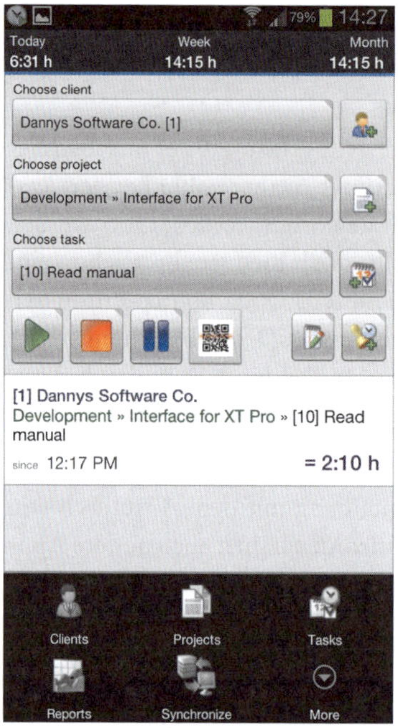

Abbildung 2.36 Xpert Timer

Anspruch genommen wird, muss in jedem Fall einzeln geprüft werden – die »Internet-Berechtigung« mag zwar ein Indiz sein, ist aber nicht unbedingt ein Beleg dafür.

Xpert Timer

Sicher nicht nur für Freiberufler interessant ist das Thema **Zeiterfassung:** Wie viel Zeit habe ich an welchem Projekt verbracht? Diese und ähnliche Fragen beantworten Apps aus der entsprechenden Kategorie. Mein Favorit: *Xpert Timer*. Wiederum steht eine deutsche Firma mit gutem Support hinter dem Produkt, das sich denkbar einfach bedienen lässt – wie eine Stempeluhr: Bei Beginn der Tätigkeit auf START, bei eventuellen Pausen auf PAUSE und bei Feierabend auf STOPP gedrückt. Natürlich müssen vorher einmal Kunde und Projekt erfasst sein – aber dann bekommt man neben zahlreichen Statistiken und Übersichten auch eine Stundenübersicht, die man sogar direkt aus der App heraus verschicken kann. Stundensatz eingetragen? Dann zeigt sich auch gleich, wie es ums Finanzielle bestellt ist. Ein integrierter Barcode-Scanner lässt sich darüber hinaus zur Automatisierung nutzen, indem man ihn zum Beispiel mit bestimmten Projekten verknüpft: Der erste Pieps startet dann die Arbeit an selbigem, ohne dass man es zuvor manuell heraussuchen muss. Projekte lassen sich optional noch in Tasks unterteilen, Reports kann man direkt aus der App heraus verschicken oder auch im HTML- beziehungsweise CSV-Format exportieren.

2.8.8 Augmented Reality

Anders als bei der *Virtual Reality* braucht es hier keine zusätzliche Hardware à la *Google Cardboard*. Bei *Augmented Reality* wird die Realität *erweitert*, nicht ersetzt. Dazu werden mehrere Dinge gemischt: Das Kamera-Bild wird mit weiteren Informationen versehen. Meist mit Daten eines oder mehrerer Sensoren. Oder mit Karten-Informationen. Oder weiteren Informationen zu auf dem Bild ersichtlichen Objekten. Oder einer Mischung mehrerer Komponenten …

Google Cardboard http://amzn.to/1ZI6JQy

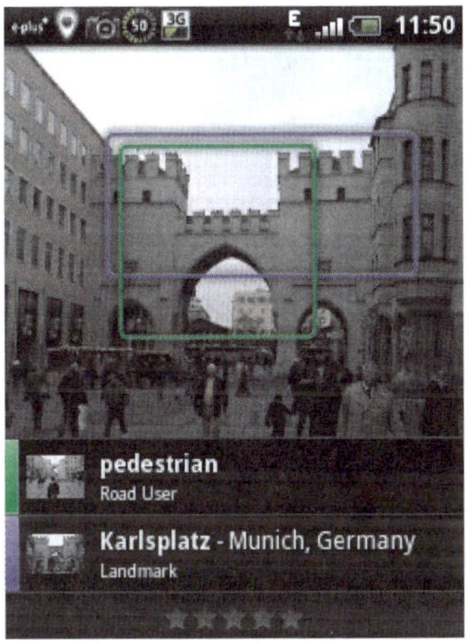

Abbildung 2.37 Google Goggles

Ein gutes Beispiel ist *Google Goggles*. Hier ist *Augmented Reality* eigentlich nur ein Teilaspekt der App, wie im Screenshot in Abbildung 2.37 zu sehen: Wo bin ich eigentlich und was schaue ich da gerade an? Auf Wunsch kann *Goggles* entsprechende Informationen einblenden. Auch ohne aktiviertes GPS (wie hier im Bild); mit GPS sind die Informationen natürlich etwas genauer. Und manche scheint die App auch nur preiszugeben, wenn GPS aktiviert ist.

Google Goggles

Wenn ich schon *Goggles* hier erwähne, dann möchte ich auch noch kurz einige weitere Features der App nennen – im übertragenen Sinne lassen sie sich ja alle in dieser Kategorie unterbringen: Man macht Fotos von realen Dingen – und *Goggles* sagt einem, was man da fotografiert hat: DVDs und Bücher (*Goggles* nennt Titel, Preis und Erwerbsquellen), Logos, Kunstwerke (geniale Sache zum Angeben: Kurzes Foto machen und dann wissend tun, dass van Gogh dieses Gemälde namens … im Jahre …), Barcodes (Produkt-Infos und Kaufangebote), Visitenkarten (Übernahme der Daten in die Kontaktliste) und mehr.

Übersicht: Augmented Reality http://bit.ly/1ZI6JQA

Weitere Möglichkeiten – von GeoTags über Navigation bis hin zu Spielen – finden sich in der Übersicht *Augmented Reality* bei *IzzyOnDroid*.

2.8.9 Fernbedienen und Überwachen

Fern-
bedienung
http://
bit.ly/
1Woq098

Kommen wir uns nicht alle hin und wieder etwas fremdgesteuert vor? Und was fällt uns dazu bei unserem Androiden ein? Das Logischste und Naheliegendste ist, ihn als Fernsteuerung zu benutzen – was das entsprechende Kapitel auf meiner Website ausführlicher beschreibt.

So gibt es verschiedene Apps, die die **Fernsteuerung des PCs** erlauben – für einzelne Programme wie Media-Player, als Ersatz für Tastatur und Maus, aber auch um den kompletten Desktop auf den Androiden zu holen. Die Gegenrichtung ist ebenso möglich. Oder man benutzt den Androiden als **Fernbedienung für Multimedia-Geräte** – seien es Fernseher, Verstärker oder Set-Top-Boxen; das geht sogar so weit, dass man Medien von selbigen auf sein Android-Gerät streamen lässt. Speziell Fernbedienungen fürs TV-Programm kommen dabei oftmals sogar mit einer EPG-Vorschau, sodass man vor dem Umschalten auch sieht, ob sich selbiges überhaupt lohnt. Eine weitere Möglichkeit ist natürlich die Verwendung von **DLNA**: Das Android-Gerät kann dabei als Client, Server und auch Kontroll-Instanz genutzt werden.

AndRovio

Beim Stichwort »Überwachung« denken heutzutage sicher viele an unsere Geheimdienste. Deren Apps kenne ich zwar nicht; jedoch für die **Hausüberwachung und -automatisierung** gibt es zahlreiche Lösungen, welches System auch immer im Einsatz ist: Sei es *HomeMatic*, *ZWave* oder *KNX*, für (fast) alles gibt es eine App. Für Video-Kameras ebenso. Wer Lust hat, kann »ungebetene Gäste« (etwa einen Einbrecher) sogar »automatisch verfolgen lassen«: Mit *AndRovio* und der dazugehörigen Hardware ist auch das kein Problem.

Rovio
Hardware
http://
bit.ly/
1WoqQ08

Zu guter Letzt kümmern wir uns noch darum, wie wir unsere(n) **Server überwachen**. Vom einfachen Website-Monitor über das Monitoring mehrerer Dienste auf einem Server bis hin zu Clients für Nagios & Co gibt es Android-Apps, die uns dabei unterstützen. Ebenso mit dabei: spezielle Überwachungs-Apps für den *Raspberry Pi*.

Lunte gerochen? Feuer gefangen? Mehr Details finden sich bei *IzzyOnDroid* im eingangs erwähnten »Kapitel« – sowie in den Remote-Droide-Übersichten.

Remote-
Droide
http://
bit.ly/
1ZI6LaY

2.8.10 Multimedia: Alles, was Krach macht

Zur Vielseitigkeit unserer kleinen Dauer-Begleiter gehört auch die Wiedergabe multimedialer Inhalte. Im allgemeinen Sprachgebrauch meint das: Audio und Video. Im übertragenen Sinne halt: alles, was Krach macht. Ausführlicher vorgestellt wiederum bei *IzzyOnDroid* – und hier der »Kurzabriss«:

Multi-
media-
Apps
http://
bit.ly/
1WoqOpv

Die wohl gefragteste Gruppe sind sicher die: Warum noch einen **MP3-Player** zusätzlich mitschleppen? Allenfalls aufgrund der Akku-Laufzeit (sonst läuft am Ende nur noch der Träger und schnauft, während das restliche Equipment keinen Ton mehr von sich gibt).

Abbildung 2.38 MoboPlayer

Entsprechend groß ist hier die Auswahl: Die »üblichen Kandidaten« spielen die Musik nach Genres (Tags) beziehungsweise Alben ab. Doch nicht nur Nostalgiker greifen gern zu »Folder Playern«, die sich nach guter alter Manier die Dateien verzeichnisweise vornehmen – für Hörbücher ist dieses Feature schließlich ein »Muss«. Andere Apps wiederum bieten auch das Bearbeiten der ID3-Tags einschließlich Cover-Bildern an oder zeigen den Songtext des gerade abgespielten Titels passend zur Musik. Für das Streaming von Musik aus dem Netz gibt es ebenso Apps wie zur Erkennung des gerade irgendwo laufenden Musikstücks. Die passenden App-Übersichten finden sich hier (siehe QR-Code).

ID3-Tag http://bit.ly/1ZI6Lb6

Mucke alleine reicht nicht – es soll auch auf dem Screen zucken? Kein Thema, auch **Video-Player** für Android sind nicht gerade dünn gesät. Ein richtiger Alleskönner in diesem Bereich ist der *MoboPlayer*: große Format-Vielfalt, Unterstützung für Untertitel und multiple Audio-Streams, Playlists, Streaming aus dem Netz, sortieren, Thumbnails ... Auf den ersten Blick scheint nichts zu fehlen. Auch eine spezielle Vorbereitung der Videos (Konvertierung) soll nicht nötig sein: Zum Einsatz kommt hier die FFMpeg-Engine; alles, was die versteht, kann also abgespielt werden. Und das ist nicht gerade wenig. Leider ist die App aus dem *Play Store* verschwunden; der App-Link führt daher zu *Aptoide*.

MoboPlayer http://bit.ly/1ZI6Lba

FFMpeg http://bit.ly/20eTBPH

Übersicht: Musik http://bit.ly/1WoqOpD

Übersicht: Wecker http://bit.ly/1Qm7KaS

Zum Bereich Multimedia gehören irgendwie auch die **Wecker**. Natürlich ist auf jedem Androiden ein solcher vorinstalliert, der für »das Nötigste« reicht. Aber einmal ehrlich: Vom Hocker haut der uns nicht. Und so gibt es neben den »schnöden« allgemeinen Weckern eine Reihe von teils recht ausgefallenen Spezialitäten: Etwa Wecker, die wie zum Beispiel *Sleep as an Droid* den Schlaf überwachen. Nicht nur kann man sich am nächsten Morgen die Aufzeichnungen ansehen – die App achtet auch darauf, dass sie einen nicht gerade aus der Tiefschlafphase reißt und man Gefahr läuft, »mit dem falschen Bein aufzustehen«. Andere Wecker erlauben das Stummschalten erst, wenn man eine Rechen- oder Rätselaufgabe gelöst – oder der Kamera den zu einem genannten Produkt passenden Barcode serviert hat. Und schließlich wären da noch die ortsbasierten Wecker, die nicht »wann«, sondern »wo« losgehen – zum Beispiel, egal ob Verspätung oder nicht, zehn Kilometer vor dem Zielbahnhof.

Sleep as an Droid

2.8.11 Fotografie

Schlafphasenwecker http://bit.ly/1KpFL3Q

Urlaubserlebnisse möchte man gut festhalten. Zumindest in Bildern. Manch einer schreibt auch noch Urlaubsberichte, ein anderer gar einen vollständigen Report. Für diejenigen, die die Fotos gleich mit dem Androiden schießen wollen, gibt es eine Reihe von passenden Apps – die in ihrem Funktionsumfang oft weit über das Vorinstallierte hinausgehen.

Übersicht: ortsbasierte Wecker http://bit.ly/1Qm7KbO

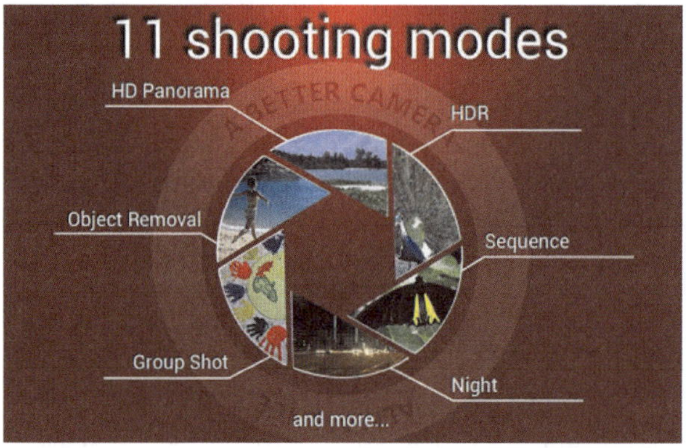

Abbildung 2.39 *A Better Camera* verbindet die Features mehrerer Kamera-Apps.

A Better Camera

So integriert etwa *A Better Camera* die Funktionen mehrerer hervorragender Kamera-Apps. Beispielsweise im Bereich HDR. Einmal ausgelöst macht diese App gleich drei Aufnahmen: Eine davon ist korrekt belichtet, eine unter- und eine überbelichtet. Die unterbelichtete Aufnahme hat den Effekt des Sonnenuntergangs genau getroffen (aber der Rest ist zu dunkel). Bei der überbelichteten Aufnahme sind die dunklen Stellen genau richtig (aber der Rest zu hell) und das »normale Foto« ist halt so lala. Doch die App ist schlau und kombiniert das Beste aus allen drei Aufnahmen – das gibt dann den »Aha-Effekt«. So eine HDR-Aufnahme ist immer dann angesagt, wenn der »Abstand« vom dunkelsten zum hellsten Fleck des Bilds recht groß ist – platt ausgedrückt also: wo viel Licht ist und viel Schatten. *A Better Camera* kann allerdings weitaus mehr: Panoramas, Nachtaufnahmen oder das Entfernen unerwünschter Objekte wären da nur ausgewählte Features. Die App ist eine Kombination aus auch einzeln erhältlichen Apps eines Entwicklers, der für seine gute Qualität im Kamera-Bereich bekannt ist.

Eine Übersicht verschiedener Kamera- und weiterer Foto-Apps findet sich bei *IzzyOn-Droid*. Da gibt es nämlich eine ganze Reihe weiterer Möglichkeiten. Ein wenig achtgeben sollte man aber bei denen, die viele nette Effekte versprechen: So etwas geht leider zu oft auf Kosten der Bildauflösung – besser, man erledigt das bei der Nachbearbeitung am PC. Obwohl es natürlich auch dafür Apps gibt, die sich (etwa auf einem Tablet) durchaus sinnvoll einsetzen lassen.

Übersicht: Foto-Apps http://bit.ly/1QeDWeD

Darüber hinaus gibt es eine Unmenge weiterer Apps für Fotografen. Etwa zur Berechnung des Schärfebereichs (DoF, Depth of Field), von Mondphasen sowie der Zeitpunkte für blaue und goldene Stunden. Zum nachträglichen Einfügen von Ortsdaten (oder der Synchronisation dafür, wenn die Fotos selbst mit einer Spiegelreflex-Kamera gemacht werden) und vieles mehr.

2.8.12 Tools

»Tools« ist ein recht weit gefasster Begriff. An dieser Stelle soll er »technische Helferlein für System-Aufgaben« bedeuten. Und diesbezüglich muss man des Öfteren zu einer Drittanbieter-App greifen:

So bringen beispielsweise nicht alle Geräte einen **Datei-Manager** mit, den man jedoch häufiger einmal benötigt. Und selbst wenn ein solcher bereits vorinstalliert ist, fehlen dem Anwender oft einige Funktionalitäten. Die App-Märkte halten jedoch eine Vielzahl an Alternativen bereit: von einfachen Apps, die sich lediglich um die SD-Karte kümmern, über Datei-Manager für alle lokalen Dateisysteme – bis hin zu solchen, die auch den Zugriff auf den PC oder auf Cloud-Storage ermöglichen. Manche bringen sogar gleich weitere Helferlein mit: etwa einfache Text-Editoren, Bildbetrachter, Video-Abspieler oder die Unterstützung von (ZIP-)Archiven. Der *ES Datei Explorer* wäre ein solcher Allrounder.

Übersicht: Datei-manager http://bit.ly/1U7IGDB

ES Datei Explorer

Eine **Software-Tastatur** ist hingegen auf jedem Androiden vorhanden. Was nicht bedeutet, dass man sich mit dem Vorgesetzten zufriedengeben muss. Je nach persönlichen Vorlieben finden sich in meiner Übersicht durchaus Alternativen, die einen Mehrwert bieten: Tastaturen zum Tippen, Wischen, mit Spracheingabe, Schrifterkennung (kennt noch jemand *Graffiti* vom Palm? Gibt es auch für Android), bessere Unterstützung für

Übersicht: Tastaturen http://bit.ly/1KpFLk8

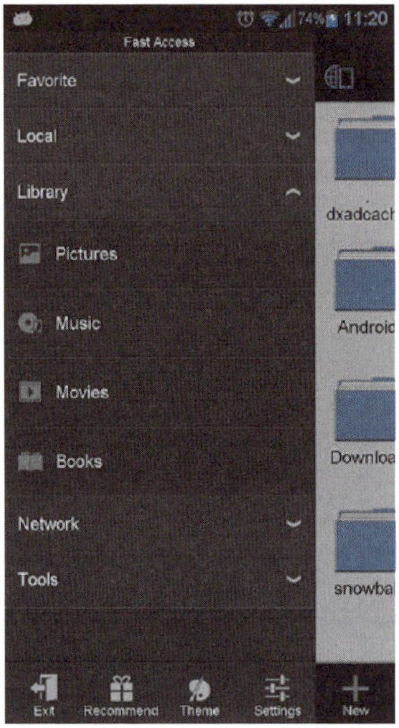

Abbildung 2.40 ES Datei Explorer

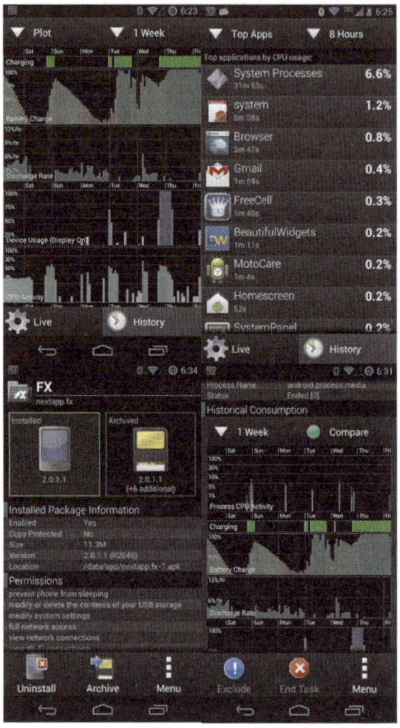

Abbildung 2.41 System Panel

Graffiti

mehrsprachliches Arbeiten, Emotikons – oder gar Unterstützung für externe Tastaturen. Bei der Vielzahl an Apps in diesem Bereich bin ich sogar sicher, den einen oder anderen Kandidaten übersehen zu haben.

Übersicht: System-Info http://bit.ly/1Qm7Kb8

System Panel

Richtig »haarig« wird es, wenn im System einmal etwas »Seltsames« vor sich geht, auf das man sich »keinen Reim machen« kann. Auf diesen Fall sind die wenigsten Android-Geräte vorbereitet. Zum Glück habe ich natürlich eine Übersicht parat, in der sich das Passende finden lassen sollte. Die Palette reicht hier von einfachen **System-Info**-Tools bis hin zu Paketen wie *SystemPanel*, die sich für umfangreiches **Monitoring** eignen. Mit Letzterem lässt sich beispielsweise auch im Nachhinein feststellen, welche App zu welchem Zeitpunkt aktiv war sowie welche Ressourcen sie für welchen Zeitraum belegte (siehe Abschnitt 6.5.4).

Übersicht: Verschlüsseln http://bit.ly/1KpFLkc

Ebenfalls in den Bereich der System-Tools gehört das Thema **Verschlüsselung**. Zwar unterstützt Android seit Version 4 das Verschlüsseln ganzer »Laufwerke« (Geräte-Verschlüsselung) von Haus aus – doch ist dies nicht unbedingt auch das, was der Anwender wünscht. Oft möchte man lediglich einzelne Dateien oder Verzeichnisse verschlüsseln. Auf diese Weise kann man sensible Daten besonders schützen – während weniger Sensibles im einfacheren Zugriff bleibt. Ein Vorteil gegenüber der Geräteverschlüsselung

schlüsselung: Verschlüsselte *Dateien* lassen sich auch relativ »gefahrlos« im Netzwerk speichern – verschlüsselte *Geräte* nicht.

Wer dieses Kapitelchen gern etwas ausführlicher hätte, findet die ursprüngliche Version bei *IzzyOnDroid*.

Tools http://bit.ly/1Qm7Kru

2.8.13 Automatisieren von Aufgaben

Wozu hat man eigentlich einen Hosentaschen-Computer, wenn man dann doch jede Kleinigkeit selber machen muss? Und Mensch ist ja so vergesslich: Wieder einmal das Telefon auf dem Schreibtisch liegen lassen, zum Mittagessen gegangen und die Kollegen hat das dauernde Klingeln »erfreut«? Oder vergessen, vor dem Starten des Navis GPS anzuschalten? Oder ...

Was kann man also tun? Meine Übersicht zum Thema zeigt da etliche Möglichkeiten auf. Da gibt es einfache Apps für einfache Möglichkeiten (und einfache Leute) – und auch richtig komplexe Dinge, die schon ein wenig Einarbeitungszeit benötigen. Egal, was die Wünsche hier sind – dort sollte sich eine passende App finden.

Übersicht: Automatisierung http://bit.ly/1KpFIVH

Hat man einen sehr geregelten Tagesablauf und möchte lediglich zeitgesteuert ein paar »kleine Dinge« erledigt haben – wie nachts in den Flugzeugmodus, morgens wieder

Timeriffic

Llama

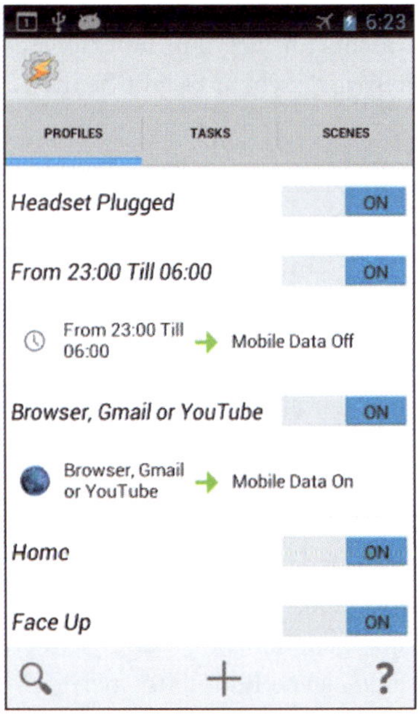

Abbildung 2.42 Tasker

an, und von 9 bis 17 Uhr leise? Dann reicht eine zeitgesteuerte App wie *Timeriffic* völlig aus. Geht jemand oft ins Kino, aber zu unterschiedlichen Zeiten – und da soll der »kleine Quälgeist« gefälligst still sein? Dann greift dieser eher zu einer »ortsgesteuerten« App wie *Llama* – die ebenso Zeit- und Ereignisgesteuertes (Ladegerät angeschlossen, Batteriestand niedrig und so weiter) abdeckt.

Locale

Tasker Sammlung http://bit.ly/1Qm7MzF

Wer das Ganze aber richtig ausreizen will, greift zu Apps wie *Locale* oder besser noch *Tasker* (Abbildung 2.42). Gerade bei Letzterem kann man sich so richtig austoben – den Möglichkeiten sind hier (fast) keine Grenzen gesetzt: Bei Ankunft zu Hause das WLAN aktivieren. Um Mitternacht in den Flugmodus schalten, morgens um 7 wieder zurück und dann auch gleich den Audio-Stream der Lieblings-Internet-Radio-Station (oder ein Random-MP3 von der Karte) auf die Ohren. Wenn der Kopfhörer angeschlossen wird, gleich den Musikplayer starten – und wenn die Navi-App gestartet wird, GPS anmachen. Bei beiden Apps lässt sich die Funktionalität überdies noch mit zahlreichen Plugins erweitern. Meine *Tasker*-Material-Sammlung führt etliche davon auf und verlinkt überdies zu entsprechenden Tutorials, How-tos und Beschreibungen.

2.9 Benutzer und Profile

Android.COM: MultiUser http://bit.ly/1KpFIVN

Android ist mehrbenutzerfähig: Für Tablets gilt dies seit Version 4.2, Smartphones wurde diese Funktionalität mit Version 5.0 spendiert. Es können sich also mehrere Anwender ein Gerät teilen – einem »Familien-Tablet« steht somit nichts im Weg. Für unterschiedliche Szenarien sind sogar unterschiedliche Möglichkeiten vorgesehen: Es gibt Benutzer, Profile und sogar einen »Gastzugang«.

Detailliert beschrieben ist das Multi-User Konzept auf Englisch bei `Android.com`; auf Deutsch findet sich unter anderem ein Artikel im DroidWiki.

DroidWiki: MultiUser http://bit.ly/1Qm7MzK

2.9.1 Benutzer

Ein **Benutzer** erhält eine eigene Daten-Partition sowie einen eigenen Bereich auf der SD-Karte – kann also seine eigenen Apps und Daten verwalten und hat seine eigenen Einstellungen. Der erste eingerichtete Benutzer ist der »Eigentümer« des Gerätes: Nur dieser kann weitere Benutzer anlegen. Die Apps eines Benutzers können im Hintergrund weiterlaufen, während sich ein zweiter Benutzer anmeldet. Jeder Benutzer muss, nachdem er angelegt wurde, zuerst den ganz normalen Einrichtungs-Wizard durchlaufen – als würde ein neues Android-Gerät erstmals in Benutzung genommen. Er kann sein eigenes Google-Konto einrichten, Apps verwalten, hat seine eigene Bildschirmsperre mit PIN, Password oder Pattern und so weiter.

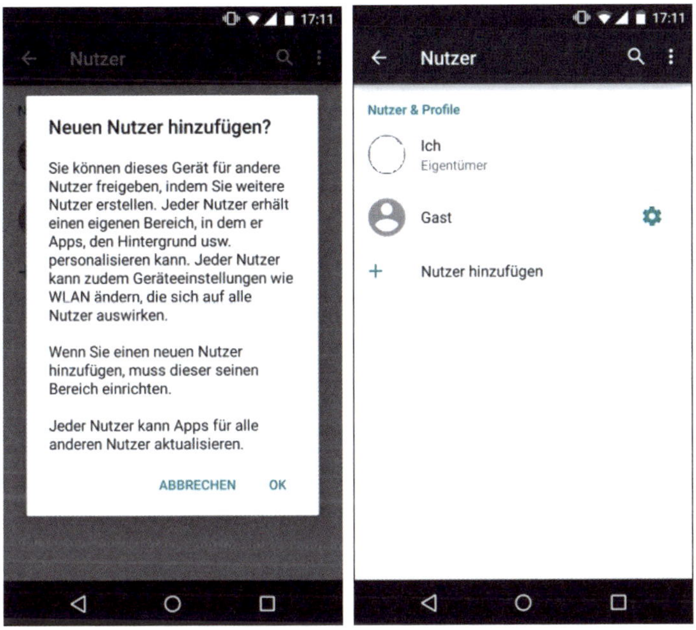

Abbildung 2.43 Benutzerverwaltung

Haben mehrere Benutzer die gleiche App installiert, werden allerdings nur deren Daten getrennt verwaltet – die App selbst wird physisch nur einmal installiert. Gleiches gilt auch für deren Aktualisierungen: Akzeptiert Benutzer A ein Update, erhält Benutzer B selbiges automatisch auch – ob er das will oder nicht. Und zwar einschließlich etwaiger neuer Berechtigungen, die die App sich eventuell genehmigt.

Es gibt unterschiedliche Benutzer-Typen:

- **Primärer Benutzer:** Der »Eigentümer« des Gerätes. Nur dieser kann (unter EINSTELLUNGEN | NUTZER) weitere Benutzer anlegen. Ein primärer Benutzer lässt sich nur durch einen Factory-Reset wieder vom Gerät entfernen.
- **Sekundärer Benutzer:** Das wäre jeder weitere Benutzer, der vom Eigentümer angelegt wurde. Ein sekundärer Benutzer kann sich selbst wieder vom Gerät löschen oder auch vom primären Benutzer entfernt werden.
- **Gast:** Ein Gast ist ein »temporärer sekundärer Benutzer«. Es kann nur jeweils einen geben, und der lässt sich schnell wieder »bereinigen«, indem sich der Gast einfach wieder abmeldet – vergleichbar also mit dem »Inkognito-Modus« eines Webbrowsers oder einer »Kiosk-Installation« in einem Internet-Café. Während der Gast angemeldet ist, kann er das Android-Smartphone fast wie ein »normaler Nutzer« verwenden – einschließlich der Installation von Apps oder der Einrichtung eines Sperrbildschirms. Keine dieser Änderungen überlebt allerdings seinen »Logout«.

2.9.2 Profile

Ein **Profil** ist an einen existierenden Benutzer gebunden und teilt dessen Ressourcen (zum Beispiel WLAN und Bluetooth); ein Benutzer kann mehrere Profile haben. Jedes Profil hat einen eigenen, abgesonderten Speicherbereich für seine Daten.

Für Eltern mit jüngerem Nachwuchs besonders interessant sind »eingeschränkte Profile« (siehe Kapitel 3.8). Diese sind an den primären Benutzer gebunden – der unter anderem entscheiden kann, welche Apps dort zur Verfügung stehen.

Kapitel 3
Sicherheit

3.1 Was brauche ich wirklich?

Anti-Virus, Anti-Malware, Diebstahlschutz … Was braucht es eigentlich wirklich auf dem Androiden? Klar gibt es auch hier wieder für alles eine App – und natürlich auch eine passende Übersicht bei *IzzyOnDroid*. Das Wichtigste sollte man jedoch (hoffentlich) nicht allzu lange suchen müssen:

Übersicht: Anti-Malware http://bit.ly/1KpFJc5

3.2 GMV

GMV sollte bereits im biologischen Speicher vorinstalliert sein. Leider wird es oft mit Worten wie »No risk, no fun!« deaktiviert – was dann meist unschöne Folgen hat. In der Regel taucht der/die Betroffene kurz darauf im Forum auf und öffnet einen Thread mit dem aussagekräftigen Titel »HILFEEEE!« (aha, GMV noch immer deaktiviert).

GMV http://bit.ly/1Qm7MQ6

GMV? Was ist das denn nun wieder? Oh, oh … Das sollte eigentlich jeder haben, zumindest ein wenig davon: **G**esunder **M**enschen**v**erstand. Hilft enorm. Auch gegen »Viren« und »Malware«.

Seien wir doch mal ehrlich: Wie viele Viren gibt es wirklich für Android? Und wie kommen die aufs Gerät? Wie kommt Malware aufs Gerät? Indem man ohne nachzudenken auf alles klickt, was sich bewegt? Indem man eine »böse App« installiert? Die wichtigsten Regeln beachtet, kann so etwas eigentlich kaum passieren. Vor der Installation einer App sollte man sich zum Beispiel folgende Fragen stellen:

- Ist die Quelle vertrauenswürdig?
  - Positiv-Beispiele: *Play Store*, F-Droid, Website des bekannten (!) Entwicklers (siehe auch: »Android Markets: Wie sicher sind alternative Quellen?« bei *IzzyOnDroid*)
  - Negativ-Beispiele: Bei Rapidshare »gefunden«, in einer Tauschbörse aufgetrieben, per eDonkey aus unbekannter Quelle gezogen …

Android Markets http://bit.ly/1U7GNab

- Sehen die Permissions vernünftig aus?
  - Positiv-Beispiele: Ein Webbrowser muss ins Web, eine SMS-App kann natürlich SMS lesen/schreiben/schicken und braucht gegebenenfalls auch (lesend) Zugriff aufs Adressbuch.
  - Negativ-Beispiele: Eine Wallpaper-App braucht in der Regel keine Telefonnummern anzurufen, ein Ballerspiel muss keine SMS senden, ein Taschenrechner nicht auf Konten zugreifen.
  - Besondere Vorsicht: Apps, die auf persönliche Daten (Kontakte, Kalender, Nachrichten) zugreifen und gleichzeitig ins Internet wollen. Leider lässt sich bei Letzterem (Internet) die Frage der Notwendigkeit nicht so einfach beantworten – es könnte auch einfach nur für Werbung-Laden gebraucht werden.
  - Hilfestellung hier: Die Permissions-Liste mit Erklärungen bei *IzzyOnDroid*. Die App-Listen weisen hier auch zusätzlich potenziell riskante Kombinationen aus, die auf der Seite »Concerns« näher erläutert werden.

Permissions http://bit.ly/1KpFJc8

- Was sagen andere Nutzer zur App/zum Entwickler (Bewertungen, Forum)?
  - Auch hier wieder GMV aktivieren. Kommentare wie »Geil!«, »Super« und so weiter sagen nicht wirklich etwas aus (da hat eher jemand bei deaktiviertem GMV einen Kommentar hinterlassen) .
  - Gleiches gilt für manchen negativen Kommentar: Nicht gerade selten passiert es, dass jemand einfach zu blöd war. Oder die Anforderungen der App gar nicht verstanden hat.
  - Nicht alle Bewertungen beziehen sich wirklich auf die App. Die kann schließlich nix dafür, wenn der *Play Store* mal wieder klemmt und daher der Download nicht funktioniert. Oder die HD-Video-App, die mindestens WVGA benötigt, mit dem Motorola Flipout (Mini-Display) im *Play Store* nicht gefunden wird ...
  - Ganz neue App? Noch keine Bewertungen? Im Zweifelsfall im Forum nachfragen, ob schon jemand die App kennt und etwas dazu sagen kann.

Natürlich können andere Apps aus der »Sicherheits-Abteilung« eine gute Ergänzung zu GMV sein. Insbesondere bei Verlust des Geräts (siehe Kapitel 3.5) – denn dagegen macht auch GMV nicht immun.

3.3 Firewall und Antivirus: Worum handelt es sich da eigentlich?

Bevor man versucht, mit Kanonen auf Spatzen zu schießen, sollten vielleicht ein paar oftmals fehlinterpretierte Begriffe geklärt werden. In den Foren taucht häufig die Frage auf: »Welche Firewall/Antivirus-App sollte ich verwenden?« In sehr vielen Fällen ist dem Fragesteller nicht einmal bekannt, was diese Apps eigentlich bezwecken. Daher eine kurze Erläuterung:

Firewall http://bit.ly/1KpFLAG

Eine Firewall hat nicht etwa zum Ziel, den Datentraffic einzuschränken, damit die Flatrate des Nutzers weniger strapaziert wird – auch wenn dies eine nicht unbedingt unerwünschte Nebenwirkung darstellt. Wikipedia beschreibt eine Firewall kurz und bündig als *ein Sicherungssystem, das ein Rechnernetz oder einen einzelnen Computer vor unerwünschten Netzwerkzugriffen schützt*. Hier geht es in erster Linie darum, unautorisierte Zugriffe *von außen* zu unterbinden. Die sind im Mobilfunknetz aber eher zu vernachlässigen, da in der Regel bereits vom Provider unterbunden. Außerdem würde ein Zugriff von außen voraussetzen, dass auf dem Androiden auch »eine Tür offen« ist (das ist jedoch normalerweise nicht der Fall – es sei denn, der User hat sie explizit aufgemacht; also etwa eine FTP-Server-App oder Ähnliches installiert, gestartet und entsprechend konfiguriert). Erst in zweiter Linie geht es um die Gegenrichtung, wobei wiederum der Sicherheits-Aspekt (Datenschutz) im Vordergrund steht. Dieser Part ist es auch, auf den sich Android-Firewall-Lösungen beschränken.

Kurz: Eine Firewall hat unter Android den Zweck, Apps den Netzwerkzugriff generell zu unterbinden.

Die Notwendigkeit einer **Antivirus**-App setzt voraus, dass es auch Viren gibt. Hier möchte ich wieder auf Wikipedia verweisen, wo man sich zumindest die ersten paar Absätze durchlesen sollte. Dort heißt es unter anderem:

Virus http:// bit.ly/ 1Qm7N6G

Ein Computervirus [...] ist ein **sich selbst verbreitendes Computerprogramm**, *welches sich in andere Computerprogramme einschleust und sich damit reproduziert. Die Klassifizierung als Virus bezieht sich hierbei auf die Verbreitungs- und Infektionsfunktion.*

(Die Hervorhebung im Zitat stammt von mir.) So etwas scheitert am Aufbau von Android. Dass sich Apps im *Play Store* als »Anti-Virus« bezeichnen, ist daher ein Widerspruch in sich selbst: »Anti-Malware« wäre korrekter. Doch »Anti-Virus« klingt einfach bedrohlicher – und mit der Angst von Menschen lassen sich nun einmal gut Geschäfte machen. Anders als bei Antivirus-Lösungen auf dem PC findet bei den Android-Pendants nicht etwa ein Signatur- oder gar heuristischer Scan statt; es werden in der Regel lediglich die Paketnamen installierter Apps mit (in einer Datenbank gespeicherten) Paketnamen bekannter Malware abgeglichen (siehe auch entsprechende Artikel Kapitel 3.8).

N-Droid http:// bit.ly/ 1KpFLAL

Slashdot http:// bit.ly/ 1Qm7Kla

Aus meiner Sicht ist der Einsatz solcher Apps eher von fragwürdigem Nutzen. Der Anwender wiegt sich in falscher Sicherheit (»Mir kann ja nichts passieren, ich habe schließlich ein Antivirus!«), und schaltet somit schneller einmal den GMV (siehe Kapitel 3.2) ab. Da die vermeintliche »Schutz-App« jedoch in vielen Fällen nicht greift, erfolgt genau aus diesem Grunde oftmals eine »Infektion«. Wer Anti-Malware-Lösungen jedoch bewusst als zusätzlichen Schutz verwendet, kann durchaus seinen Nutzen daraus ziehen.

3.4 Antivirus und Anti-Malware

avast! Mobile Security

Viren und Malware (nein, hier sind jetzt keine Apps zum Malen gemeint – sondern bösartige, hinterhältige Apps wie Spartaner, äh, Trojaner) lassen sich schwer trennen. Und da es von Ersteren für Android nicht viele gibt, kümmert sich auch eine »reine Antivirus-App« wie selbstverständlich mit um Letztere. Manche dieser Schutz-Apps wollen auch gleich den gesamten Sicherheitsbereich abdecken, wie etwa das recht beliebte *avast! Mobile Security*. Sie will vor Viren und Malware schützen (mit On-Demand sowie Echtzeit-Scans), bietet einen »Privacy Advisor« zum Aufspüren von Apps mit verdächtigen Berechtigungen, einen Filter gegen unerwünschte Anrufe und SMS, eine Firewall und mehr. Sogar ein Datenmonitor und eine App-Verwaltung sind mit an Bord.

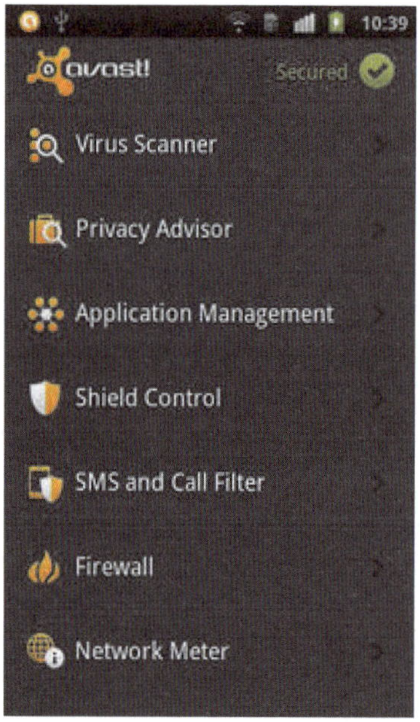

Abbildung 3.1 avast! Mobile Security

Geht das Gerät einmal verloren (das heißt, es wurde entweder verlegt oder ein Langfinger hat es »abgegriffen«), kann man zum Beispiel einen lauten Alarm auslösen (»DIEBE! ICH BIN EIN GEKLAUTES HANDY!« – äh, ich weiß nicht, wie es mit der Auswahl des Sounds aussieht). Oder aber in wilder Panik gleich alle Daten löschen und das Gerät sperren lassen. So was geht einfach per SMS mit dem entsprechenden »Codewort«. Natürlich kann man auch erst mal seinen GMV aktivieren und sich auf der Karte (Google Maps) zeigen lassen, wo sich der Androide gerade herumtreibt. Damit das alles in vollem Umfang funktioniert (insbesondere der Diebstahlschutz), bedarf es allerdings eines Accounts beim Anbieter.

Bei so vielen Features ist jedoch auch die Anzahl der geforderten Permissions entsprechend umfangreich; man sollte also immer überlegen, was man wirklich braucht. Aufgrund meiner Skepsis gegenüber dieser Software-Gruppe möchte ich an dieser Stelle nicht groß auf die zugehörige App-Auswahl eingehen. Auf meiner Website findet sich der Text, mit dem ich das zuvor hier getan habe – und ebenso die zugehörige Übersicht.

Malwareschutz http://bit.ly/1KpFM7L

Übersicht: Anti-Malware http://bit.ly/1KpFJc5

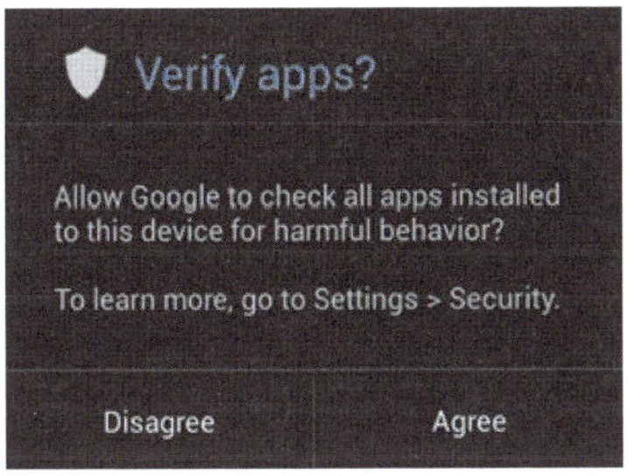

Abbildung 3.2 Malware-Scanner aktivieren?

Mit Erscheinen von Android 4.2 aka **Jelly Bean** wurde übrigens ein Malware-Scanner bereits im System – genauer ausgedrückt, in die *Google Play Services* – integriert: Installiert man erstmals eine App aus »fremder Quelle«, wird man gefragt, ob man dieses Feature aktivieren möchte. Auch bereits installierte Apps lassen sich damit überprüfen – was automatisch im Hintergrund geschieht, sodass der Anwender davon im Regelfall gar nichts bemerkt. Dabei wird anhand der App-Signaturen (jede **APK-Datei** ist mit einer solchen Signatur versehen) mit einer Liste auf den Google-Servern abgeglichen, ob die betroffene App potenziell gefährlich ist. Stellt Googles Cloud-Virenscanner dabei fest, dass es sich bei der zu installierenden App um Malware handelt, wird die Installation abgebrochen. Erscheint die App lediglich verdächtig, erfolgt ein Warn-Hinweis – und der Anwender kann selbst entscheiden, ob mit der Installation fortgefahren werden soll. Details dazu finden sich beispielsweise in einem Artikel bei ZDNet.

ZDNet http://bit.ly/1Qm7KYs

3.5 Bei Diebstahl und Verlust

Eine App, die wirklich gegen Diebstahl und Verlust schützt, muss sicher erst noch erfunden werden. Apps in dieser Kategorie werden also in der Regel erst dann aktiv, wenn das Kind bereits in den Brunnen gefallen ist. Nur ist es dann natürlich für eine Installation meist zu spät – darum sollte man sich also bereits im Vorfeld kümmern!

Wer hierfür keine Apps von Drittanbietern einsetzen möchte, kann oftmals auch auf Services des jeweiligen Geräteherstellers zurückgreifen. Nach einer Registrierung auf der entsprechenden Webseite soll sich auch hier das Gerät bei Verlust wieder aufspüren lassen: Bei aktuellen HTC-Geräten etwa über HTC Sense, bei Motorola via MotoBlur und auch Samsung bietet Entsprechendes an.

Android Geräte-Manager http://bit.ly/1KpFLAO

Ganz unabhängig vom Hersteller gibt es seit August 2013 auch eine Möglichkeit, dies direkt über den eigenen Google-Account zu realisieren – nämlich über den *Android Geräte-Manager*. Die passenden Einstellungen vorausgesetzt, lassen sich die eigenen Geräte über diesen orten. Für den Fall, dass ein Gerät lediglich in der eigenen Wohnung verlegt wurde, kann man es auch zum Klingeln bringen. Eine Löschung sämtlicher Daten auf dem Gerät (etwa bei Diebstahl) ist ebenfalls möglich – sofern man dies zuvor auf selbigem aktiviert hat.

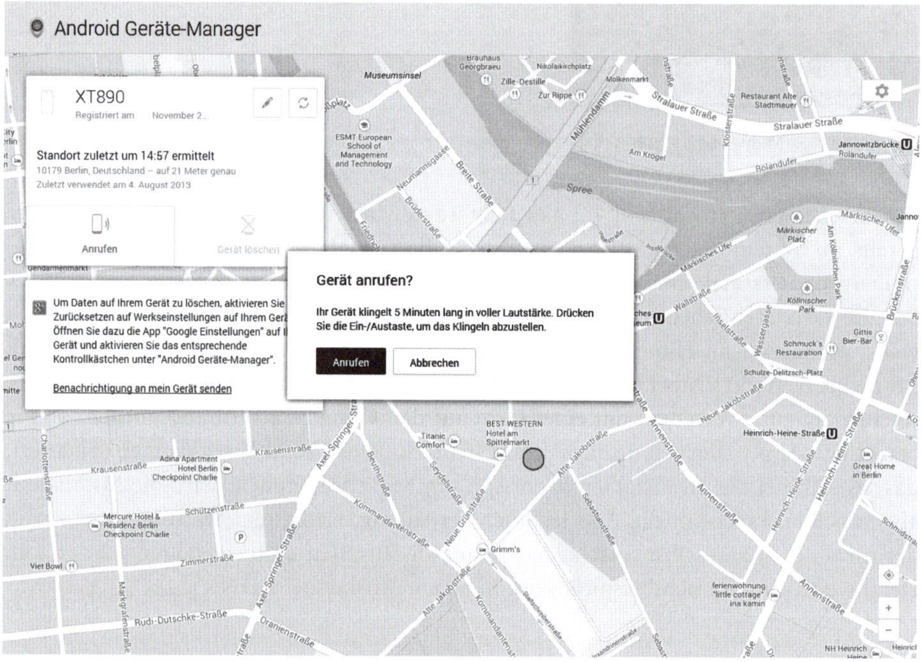

Abbildung 3.3 Android Geräte-Manager (Quelle: AreaMobile)

Google Hilfe http://bit.ly/1KpFLAR

Zu finden sind die zugehörigen Einstellungen auf Android-Geräten ab Version 2.2 (Froyo) in der App *Google Einstellungen* unter *Android-Gerätemanager*.

kein google-mail.com http://bit.ly/1Qm7Nne

Welche Variante auch genutzt wird: Man sollte im Vorfeld prüfen, wie sie funktioniert (und ob sie dies überhaupt tut), damit man im Ernstfall gewappnet ist. Sonst passiert unter Umständen das Gleiche wie in meinem Fall: Mit drei Geräten habe ich den Android-Gerätemanager getestet: Ein Milestone 2 mit Android 2.3.6, ein LG Optimus 4X mit Android 4.0.3 und mein Sieben-Zöller-Tablet Cat Stargate 2 mit Android 4.1.1 traten dazu an. Auf allen drei Geräten waren die Standortdaten aktiviert, alle drei wa-

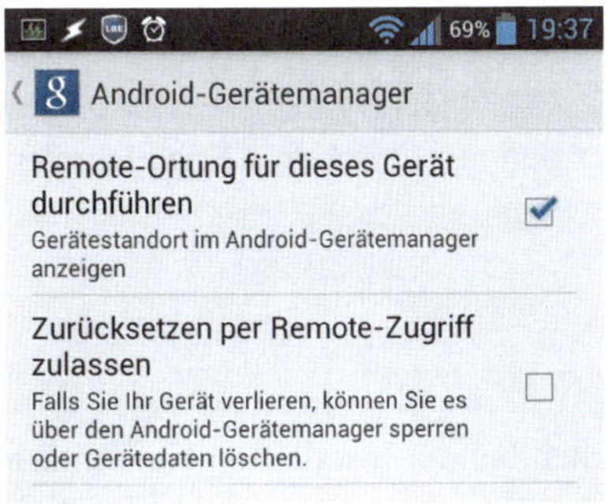

Abbildung 3.4 Gerätemanager-Einstellungen

Abbildung 3.5 Meine Geräte werden nicht gefunden.

ren im WLAN eingebucht, das Optimus hatte sogar GPS aktiviert. Alles, was mir der Gerätemanager am PC mitteilen konnte, war: »Standort nicht verfügbar« (auch die Google-Hilfe konnte dieses Problem nicht lösen: Scheinbar klappt es einfach nicht mit @googlemail.com-Adressen). Was nebenbei erklärt, warum ich mir den Screenshot in Abbildung 3.3 bei *AreaMobile* »borgen« musste. Unnötig zu erwähnen, dass auch das »Klingelnlassen« bei keinem der Geräte funktionierte (was zumindest beim Tablet noch verständlich ist). Wie eine kurze Google-Suche bestätigt, bin ich damit in guter Gesellschaft: Auch so manches Nexus-Gerät kämpft mit diesem Phänomen …

Was aber, wenn das Kind bereits in den Brunnen gefallen und das Gerät verschwunden ist, bevor man eine der genannten »sichernden Maßnahmen« treffen konnte? In diesem Fall helfen Apps wie *Android Lost* – vorausgesetzt, der Akku ist noch ausreichend gefüllt und das Gerät mit dem Datennetz des Anbieters verbunden. Dank Remote-Installations-Feature lässt sich die App dann nämlich auch noch aus der Ferne installieren, indem man die App-Seite im *Play Store* besucht und dort den INSTALL-Button drückt. Das löst einen sogenannten »Push Install« aus – der *Play Store* »schiebt« die App auf das Gerät.

Android Lost

Nach erfolgreicher Installation sollte sich der Androide nun von der Android-Lost-Website aus per SMS steuern lassen, wofür eine ganze Reihe von Befehlen verfügbar sind. Darunter befinden sich solche, die still und unbemerkt im Hintergrund ablaufen (zum Beispiel einen Status-Bericht anfordern, GPS anschalten und die aktuelle Position mitteilen, eine Tonaufnahme der Umgebung starten – oder die SD-Karte löschen beziehungsweise gleich einen Wipe durchführen) –, aber auch andere, die gar nicht unbemerkt bleiben sollen (Alarmsound abspielen, das Gerät einen Text sprechen (»Komm nach Hause, Kleiner!«) oder auf dem Display anzeigen lassen). Über die Website kann man ebenfalls auf die Inhalte seines Geräts zugreifen und so noch wichtige Daten in Sicherheit bringen beziehungsweise löschen. Das Gerät lässt sich von hier aus

Android-Lost Website http://bit.ly/1KpFM7U

sogar steuern – was besonders für Tablets ohne SMS-Funktionalität interessant sein dürfte.

Das alles setzt natürlich voraus, dass der Langfinger den auf dem Gerät eingerichteten Google-Account dort noch nicht gelöscht hat.

3.6 Worauf Apps Zugriff haben

Wer hat sich nicht schon einmal gefragt, was eigentlich bei der Installation einer neuen App aus dem *Play Store* der seltsame Hinweis sagen möchte: »Diese App darf auf Folgendes zugreifen:« – gefolgt von einer teilweise recht langen Liste komischer Dinge? Nun: Der so Fragende ist hier genau richtig. Zu viele Benutzer ignorieren das nämlich einfach, ohne darüber nachzudenken. Und am Monatsende ist die Überraschung dann gelungen, wenn beim Blick auf die Mobilfunkrechnung die Frage aufkommt: »Moment – ist das jetzt der Betrag oder die Kontonummer für die Überweisung? Wer hat denn da so viele Premium-SMS ... und all die Anrufe bei 0900-*???«

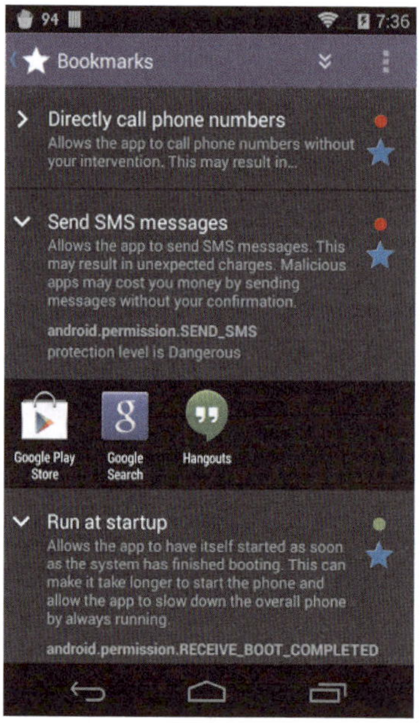

Abbildung 3.6 aSpotCat

aSpotCat

Was also darf eine App? Oder, anders herum gefragt: Welche App darf denn ...? Auf beide Fragen gibt zum Beispiel *aSpotCat* gute und aussagekräftige Antworten. Ein kleiner Punkt neben dem entsprechenden Eintrag zeigt nämlich jeweils an, wie schwerwiegend der *potenzielle* Schaden ist, der mit der jeweiligen Berechtigung angerichtet werden *könnte*. Was natürlich nicht heißt, dass die jeweilige App das auch tut – denn natürlich muss eine SMS-App SMS verschicken können, sonst ergibt sie ja wirklich wenig Sinn. Eine Wallpaper-App hingegen muss das nicht unbedingt.

Außerdem erklärt die App, wofür die entsprechende Permission eigentlich gedacht ist. So hat man diese Information gleich im passenden Kontext. Eine kurze Übersicht mit ausgewählten Permissions sowie einer kurzen Beschreibung derselbigen findet sich übrigens auch im Anhang A; umfangreicher und ständig aktualisiert steht diese bei *IzzyOnDroid* zur Verfügung. Und eine Liste alternativer Apps zum Thema, wie gewohnt, ebenfalls bei *IzzyOnDroid*.

Permissions http://bit.ly/1KpFJc8

Übersicht: Permissions http://bit.ly/1Qm7NDy

Wer sich bereits vor der Installation absichern möchte, keine Apps mit unerwünschten Berechtigungen auf sein System zu lassen, wirft am besten einen Blick auf die unter »Play-Store-Ergänzungen« (siehe Abschnitt 2.2.4) bereits beschriebene App *StripSearch*, mit der sich schon im *Play Store* das Suchergebnis entsprechend filtern lässt. Wie man Apps im Nachhinein ausgewählte Berechtigungen wieder entzieht, wird unter »Zugriffe sperren: Firewalls & Permission-Blocker« (siehe Kapitel 6.7) beschrieben.

3.7 Apps vor unbefugtem Zugriff schützen

Der Mensch ist von Natur aus neugierig. Was per se nicht schlecht ist – denn dieser Neugier haben wir so manche Entdeckung zu verdanken. Unschön wird es erst, wenn dabei die Privatsphäre verletzt wird. Wie kann man sich also vor »Schnüfflern« schützen?

Zunächst einmal bringt Android von Haus aus entsprechende Schutzmechanismen mit. So lässt sich konfigurieren, dass bei jedem Einschalten des Displays zunächst ein Pin-Code beziehungsweise Passwort eingegeben oder ein Entsperrmuster gezeichnet werden muss. Ab Android 4.0 ist auch eine Gesichtserkennung zur Entsperrung möglich. Die entsprechenden Einstellungen finden sich im Menü STANDORT & SICHERHEIT | DISPLAY-SPERRE EINRICHTEN.

Nicht immer möchte man jedoch das komplette Gerät sperren. Gibt man das Gerät zeitweilig aus der Hand, sollen bestimmte Apps aber unangetastet bleiben: Der Gast soll beispielsweise keine neuen Apps aus dem *Play Store* installieren und auch die Finger von der einen oder anderen App lassen. Während sich ab Android 4.2 für solche Fälle ein Gast-Zugang einrichten lässt, können auch in früheren Versionen App-Locker gute Dienste leisten.

Übersicht: App-Locker http://bit.ly/1KpFLAU

So kann beispielsweise *Smart App Protector* jede App mit einem »Zugangscode« versehen – ohne den sich selbige nicht mehr starten lässt. Das kann ein Pin-Code, ein Muster, ein Passwort oder auch eine »Geste« (einfache Fingerzeichnung auf dem Display) sein. Geht der Bildschirm aus, während eine entsperrte App geöffnet ist, muss der Zugangs-

Smart App Protector

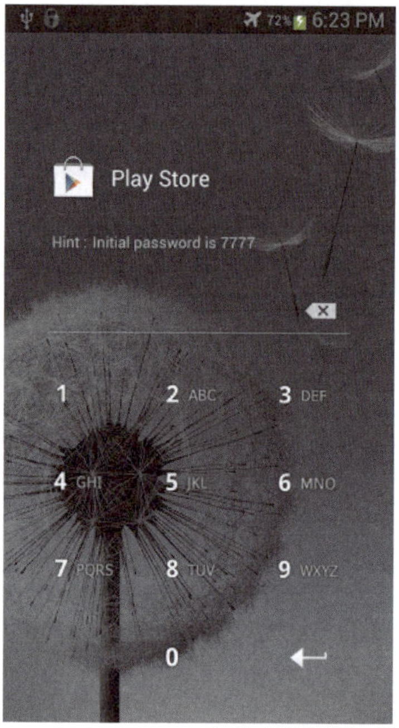

Abbildung 3.7 Smart App Protector

code erneut eingegeben werden. Natürlich startet sich diese App automatisch nach dem Booten, damit der Schutz auch nicht einfach umgangen werden kann.

Im *Play Store* ist *Smart App Protector* überdurchschnittlich gut bewertet. Bedenklich stimmen lediglich die verlangten Berechtigungen zum Tätigen von Anrufen, Abfangen ausgehender Anrufe sowie dem Empfangen von SMS, die laut App-Beschreibung für das Sperren ein- und ausgehender Anrufe beziehungsweise zum Sperren aus der Ferne (»Remote Lock by SMS keyword«) gedacht zu sein scheinen. Wem dies Bauchschmerzen bereitet, der findet in der oben genannten Übersicht eine ganze Reihe von Alternativen, die Ähnliches leisten.

3.8 Kinderschutz

Kinderschutz ist ein ganz eigenes Thema, das ich mit diesem Abschnitt allenfalls anreißen kann. Den »politischen Teil« (ab wann sollte ein Kind überhaupt ein Smartphone bekommen und so weiter) möchte ich dabei bewusst außen vor lassen – diese Entscheidung lässt sich weder pauschal noch gar »von oben herab« treffen, sondern ist eine »private Angelegenheit« zwischen den jeweiligen Eltern und Kindern. Je früher man

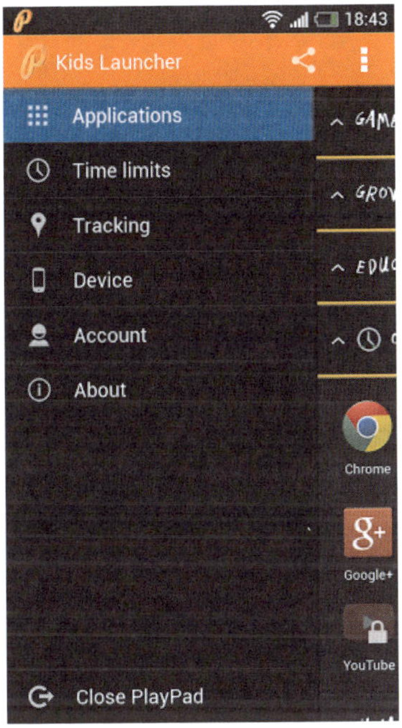

Abbildung 3.8 Parental Control

den Nachwuchs an diese Technik heranführen möchte, desto größer sind jedoch auch die Ansprüche an das Thema Sicherheit.

Zum Glück lassen uns die Entwickler mit diesem Thema nicht im Dunkeln sitzen – und die zugehörige Übersicht bei *IzzyOnDroid* gibt uns eine ganze Reihe Apps an die Hand. Herausgreifen möchte ich hier *Parental Control*. Diese App erlaubt neben dem Sperren von Apps auch das Einschränken der Nutzungsdauer nicht gesperrter Apps (um beispielsweise nächtliches Spielen unter der Bettdecke zu unterbinden).

Übersicht: Kinderschutz http://bit.ly/1Qm7NDH

Je nach Altersgruppe können jedoch auch andere Kriterien entscheidend sein. So gibt es etwa auch Kinderschutz-Apps, die festlegen lassen, zu welchen Zeiten telefoniert/gesimst werden darf, welche Kontakte überhaupt dafür infrage kommen und anderes.

Parental Control

Kommt auf dem Gerät bereits Android 4.3 oder neuer zum Einsatz, bedarf es in der Regel keiner Drittanbieter-Apps mehr. Eine mit dieser Version eingeführte Neuigkeit nennt sich »eingeschränkte Profile«. Gab es ab Android 4.2 bereits die Möglichkeit, mehrere Benutzer auf einem Tablet zu nutzen (siehe Kapitel 2.9) (für Telefone war dies ursprünglich nicht gedacht, wurde jedoch mit Android 5.0 nachgeliefert), lassen sich deren Rechte nun auch vom »Besitzer« anpassen. So kann man einzelne Apps sperren oder auch In-App-Käufe unterbinden. Um diese Funktionalität zu nutzen, muss lediglich unter EINSTELLUNGEN | BENUTZER | HINZUFÜGEN statt eines neuen Benutzers ein neues eingeschränktes Profil erstellt werden.

Einen kleinen Haken hat die Sache noch: Die feiner granulierten Berechtigungen (etwa welche Inhalte in Apps nicht angezeigt werden sollen) funktionieren nur, wenn die jeweiligen App-Entwickler auch die entsprechende Unterstützung in den Apps implementiert haben. Hier sollte man sich daher nicht blind auf das Funktionieren verlassen, sondern gegebenenfalls detailliert prüfen.

3.9 In fremden Netzen

Neben den Apps gibt es auch andere Dinge, die sich von außen ihren Weg auf unsere Androiden bahnen wollen. Um beispielsweise Daten auszuschnüffeln oder andere böse Dinge anzustellen. Die Rede ist von »Angriffen aus dem Netz«. Während man im »mobilen Datennetz«, dem heimischen WLAN oder dem WLAN der Firma noch relativ sicher vor selbigen ist, lässt sich das für sogenannte »offene WLANs«, wie sie häufig in Hotspots anzutreffen sind, nicht unbedingt behaupten: Hier kann sich schließlich jeder anmelden, eine Prüfung findet kaum statt.

Sind zwei Geräte im selben Netz (hier: WLAN) unterwegs, können mit passender Software alle Pakete des einen Gerätes mit dem anderen inspiziert werden. Im Klartext übertragene Daten (etwa bei Benutzung des unverschlüsselten HTTP-Protokolls) lassen sich im Gegensatz zu verschlüsselt übertragenen (etwa **HTTPS**) auch im Klartext auslesen. Das können lapidare Dinge wie besuchte URLs sein – aber auch auf Webseiten eingegebene Passwörter und andere Sachen. Auf diese Weise kann sich der Schnüffler also Zugang zu fremden Benutzerkonten verschaffen! Und da so mancher aus Bequemlichkeit die gleiche Benutzername-Passwort-Kombination für verschiedene Konten nutzt, kann das recht böse enden.

Worauf sollte man also besonders achten und wie kann man sich schützen?

- Insbesondere in offenen WLANs die Übermittlung vertraulicher Daten möglichst vermeiden
- Darauf achten, dass Daten (besonders Passwörter) verschlüsselt übertragen werden. Beim Browsen im Web beispielsweise weist ein »**https**://« (anstelle eines einfachen »http://«) am Anfang einer URL auf eine verschlüsselte Verbindung hin (das »s« steht für »secured«, also »abgesichert«).
- Hintergrunddaten besser abschalten – besonders diejenigen, bei denen vertrauliche/private Daten übermittelt werden und bei denen man nicht sicher ist, ob die Übertragung verschlüsselt geschieht. Im Zweifelsfall einfach die Hintergrunddaten komplett deaktivieren, während man sich in fremden Netzen herumtreibt.

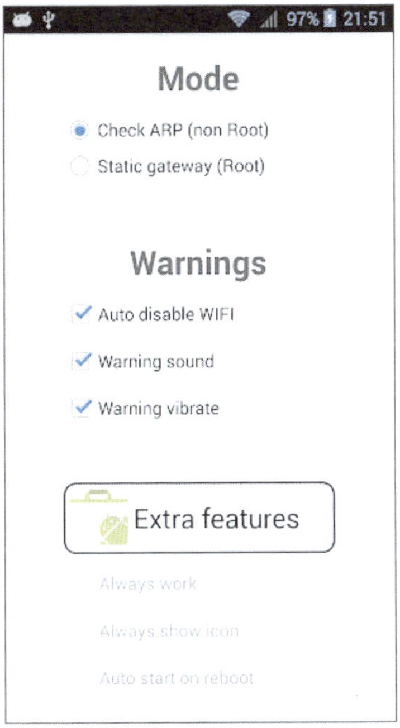

Abbildung 3.9 ARP Guard

Zu finden ist das passende Schalterchen je nach Android-Version entweder unter EINSTELLUNGEN | KONTEN & SYNCHRONISIERUNG oder EINSTELLUNGEN | DATENVERBRAUCH und ist treffenderweise meist auch mit HINTERGRUNDDATEN beschriftet.

- Wer des Öfteren auf die Nutzung fremder Netze angewiesen ist, sollte über die Einrichtung eines **VPN** nachdenken. Android unterstützt das von Haus aus.

ARP Guard

Eine weitere Schutzmöglichkeit bietet zum Beispiel die App *ARP Guard*. Diese überwacht die eigene Netzwerk-Schnittstelle auf Angriffsmuster bekannter Übeltäter wie **DroidSheep**, **FaceNiff** und Co. Wird ein solcher entdeckt, erfolgt sofort eine Benachrichtigung und der Vorgang wird protokolliert. Wer auf »Nummer sicher« gehen will, kann in einem derartigen Fall auch gleich die Verbindung kappen lassen und so dem Angreifer den Spaß verderben.

Spiegel Online: WLAN http://bit.ly/1KpFLRf

Einige der zum Thema Anti-Malware (siehe Kapitel 3.4) erwähnten »Rundum-sorglos-Pakete« versprechen auch, generell beim Surfen zusätzliche Sicherheit zu bieten – indem sie etwa vor potenziell gefährlichen Seiten (die in einer Datenbank gespeichert sind) warnen.

Lifehacker: WiFi http://bit.ly/1Qm7Lfb

Einen ausführlichen Artikel zu diesem Thema bietet unter anderem *Spiegel Online*. Auch wenn sich dieser hauptsächlich auf Windows-Laptops bezieht, lassen sich die meisten Tipps direkt auf Android übertragen. Wer des Englischen mächtig ist, mag darüber hinaus bei *Lifehacker* vorbeischauen, wo sich gleich eine ganze Reihe relevanter Artikel findet.

Smart Home Hacking http://bit.ly/1KpFM7Y

Dass Gefahr nicht nur in fremden Netzen droht, zeigt ein Artikel bei *Heise*: Immer weiter geht unsere Vernetzung. Haben wir unsere eigenen Komponenten nicht genügend gesichert, können »Außenstehende« ohne großen Aufwand unseren Whirlpool an- und das Licht ausschalten. Unter anderem.

Kapitel 4
Privatsphäre

Da sitzt man nach einem arbeitsreichen Tag beim Abendbrot (oder, als Schichtler, nach arbeitsreicher Nacht beim Frühstück), im Hintergrund läuft die Lieblingsmusik. Man beginnt, sich langsam zu entspannen. Und plötzlich klingelt das Telefon. Wer mag das sein? Sicher Sascha (oder Mascha), ein angenehmer Plausch war ohnehin längst fällig. Also freudig zum Hörer gegriffen, und … Nix Sascha, nix Mascha. Am anderen Ende meldet sich eine Firma, von der man zuvor nie gehört hat, und möchte einem etwas verkaufen. Woher haben die schon wieder meine Nummer? Oder die Absender all der an mich persönlich adressierten Werbepost, mit denen ich zuvor ebenfalls nie das »Vergnügen« hatte …

Auch in den »News« hört und liest man immer wieder von Skandalen mit Adresshandel. Oder von Hackern, die wieder einmal die Datenbank eines größeren Unternehmens kopiert haben und somit nun in Besitz sämtlicher Kundenstammdaten sind. Wofür sie die erbeuteten Daten verwenden werden, darüber wollen wir besser nicht nachdenken: Verkaufen? In unserem Namen auf »große Einkaufstour« gehen? Mit den gestohlenen Identitäten gar Straftaten begehen?

Sollten die Firmen unsere ihnen anvertrauten Daten nicht besser schützen? Diese und ähnliche Fragen werden immer dann laut, wenn ein solcher Skandal an die Öffentlichkeit gelangt. Doch spätestens, wenn es zu Smartphones (und Tablets) kommt, sei eine weitere Frage erlaubt: Was tun wir eigentlich selbst für den Schutz unserer Privatsphäre? Wie viele Daten geben wir freiwillig (und oftmals ohne nachzudenken) preis?

4.1 Privacy First?

Schon bei der Ersteinrichtung eines Google-Accounts auf einem Android-Gerät wird uns eine passende Frage serviert: »Möchten Sie Ihre Daten auf Google-Servern sichern?« Ja, welche Daten sind das denn? Sehr viel wird dazu nicht mitgeteilt. Die Rede ist hier vom »Google Cloud Backup (siehe Abschnitt 2.3.3)« – und gesichert werden neben den Anwendungsdaten von Apps (die dies explizit unterstützen müssen, was bei Weitem nicht alle tun) und der Liste installierter Apps auch diverse System-Einstellungen, Anruflisten, Browser-History, WLAN-Passwörter und einiges mehr. Es sind also durchaus einige Daten darunter, die als »sensibel« betrachtet werden können. Und mit Fug

Eric Ries (Seeking Alpha): Trading your Privacy http://bit.ly/1Qm7NDP

und Recht darf man davon ausgehen, dass Google uns diese Gratis-Dienstleistung nicht aus rein altruistischen Gründen zur Verfügung stellt:

»Wenn man ein Produkt gratis bekommt, ist man nicht der Kunde. Man ist das Produkt. Der Bauer betreibt seine Farm nicht für das Vieh.« (Eric Ries)

Abbildung 4.1 Daten auf Google-Servern sichern?

Natürlich lassen sich diese Daten für gezielte Werbung verwenden: Welche Webseiten hat man besucht? Mit wem steht man in Kontakt? Auch die bevorzugten Einstellungen des Systems verraten einiges über unsere Vorlieben. Das alles ist mit unserem Google-Account verknüpft – über den übrigens auch unser E-Mail-Verkehr läuft, sofern dafür *GMail* zum Einsatz kommt.

Damit stehen wir zwischen zwei Fronten. Die Einen sagen: »Meine privaten Daten gehen niemanden etwas an! Ich möchte davon nichts in der Cloud sehen!« Während den Anderen das völlig egal ist: »Ich habe schließlich nichts zu verbergen.« Wie pflegt mein Vater immer zu sagen: »Ein weites Feld, Luise.« Und so ist es auch: Es gilt immer abzuwägen, wie viel Privatsphäre wir für mehr Bequemlichkeit zu opfern bereit sind.

Zum Glück werden wir ja explizit gefragt: »Möchten Sie Ihre Daten auf Google-Servern sichern?« Da respektiert also offensichtlich jemand unsere Privatsphäre. Wir können also hier einfach »Nein« sagen und kümmern uns um unsere Datensicherung selbst (siehe »Datensicherung« (siehe Kapitel 2.3); wer diese Einstellungen im Nachhinein anpassen möchte, findet sie unter EINSTELLUNGEN | SICHERUNG & ZURÜCKSETZEN).

Denken wir zumindest. Doch was Google in diesem Zusammenhang von Privatsphäre hält, stellt unter anderem ein Artikel bei Phandroid klar (übrigens mit einem erstklassigen Microsoft-Werbe-Video garniert). Grob übersetzt heißt es dort:

Phandroid: Gmail concerns http://bit.ly/1KpFMoe

In einer gegen Google vor dem United States District Court für Nord-Kalifornien verhandelten Sammelklage gab Google zu Protokoll: Seine Nutzer sollten davon ausgehen, dass alles, was elektronisch über Google-Server ausgetauscht wird, Freiwild zur Nutzung für Werbung oder auch andere Zwecke ist.

4.2 Kontakte und Kalender

Und so erfassen wir freudig unsere Kontakte und Termine mit dem neuen Android-Gerät. Macht sich richtig gut, so haben wir überall Zugriff darauf – schließlich ist das Smartphone ja immer dabei. Und das Tablet zumindest einfacher mitgenommen als der heimische Computer oder Laptop. Doch spätestens, wenn ein zweites Android-Gerät mit dem gleichen Google-Account eingerichtet (oder die Web-Variante von *GMail* besucht) wird, staunt man nicht schlecht: Hoppla – wie kommen denn die ganzen Daten hierher?

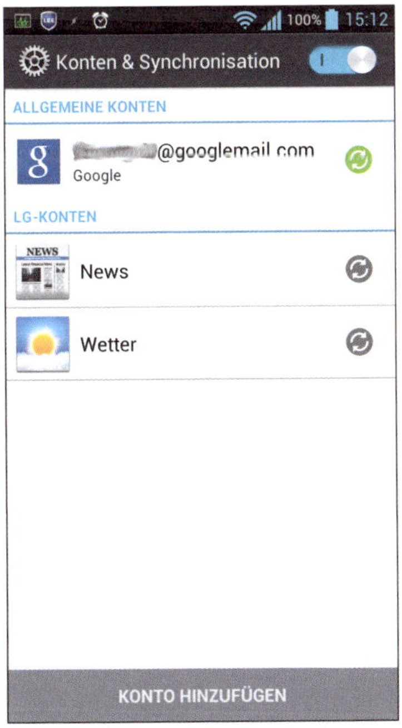

Abbildung 4.2 Konten & Synchronisation

Adressen und Termine erscheinen wie von Geisterhand auf dem neuen Gerät – obwohl man doch die Frage, »Möchten Sie Ihre Daten auf Google-Servern sichern?«, mit einem definitiven »Nein!« beantwortet hat?

Das sind also entweder keine »Daten« – oder die »Synchronisation« von Kalendern und Adressbüchern ist etwas grundlegend anderes als »sichern«. Denn hier wird man nicht ausdrücklich um Genehmigung gebeten. Der »Wunsch« wird einfach vorausgesetzt. Natürlich nur zu unserem Besten, damit uns die Daten nicht verloren gehen. Doch nicht nur Paranoiker wissen, dass sich Kontakte und Kalenderdaten natürlich unter anderem vorzüglich zur Personifizierung von Werbung eignen können. Wenn etwa jemand zwei Mal wöchentlich einen Termin im Sportverein hat, interessiert er sich für Sport – oder benötigt Sportkleidung, Fitness-Artikel und so weiter.

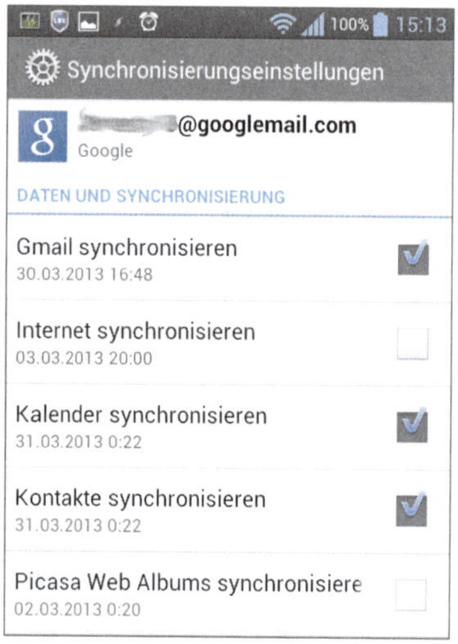

Abbildung 4.3 Was soll synchronisiert werden?

Die zugehörige Einstellung findet sich auf dem Android-Gerät unter EINSTELLUNGEN | KONTEN & SYNCHRONISATION. Und zwar für jeden eingerichteten Account separat. Ein grünes Symbol (das verdächtig an Recycling erinnert – uns also die Wiederverwendbarkeit unserer Daten vor Augen halten sollte) zeigt an, dass zumindest Teile dieses Kontos synchronisiert werden. Tippt man den Eintrag (nicht das Symbol) an, offenbaren sich die synchronisierten Details: Kalender, Kontakte, *GMail* und mehr. Jeder Eintrag wieder mit dem bereits erwähnten »grünen Punkt« oder, wie in Abbildung 4.3, einem einfachen Häkchen. Wer also seine Termine oder Kontaktdaten nicht auf fremden Servern sehen möchte, muss das hier explizit deaktivieren. Also nichts mit »Privacy First«.

Wer nun denkt, jetzt hätte man sie alle erwischt: Offensichtlich nicht. Einstellungen zur Privatsphäre scheinen bunt über das Gerät verstreut zu sein. So fand ich gerade in der App *Google Einstellungen* einen interessanten Punkt namens SMART LOCK FÜR PASSWÖRTER. Ein neugieriger Blick hinein verriet mir, was dort aktiviert war: »... ermöglichen Sie es, dass die Passwörter Ihrer Apps und Websites in Ihrem Google-Konto gespeichert werden.« Wie gut, dass ich (mit Ausnahme des Play-Store-Accounts) auf dem Gerät keines meiner Passwörter benutzt habe! Anderen bleibt unter Umständen nur die Hoffnung, dass zumindest dies an die globale Google-Backup-Einstellung gebunden ist. Weiteres findet sich zum Beispiel bei *Stack Exchange*.

Damit kein falscher Eindruck entsteht: Natürlich hat es seine Vorteile, wenn die betroffenen Daten zum einen gesichert und zum anderen von verschiedenen Geräten aus gleichermaßen zur Verfügung stehen. Die Entscheidung, ob man dies möchte (und wenn, ob dies über den Google-Service oder aber über Lösungen von Drittanbietern umgesetzt wird), sollte jedoch dem Anwender überlassen werden. Und zwar nicht über ein »Opt-out«, sondern per »Opt-in«: Wer es gern hätte, aktiviert es. Wie im vorigen Abschnitt: »Möchten Sie, dass Ihre Kontakte, Termine, ... über Google-Server synchronisiert werden?«

Google Account Privacy http://bit.ly/1Qm7NU8

4.3 Ortsdaten

Google weiß immer, wo wir sind. Oder wo wir wann waren. Denn diese Daten werden über die sogenannten »Location Services« (zu Deutsch: Ortsdienste oder Standortdienste) von uns bereitgestellt. Unter EINSTELLUNGEN | STANDORTDIENSTE kann man konfigurieren, was genutzt werden soll. Klar, GPS kommt ganz ohne die Google-Cloud aus, wenn es separat genutzt wird. Doch bereits bei AGPS (Assisted GPS) kommen externe Datenbanken ins Spiel: Anhand der IDs gerade genutzter Mobilfunkzellen wird dabei der ungefähre aktuelle Standort ermittelt, um so den Aufbau der Verbindung zum Satellitennetzwerk zu beschleunigen.

Abbildung 4.4 Standortdienste

Ähnlich sieht es beim *Google Standort Dienst* aus. Hinter diesem steht eine Google-Datenbank, in der die Positionen von Mobilfunk-Masten und WLAN Access Points gespeichert sind. Auf selbige muss das Gerät also zugreifen – wobei durchaus die Geräte-ID oder das verwendete Google-Konto preisgegeben werden können. Und schließlich fragt man sich sicher nicht zu Unrecht, was es wohl mit den »anderen Services« auf sich haben mag, für die der Standort Verwendung finden soll.

Achtung bei Geräten mit Android 4.4 und neuer: Diese haben noch einen weiteren, versteckten Schalter für die Ortsdienste. Zu finden ist er unter EINSTELLUNGEN | WLAN | ERWEITERT und möchte »Auch bei deaktiviertem WLAN nach Netzwerken scannen«.

Ebenfalls interessant ist in diesem Zusammenhang der Ortsdaten-Cache, der zur Beschleunigung der Standort-Ermittlung Verwendung findet. Wer gerade noch an der Weltzeit-Uhr auf dem Berliner Alexanderplatz stand, kann sich schließlich fünf Minuten später kaum bereits am Londoner Trafalgar Square befinden. Bis zur genauen Ortsbestimmung darf also getrost zunächst davon ausgegangen werden, dass der Anwender »in der Nähe« des Alex ist. Doch dank dieses Cache kann sich ebenso jemand, der unbefugt Zugriff auf selbigen »erhalten« hat, ein gutes Bild von unserem Tagesablauf machen. Mit Bordmitteln scheint es jedenfalls nach wie vor unmöglich, diesen Cache bei Bedarf manuell zu leeren. Zumindest nicht auf eine Art, die für den normalen Anwender ersichtlich wäre.

4.4 Welche Daten sammelt Google eigentlich?

Information sent to Google http://bit.ly/1KpFLRp

Dieser Frage geht auch ein Artikel bei *Stack Exchange* nach. Eine umfassende Antwort sollte sich in Googles Datenschutzerklärung finden.

4.4.1 Was Google sammelt

Google Datenschutzerklärung http://bit.ly/1Qm7OaP

Da sind natürlich die Angaben, die ein Nutzer von sich aus und bewusst macht. Etwa bei der Erstellung eines Google-Accounts. Welche Angaben das umfasst, steht jedem selbst anheim (ebenso, ob diese den Tatsachen entsprechen – denn dies wird zumindest derzeit nicht geprüft).Weitere Daten werden bei der Nutzung von Google-Diensten erfasst. Welche dies sind, ist nicht unbedingt jedem sofort klar – schließlich findet diese Erfassung im Hintergrund statt. In diese Kategorie fallen unter anderem:

- **Gerätebezogene Informationen:** Modell, Betriebssystem, eindeutige Gerätekennungen (zum Beispiel IMEI/IMSI), Telefonnummern. Einige dieser Informationen werden unter Umständen auch automatisch mit dem verwendeten Google-Account verknüpft.

- **Protokolldaten:** Suchanfragen, IP-Adresse, Cookies, Geräte-Ereignisse (Abstürze, Hardware-Einstellungen, Browsertyp).
  Was vielen nicht bewusst ist: Aus dem Anruf-Protokoll des Android-Gerätes wird auch gespeichert, wen man wann wie oft und so weiter kontaktiert hat! Details dazu finden sich im Dashboard (siehe »Wo man die erfassten Daten kontrollieren kann«).
- **Standort-Informationen:** Sensor-Daten, WLAN-Netzwerke, Sendemasten

Dies ist nur ein kurzer Auszug aus oben genannter Datenschutzerklärung. Hinzu kommen noch weitere, dort nicht explizit genannte Dinge, die so manchem selbstverständlich erscheinen mögen. Bereits genannt wurden Kontakte und Kalender. Darüber hinaus nutzen viele jedoch weitere Dienste von Google, wie etwa *Google Drive* mit seinem »Online Office«. Natürlich landen auch hier alle Daten auf Googles Servern.

Google Drive drive.google.com

4.4.2 Was Google mit den gesammelten Daten macht

Auch davon spricht die Datenschutzerklärung. Die Einleitung des entsprechenden Abschnittes möchte ich an dieser Stelle einfach einmal zitieren:

Wir nutzen die im Rahmen unserer Dienste erhobenen Informationen zur Bereitstellung, zur Instandhaltung, zum Schutz sowie zur Verbesserung dieser Dienste, zur Entwicklung neuer Dienste und zum Schutz von Google und unseren Nutzern. Wir nutzen diese Informationen außerdem, um Ihnen maßgeschneiderte Inhalte anzubieten – beispielsweise um Ihnen relevantere Suchergebnisse und Werbung zur Verfügung zu stellen.

Ferner ist die Rede davon, dass die gesammelten Informationen allen Google-Diensten zur Verfügung stehen. Datenschützer nennen so etwas ein »Super-Profil« (bei Spiegel gibt es dazu eine ganze Artikel-Serie, die beispielsweise in einer Box links bei *Spiegel Online* zusammengefasst ist): Die angebotenen Dienste sind derart umfangreich, dass sich mit ihrer Hilfe ein ebenso umfangreiches Profil des Nutzers erstellen lässt.

Google's Super-Profil http://bit.ly/1Qm70r6

Während über weitere Nutzungsarten bislang nur spekuliert wurde, kündigen sich erste Dinge mittlerweile handfest an. So berichtete Engadget Anfang Oktober 2013 von einer Änderung in Googles Nutzungsbedingungen, die es dem Service erlaubt, sämtliche Reviews, Kommentare, +1 und so weiter zu Werbezwecken für das entsprechende Produkt nutzen zu können. Mit anderen Worten: Kein *Google*+-Nutzer sollte sich wundern, bald sein Foto neben einem Produkt im Web zu finden – zusammen mit dem Hinweis, »Martin Mustermann empfiehlt …« (wobei man natürlich »Martin Mustermann« mit dem eigenen Namen ersetzen muss). Derartige Werbung dürfte sich wahrscheinlich am häufigsten bei denjenigen zeigen, mit denen man »verzirkelt« beziehungsweise anderweitig verknüpft ist. Denn wenn der Martin das toll findet …

Engadget: You become an ad http://engt.co/1KpFOMW

Und weiter geht's: Die bereits genannten Standort-Daten in Verbindung mit ortsbezogener Werbung gelangen wohl bald in eine neue Dimension. So berichtet Digiday in einem Artikel von einem neuen Beta-Programm Googles, das sich kurz wie folgt beschreiben lässt: Der Anwender sucht nach einem Begriff (Beispiel: Schraubenzieher). Ein in der Nähe befindlicher Laden hat bei Google den entsprechenden Service gebucht (und das Stichwort hinterlegt), et voilà, taucht auch dessen Werbe-Anzeige sogleich prominent auf. Es wird nicht darauf eingegangen, ob die Anzeige nur in der Suche eingeblendet wird; denkbar wäre auch, dass hierzu die Browser-Chronik zum Tragen kommt. Hat man also am Montag nach einem Schraubenzieher gesucht und kommt am Mittwoch zufällig in der Nähe eines passenden Geschäfts vorbei ... Minority-Report lässt grüßen.

Digiday: Google Tracking http://bit.ly/1Qm7Ore

Damit ist jedoch noch lange nicht das Ende der berüchtigten Fahnenstange erreicht. So berichtet Slashdot von einem neuen Google-Patent, das den »Faktor Mensch« ziemlich in den Hintergrund rutschen lässt und auch ein wenig an den Chat-Bot ELIZA erinnert. Anhand eines Beispiels wird das Patent beschrieben: In Reaktion auf eine eingehende Nachricht mit einem »Hallo, wie geht's?« sucht das System im Hintergrund automatisch nach einer passenden Antwort, die dem Anwender dann als solche vorgeschlagen wird. Hierbei wird unter anderem auf Informationen aus sozialen Netzen, aber auch auf vorige Konversationen zwischen Empfänger und Sender sowie zwischen Sender und »gemeinsamen Freunden« (*Google*+-Kreise) zurückgegriffen. Eine mögliche Antwort könnte dann so aussehen: »Hi David, mir geht's gut. Du bist ja nun nach drei Jahren von Firma ABC zu XYZ gewechselt. Wie gefällt Dir Dein neues Umfeld?«

Slashdot: Google Patent http://bit.ly/1KpFMom

ELIZA http://bit.ly/1Qm7QPT

4.4.3 Wo man die erfassten Daten kontrollieren kann

Einen vollständigen Einblick in alle gesammelten Daten bekommt der Anwender nicht (was sicher dem Schutz seiner Gesundheit dient, da dies die Gefahr eines Herzinfarkts drastisch erhöhen könnte). Doch zumindest grob thematisch lässt sich schauen, was denn da so gesammelt wurde. Dafür bietet Google das mit dem Account verknüpfte Dashboard. In diesem findet man:

Google Dashboard http://bit.ly/1KpFON2

- alle mit dem Account verknüpften Android-Geräte (die dazu gespeicherten Informationen lassen sich einsehen: IMEI, letzte Aktivität, wann registriert)
- Daten zu diversen Diensten, wie etwa Chrome-Lesezeichen, *GMail*, Google Docs, Kalender. Informationen lassen sich hier teilweise verwalten, in wenigen Fällen (Chrome-Lesezeichen) sogar löschen.
- Webprotokoll: Immer, wenn man mit seinem Google-Account angemeldet eine Websuche durchführt, wird dies protokolliert. Wer das nicht wünscht, meldet sich am besten immer explizit ab, wenn dies möglich ist (und man nicht beispielsweise gerade auf seine Google-Mails zugreifen muss). Das Protokoll lässt sich hier allerdings auch löschen.

Einen tieferen Einblick in das Webprotokoll erhält, wer auf einer Suchergebnis-Seite rechts oben auf das Zahnrad-Symbol klickt und dort WEBPROTOKOLL auswählt: Hier sieht man nämlich alle erfassten Suchen. Jetzt noch einmal auf das Zahnrad-Symbol und EINSTELLUNGEN auswählen. So, hier lässt sich das Sammeln abschalten. Vorher gleich noch den Link zum Löschen aller Google-Suchaktivitäten betätigt, damit auch ältere Einträge verschwinden. Oder zumindest uns nicht mehr angezeigt werden: *Sicher ist [nur], dass nichts sicher ist. Und selbst das ist nicht sicher.* (Joachim Ringelnatz)

Einige zusätzliche Anlaufstellen nennt `Android-Digital.DE`:

- Standortdaten: Bei aktivierten Ortungsdiensten (EINSTELLUNGEN | STANDORTZUGRIFF) zeichnet Google auf, wann man sich wie lange an welchem Ort aufhält. Deaktivieren lässt sich dies in der App *Google Einstellungen* unter KONTOVERLAUF | GOOGLE STANDORTVERLAUF. Dies muss man auch tun, will man den Standortverlauf löschen. Gesammelte Daten lassen sich bei *Google Maps* einsehen.

Standortverlauf http://bit.ly/1KpFMoq

- Google-Suche: Alle über die Suchmaske eingegebenen Anfragen werden ebenfalls von Google gespeichert. Diese Sammlung lässt sich bei *Google History* einsehen.

Suchverlauf http://bit.ly/1Qm70HN

- Google-Geräte und -Aktivitäten: Natürlich wird auch darüber Buch geführt. Was von Google gespeichert wurde, findet sich bei *Google Security*.

Geräte und Aktivitäten http://bit.ly/1KpFMot

- Google Takeout: Ein Archiv mit Daten aller verwendeter Google-Dienste bietet Google Takeout. Hier lässt sich auswählen, von welchen Diensten man die archivierten Daten herunterladen möchte. Per Gmail wird man benachrichtigt, sobald das Archiv (für einen begrenzten Zeitraum) zum Download verfügbar ist und unter welcher URL man es abrufen kann.

Google Takeout http://bit.ly/1Qm70HS

4.4.4 Welche Daten wohin weitergegeben werden

Auch dazu äußert sich die Datenschutzerklärung. Es würden keine Daten weitergegeben, außer …

- mit expliziter Einwilligung des Nutzers
- »Domain-Administratoren« haben Zugriff auf die Daten. Dies betrifft unter anderem Anwender von Google-Apps.
- für Verarbeitung durch andere Stellen. Das sind »vertrauenswürdige Unternehmen«, die im Auftrag von Google arbeiten und an Googles Datenschutzerklärung gebunden sind.
- aus rechtlichen Gründen (zum Beispiel auf behördliche Anordnung hin). Hier dürften dann auch Dinge wie der PRISM-Skandal anzusiedeln sein.

PRISM http://bit.ly/20eJHgO

Darüber hinaus werden möglicherweise »zusammengefasste, nicht-personenbezogene Daten« an Partner wie etwa Verlage, Werbeunternehmen und so weiter weitergegeben.

4.5 Digitales Testament

Inactive Account Manager http://bit.ly/1KpFMou

Account Settings http://bit.ly/1PpMeNe

Tagesschau Testament http://bit.ly/1Qm7R6p

N-Droid: Testament http://bit.ly/1RT4GVs

»Was passiert mit Deinen Online-Daten, wenn der Sensenmann überraschend vorbeikommt?«, fragt Google in einem Werbe-Video. Seit einer Weile hat man nämlich in Mountain View eine Antwort darauf: Den Inactive Account Manager. Dieser lässt sich über die Account-Einstellungen erreichen. Ist man längere Zeit nicht online, kann selbiger eine automatische Löschung vornehmen – oder einem Kontakt des Vertrauens den Zugang gewähren. Zur Sicherheit erfolgt jedoch zuvor noch eine Rückfrage von Google via SMS sowie Mail an das hinterlegte Zweitkonto: Das Fernbleiben könnte ja auch andere Gründe haben, wie zum Beispiel Krankheit.

Laut Tagesschau unterstützt diese »Testamentsfunktion« unter anderem YouTube, *GMail*, *Picasa* und *Google+*. *N-Droid* benennt zusätzlich die Dienste *Blogger*, *Drive* und *Google Voice*. Inwiefern sich die digitale Erbschaft auch auf gekaufte Inhalte wie etwa Apps, Musik oder Videos bei *Google Play* erstreckt, gibt auch das offizielle Statement von Google nicht her; es darf aber sicher bezweifelt werden.

Während andere Dienste teilweise ihre eigenen Lösungen anbieten, gibt es auch weitere Ansätze. So erwähnt genannter Tagesschau-Artikel unter anderem »World without me« und »Planned Departure«, wo man zu Lebzeiten Passwörter beziehungsweise Videos hinterlegen kann, in denen der gewünschte Umgang mit dem Online-Erbe erklärt wird.

4.6 Welche Apps und Unternehmen sammeln sonst noch fleißig?

Google Blog: Testament http://bit.ly/20eJGtu

Apps Datenschutz http://bit.ly/1RT4GVt

Daten-Sammel-Apps http://bit.ly/20eJElb

19 Datenschutzbehörden aus aller Welt haben in ihren Ländern erstmals Mobilanwendungen und Webauftritte von Unternehmen und öffentlichen Einrichtungen untersucht. Insgesamt nahmen die Kontrolleure im Rahmen des Global Privacy Enforcement Networks (GPEN) mehr als 2200 Webseiten und Apps unter die Lupe, berichtete der damalige Bundesdatenschutzbeauftragte Peter Schaar. Vor allem Apps fielen in dem Test reihenweise durch: 90 Prozent der mobilen Anwendungen seien als mangelhaft beim Schutz der Privatsphäre der Nutzer eingestuft worden (aus: *Heise*: Viele Apps fallen im Datenschutztest durch).

Zu diesem Thema hat Johannes Wallat einen interessanten und umfangreichen Blog-Artikel bei AndroidPIT verfasst. Zwar haben sich einzelne Details mittlerweile bereits wieder geändert – doch die Tendenz scheint sich gehalten zu haben. Beispiele gefällig?

Da wäre etwa die offizielle *Twitter*-App. Sie verlangt als Berechtigungen unter anderem den Vollzugriff auf die Kontakte sowie Lesezugriff auf die Anrufliste. Für die Funktionalität der App wird dies definitiv nicht benötigt (ich habe auch noch keine *Twitter*-App von Drittanbietern gefunden, die diese Permissions verlangt). Ein Schelm, wer Böses dabei denkt. Der Bericht, dass sich *Twitter* ganze Adressbücher heruntergeladen hätte, klingt vor diesem Hintergrund durchaus plausibel.

Doch nicht nur *Twitter* fällt in dieser Form auf. Auch „kleinere“ Dienste wie Foursquare werden in diesem Zusammenhang genannt. Nicht fehlen dürfen natürlich Größen wie Facebook (Kontakte lesen/ändern, Anrufliste lesen/bearbeiten – die natürlich prompt gleich beim ersten Start der App auf den Firmenserver hochgeladen werden) oder WhatsApp. (Zitat: *Überträgt ohne Nachfrage alle gespeicherten Telefonnummern nicht anonymisiert an den eigenen Server. Überträgt Mobilfunkanbieter.*) Über die Google-Dienste habe ich ja bereits weiter oben berichtet.

AreaMobile: Facebook http://bit.ly/20eJElp

Ein weiterer Kandidat in dieser Reihe ist der beliebte Messenger *Skype*, der ja seit einer Weile einer gewissen Firma in Redmond gehört. Hier berichtete *Heise Security* im Mai 2013, dass ein Leser sie auf ungewöhnlichen Netzwerkverkehr nach einem Skype-Chat informierte – wobei der eigene Server auf eine mögliche Replay-Attacke hinwies. Und tatsächlich bestätigte ein Test: Eine IP-Adresse aus Redmond, die sich eindeutig Microsoft zuordnen ließ, griff nach der Chat-Session auf sämtliche in selbiger verschickten **Https**-Links zu. Eine der Test-URLs enthielt dabei Anmeldeinformationen, eine andere verwies auf private Dateifreigaben eines Cloud-Dienstes. Von *Heise* zur Rede gestellt, beteuerte Skype, die Nachrichten würden lediglich gescannt, »um Links zu Spam- und Phishing-Seiten zu filtern« – was alles andere als logisch ist: Spam- und Phishingseiten verwenden normalerweise unverschlüsselte http-Verbindungen. Auch solche URLs hatte *Heise* in seinem Test »geskypt« – jedoch griff Microsoft auf keine einzige davon zu.

Microsoft liest mit http://bit.ly/1RT4JRg

Frosch http://bit.ly/20eJEBL

Wenn einer, angesichts des Grau'n,
Will nur Vorinstalliertem trau'n,
Schon meint, dass er nun sicher wär,
So irrt sich der.(frei nach Wilhelm Busch, Der fliegende Frosch)

Man muss sich nicht unbedingt Apps von Drittanbietern installieren, will man ausspioniert werden. Das Erschreckende ist: So etwas kann einem bereits mit vorinstallierten Apps passieren. So berichtet Ben Lincoln in seinem Artikel »Motorola is Listening« von einer Entdeckung, die er im Juni 2013 auf seinem *Motorola Droid X2* machte: Er benutzte dieses Gerät, um einige Dinge im Zusammenhang mit Microsoft Exchange AutoSync zu testen. Zu diesem Zweck wollte er den Traffic überwachen und nutzte dafür einen sogenannten »intercepting proxy« (auf Deutsch als »transparenter Proxy« bekannt), der sämtliche Netzwerkpakete mitschneidet. Bei der Durchsicht des Mitschnitts fielen ihm erstaunlich viele Pakete auf, die an einen Server namens `ws-cloud112-blur.svcmot.com` adressiert waren – was ihn natürlich stutzig machte. Kurz zusammengefasst: Als er sich die Sache näher anschaute, musste er feststellen, dass sämtliche Accountdaten wie verwendete Mailserver und E-Mail-Adressen, Facebook- und *Twitter*-Konten, Photobucket und *Picasa*, YouTube-Account, Exchange-Kontodaten –

Motorola is Listening http://bit.ly/1RT4GVA

Proxy http://bit.ly/20eJEBP

und zwar jeweils mit den zugehörigen Passwörtern, und zumeist im unverschlüsselten Klartext – zu eben diesem Server geschickt wurden! Und das war nur ein Ausschnitt, es sind noch weit mehr Dienste betroffen. Interessanterweise passierte dies nur, wenn die vorinstallierten Apps für diese Dienste genutzt wurden; Motorola scheint die Änderungen also nicht am Android-System selbst vorgenommen zu haben.

C&C Server http://bit.ly/1RT4JRj

Um diesem »noch einen obendrauf zu setzen«, spürte Ben auch noch einen »Command and Control«-Server auf: Motorola verwendet hier das Jabber-Protokoll, um den jeweiligen Androiden bei Bedarf »fernzusteuern«! Zumindest drei Remote-Befehle konnte Ben identifizieren, die jeweils das Gerät veranlassen, bestimmte Daten an den genannten Server zu versenden.

Motorola Nutzerdaten http://bit.ly/20eJES9

Wer sich in der englischen Sprache nicht fit genug fühlt, Bens Artikel zu lesen, findet eine gute Zusammenfassung in einem Blogbeitrag bei AndroidPIT. Da hinter der ganzen Sache das Motorola-spezifische *Blur* steckt (was ja auf fast jedem Androiden aus dem Hause Motorola läuft), dürfte das X2 nicht lange mit diesem Problem allein bleiben.

Remote Microphon Activation http://bit.ly/1RT4GVB

Sicher macht Motorola das nur, um seinen Anwendern im Servicefall besser helfen zu können. So liegt ja jederzeit ein Backup der wichtigsten Daten bereit. Wobei man leider vergessen hat, dem Anwender auch mitzuteilen, wo er selbiges bei Bedarf anfordern kann.</Sarkasmus> Die Ausrede, es hätte sich nur um ein einzelnes Testgerät gehandelt, kann Motorola übrigens nicht mehr bringen: Mittlerweile wurde ähnliches Verhalten auch von einem *Photon 4G* (Android 2.3.5) berichtet. Ein *Defy* (Android 2.*), ein *Milestone 2* (Android 2.3.5), und ein *Xoom*-Tablet (Android 3.* und 4.*) haben sich ebenfalls bereits dazugesellt, auch ein *Droid Razr Maxx I* verhielt sich derartig. Was man da wohl vom neuen *Moto X* erwarten darf, bei dem selbst das Mikrofon ständig aktiviert ist? Dass die Geheimdienste dies bereits zur Aufnahme von Gesprächen nutzen, ist mittlerweile bekannt. Die FAZ betitelt es subtil: *Das Smartphone, die freiwillige Fußfessel …*

Fußfessel http://bit.ly/20eJH0t

Falls sich da gerade jemand schadenfroh die Hände reiben will: So etwas passiert nicht nur bei Motorola-Geräten, sondern beispielsweise auch bei den ach so sicheren Business-Schwarzbeeren. Denn selbst der Blackberry 10 schickt fleißig Zugangsdaten nach Hause.

BB10 Zugangsdaten http://bit.ly/1RT4K7z

Was denn: Kein Motorola- oder Blackberry-Gerät, und jetzt enttäuscht, dass sich niemand für die eigenen Daten zu interessieren scheint? Keine Angst, es gibt ja noch immer die Telekommunikationsunternehmen, die sämtliche Verbindungsdaten für ein halbes Jahr (sicher? Nicht länger?) aufheben. Und was sich damit so alles anstellen lässt, kann man in einem Artikel in der Zeit nachlesen. Klingt zunächst banal, was da gespeichert wird: Es sind ja keine Inhalte, versucht man uns zu beruhigen, sondern »nur die technischen Eckdaten« (siehe Kapitel 4.14). Also wer wann in welcher Zelle eingebucht war, mit wem zu welcher Zeit telefonierte, wann, wohin und woher SMS/MMS verschickte, wie viele Daten von welchem Standort aus übertrug … Der Grünenpolitiker Malte Spitz

Zeit: Vorratsdaten http://bit.ly/20eJH0y

wollte es wissen. Er verklagte erfolgreich die Telekom auf Herausgabe dieser Daten und stellte sie der Zeit zur Verfügung.

Die genannten Daten stehen schließlich nicht isoliert. Hinzu kommen zahlreiche Dinge, die sich mit ihnen verknüpfen lassen. Etwa Statusmeldungen auf Facebook und *Twitter*: Über ihren Zeitstempel lassen sie sich wunderbar zuordnen. Was dabei herauskommen kann, findet sich im verlinkten Artikel in Form eines interaktiven Videos. Wer mag, kann Herrn Spitz also für ein halbes Jahr durch sein Leben begleiten – virtuell, versteht sich. Schließlich darf man auch nicht die ganzen staatlichen Überwachungsprogramme vergessen. Allen voran PRISM, das im Juni 2013 in aller Munde war. Laut verlinktem Wikipedia-Artikel ganz vorn mit dabei: *Microsoft* (unter anderem mit *Skype*), *Google* (unter anderem mit *YouTube*), *Facebook, Yahoo, Apple, AOL* und *Paltalk*. Mit Ausnahme der letzten beiden Teilnehmer wurden tatsächlich alle Firmen bereits erwähnt. PRISM steht für *Planning Tool for Resource Integration, Synchronization, and Management* und existiert als streng geheimes Programm in den USA bereits seit 2005. Dabei greifen NSA und FBI live auf alle möglichen Kommunikationsdaten zu – sowohl in Sachen Telekommunikation als auch Internet-Datenübertragungen. Und bevor jetzt jemand meint, so etwas könne ja nur bei den Amis passieren: Weit gefehlt. Nur wenig später flog (noch im gleichen Monat) das britische Tempora-Projekt auf, das ähnlich gelagert ist. Und laut einem Artikel in *Zeit Online* spioniert auch Frankreich seine Bürger bereits seit Jahren gründlich aus. Passiert bei uns nicht? Sicher? Oder wurde es nur noch nicht aufgedeckt?

Zeit: Telekom http://bit.ly/1RT4K7A

PRISM http://bit.ly/20eJHg0

Tempora http://bit.ly/1RT4K7F

US-Briefe http://bit.ly/1RT4K7I

Übrigens bringt es nicht viel, nun auf Mail-Dienste zu verzichten und ausschließlich per Briefpost zu kommunizieren. Auch schon abgedeckt, zumindest in den USA – wie wiederum *Zeit Online* berichtet. So wird dort der gesamte Briefverkehr abgelichtet: Wer hat wem wann geschrieben. Das geschieht ebenfalls bei der Deutschen Post. Allerdings werden die Umschläge (in beiden Fällen) dabei nicht geöffnet. Normalerweise nicht. Wird uns jedenfalls versichert. Auch geht die Deutsche Post wesentlich sparsamer mit der Datenerfassung und -speicherung um: So wird laut einem Bericht von *Spiegel Online* lediglich die Anschrift, nicht aber der Name einer Adresse erfasst und dieser Datensatz wird lediglich für drei Tage gespeichert.

Deutsche Post http://bit.ly/20eJESp

Völlig Paranoiden bleibt somit nur die Rückkehr zur Buschtrommel: Da hört zwar jeder mit – aber keiner weiß, wer da wem etwas mitteilen will …

Spiegel: Post http://bit.ly/1RT4Ko4

4.7 Die Cloud

Noch eine? Es ging doch bereits weiter oben um die »Google Cloud«! Das ist prinzipiell richtig – nur betraf es dort die bereits vorinstallierten und teilweise automatisch aktivierten Dinge. Aber es gibt noch weit mehr. Apps und Dienste, die wir oft ohne großes Nachdenken nutzen. So landen weitere Daten auf fremden Servern und vervollständi-

Muscular http://bit.ly/20eJHgW

gen etwa über uns angelegte persönliche Profile. Ja, schimpft mich einen Paranoiker! Spätestens im nächsten Abschnitt jedoch werde ich zeigen, dass solche »Profile« wirklich existieren. Und zwar nicht nur bei den jeweiligen Diensten, sondern weit darüber hinaus, wie ein Artikel bei *Heise* zeigt. Denn auch die Schlapphüte der NSA (siehe auch 4.13) bedienen sich hier mit teilweise dubiosen Methoden.

Streut man seine Daten über möglichst viele verschiedene Dienste (natürlich von möglichst verschiedenen Anbietern), erschwert dies selbstverständlich die Bildung eines »Komplett-Profils«. Nutzt man dazu noch unterschiedliche »Identitäten«, hilft dies weiterhin bei der Verschleierung. Dummerweise widerspricht das jedoch der Bequemlichkeit: Wie fein ist doch ein »Single Sign-In«. Man muss sich nur ein einziges Passwort merken und kommt an alles heran. Das Google-Passwort wird bereits an so vielen Stellen akzeptiert, dass es fast danach schreit: »Melden Sie sich mit Ihrem Google-Konto an!«

Picasa http://bit.ly/1OxAew2

Neben den zahlreichen Google-Diensten (oh, *Google Drive* als bequeme Daten- und Dokumentablage habe ich noch gar nicht erwähnt? Oder Googles *Picasa* für die Bilder, die natürlich mit Geo-Tags versehen hochgeladen werden? Oder *Google+* für den »sozialen Austausch«?) gibt es ja durchaus noch weitere. Wer mich kennt, wartet sicher schon darauf, dass ich die Gruppe benenne: Ja, ich bezeichne sie als »asoziale Netzwerke« und habe dafür schon so manche Kopfnuss bekommen. So etwas ist halt Geschmackssache.

Da wären also noch Facebook und *Twitter* als namhafteste Vertreter, von denen Ersteres des Öfteren für Schlagzeilen aufgrund seiner sich ständig wandelnden »Datenschutz-Bestimmungen« sorgt (und man sich so manches Mal fragt, vor wem die Daten da eigentlich geschützt werden sollen). Natürlich steht es jedem selbst zu, wie viel er wo von sich preisgibt. Und zugegeben: Sogar ich habe ein Profil bei Xing und nutze *Twitter*, bin also ebenfalls ein wenig »asozial«.

Nicht zu vergessen auch Dinge wie *Evernote*, die beliebte Notiz-App, die längst ebenso auf Desktop-Systemen Einzug gehalten hat. Und so erfolgreich ist, dass Google mit seinem *Keep* die ganze Sache nachmacht. Was war da noch gleich ... Oh, *Dropbox* & Co. als Datenspeicher. Oder aber, last, but not least:

4.8 Google Now

Siri http://bit.ly/1RT4Ko6

Der Super-Service aus dem Hause Google, der mit Jelly Bean (Android 4.1) auf Android-Geräten Einzug gehalten hat, und Apples *Siri* alt aussehen lässt wie eine Bahnsteigansage. Oder besser wie einen Info-Stand im Kaufhaus. Denn *Google Now* beantwortet unsere Fragen bereits, bevor wir sie stellen. Was meine Korrekturleserin Sabine mit Erschrecken erkannte:

Dass meine Standorte »überwacht« werden, war mir ja in der Theorie bekannt. Das in der Praxis ums Ohr geschlagen zu bekommen, war doch noch unheimlich. Sagt mir doch morgens Google, dass ich 15 Minuten zur **Arbeit** *brauche (und kein besonderer Verkehr wäre)! Google hat quasi registriert, dass ich mich tags zuvor mehrere Stunden an ein und derselben Stelle aufgehalten habe – und hat daraus geschlossen, dass ich dort arbeite.*

Zudem hat er gleich meine Kontakte im Hinterkopf und mir heute gesagt, dass ich fünf Minuten zu meinen Eltern brauche, nachdem ich tags zuvor ein paar Minuten dort war. So deutlich ist es einfach gruselig.

Wikipedia (EN): Google Now http://bit.ly/20eJHh0

Gewusst *hab ich's ja. Aber es so zu spüren, ist doch noch mal eine and're Nummer!*

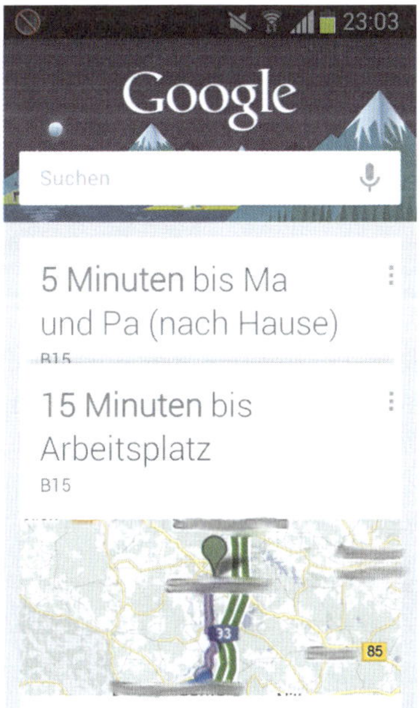

Abbildung 4.5 Google Now

Wie bereits zuvor erwähnt, hat Sabine ja Google alle dafür notwendigen Daten bereitgestellt: Kontakte und Termine wurden mit Google synchronisiert, die Ortsdaten abgefragt und so weiter. Wer bisher davon ausging, dass dies alles separate Dienste seien, ist damit nicht mehr auf dem aktuellen Stand: Im März 2012 hat Google seine Privacy Policy entsprechend angepasst – und versteht sich nunmehr als »ein großer Dienst mit mehreren Abteilungen«, die sich den gemeinsamen Datenbestand teilen. Wogegen Europas Datenschützer aktuell wieder vorgehen, wie in einem *Spiegel*-Artikel vom 3.04.2013 zu lesen ist – leider scheint es allerdings bis heute keine Resultate zu geben.

Spiegel: EU Datenschutz http://bit.ly/1RT4Hc1

Trading your Privacy http://bit.ly/1Qm7NDP

Die Nutzung dieses Dienstes erfordert jedoch (neben einer Android-Version von 4.1 oder höher) auch die aktive Einwilligung des Anwenders. Für den Zugriff auf die Daten, die er ohnehin schon hochgeladen hat? Der bereits zitierte Artikel von SeekingAlpha beschreibt es etwa folgendermaßen:

Wenn jemand sich aktiv für den Dienst anmeldet, wird er Google beim Versuch, den Dienst an seine Bedürfnisse anzupassen, unweigerlich mehr Daten bereitstellen, als er ursprünglich beabsichtigt hat.

ReadWrite: Google Knows more http://bit.ly/20eJF8G

Ein Artikel bei *ReadWrite* beschreibt das Funktionieren von *Google Now* folgendermaßen:

Google Now aggregiert die Informationen, die Google ohnehin bereits auf täglicher Basis über den Benutzer sammelt: Zugriffe auf Mails, Kalender, Kontakte, Textnachrichten, den aktuellen Standort, Einkaufsgewohnheiten, Zahlungsgewohnheiten ebenso wie die Vorlieben bei Musik, Filmen und Büchern. Es kann sogar die Fotos des Anwenders scannen und anhand ihres Themas (nicht nur des Dateinamens) identifizieren. Der einzige Aspekt unseres Online-Lebens, der hier noch nicht erfasst ist, sind auf Google+ zum Ausdruck gebrachte Meinungen. Aber das wird zweifellos noch folgen.

WebPro News: Do you want this? http://bit.ly/1RT4Hc7

Das klingt erschreckend – kann aber auch so erschreckend bequem sein, wie ein Artikel bei WebProNews feststellt:

Es teilt uns das Wetter mit, bevor wir in den Tag starten. Sagt uns, mit welchem Verkehr wir auf dem Weg zur Arbeit rechnen müssen. Steht man auf dem Bahnsteig, tut es kund, wann der nächste Zug kommt. Oder es verkündet den aktuellen Spielstand des gerade laufenden Fußballspiels. Das Beste daran: Das alles geschieht automatisch. Die Karten tauchen den ganzen Tag über immer genau dann auf, wenn man sie braucht.

CSOOnline http://bit.ly/20eJHxi

Nicht nur Privatpersonen sehen den Dienst allerdings kritisch. Besonders Sicherheits-Abteilungen in Firmen haben starke Bedenken, wie unter anderem CSOOnline berichtet:

Während Vertreter der Konsumenten sich über die Privatsphäre sorgen, denken Firmen über die Implikationen nach, Google Now auf dem gleichen Gerät installiert zu wissen, mit dem der Angestellte auch auf das firmeneigene Intranet oder den Mailserver zugreift. Zumindest sind Firmen daran interessiert, hier die Kontrolle zu bekommen, das Feature zu deaktivieren.

Kitkat Neuerungen http://bit.ly/1RT4Ko9

Fragt sich da jemand, ob das noch steigerungsfähig ist? Oh ja, aber sicher doch. Nach *Google Now* folgt *Google Glass*. Und dann wird auch noch aufgezeichnet, was man sieht. Wie lange man worauf schaut. Spätestens dann wird es wichtig, in den richtigen Augenblicken auch einmal abzuschalten.

Bei zukünftigen Android-Versionen dürften die Cloud-Dienste sogar noch tiefer ins System eingebunden werden. So berichtet etwa *AreaMobile* zu den Neuerungen in

Android 4.4: Keine SMS-App mehr, das macht jetzt *Google Hangouts* nebenbei mit (Update: Ab **Lollipop** doch wieder separat). Gleiches gilt für die *Galerie*-App, die nun in *Google+* integriert wurde (Update: Auch hier wird mittlerweile wieder zurückgerudert). Das Drucken via Cloud-Services wurde ebenfalls direkt ins System eingebunden. Des Weiteren sucht die Telefon-App bei Eingabe von Telefonnummern automatisch nach passenden Einträgen naheliegender Geschäfte (wo sie das wohl tut?) sowie Profilbildern und so weiter bei *Google+* für eingehende Anrufe, und das Mikrofon ist ständig für das Code-Wort »OK Google« beziehungsweise »OK Jarvis« aktiv (zum Glück nur beim Nexus 5). Bleibt zu hoffen, dass sich so etwas auch abschalten lässt!

PMG.COM http://bit.ly/1nnKoGS

Wer sich für weitere kritische Lektüre zu *Google Now* interessiert, kann sich unter anderem an folgende (größtenteils bereits zitierte) Artikel halten:

- Google Now: Trading Your Privacy For The Future (SeekingAlpha)
- »Google Now« Knows What You're Doing, Right Now (PMG.Com)
- »Google Now« Knows More About You Than Your Family Does – Are You OK With That? (ReadWrite.Com)
- »Google Now's« Terrifying, Spine-Tingling, Bone-Chilling Insights Into Its Users (Forbes)
- Google Now: Do You Want Google Using Your Information In This Way? (WebProNews, via Archive.ORG)
- »Google Now« draws caution among security experts (CSOOnline.Com)

Forbes http://onforb.es/1ZCBYae

Google Now: Was geht? http://bit.ly/1PiwbXK

Wer stattdessen daran interessiert ist, was sich so alles mit Sprachbefehlen in *Google Now* anstellen lässt, der findet in einem Artikel bei Go2Android weitere Informationen.

Hat da etwa jemand *Google Now* aktiviert, möchte es aber nach obiger Lektüre lieber wieder loswerden? Ein FieldGuide bei Gizmodo beschreibt ausführlich die notwendigen Schritte:

Disable Google Now http://bit.ly/1RT4Koc

1. *Google Now* aufrufen, nach unten scrollen, den Menü-Button (die drei übereinanderliegenden Punkte) betätigen, EINSTELLUNGEN auswählen.
2. Den Schalter ganz oben rechts umlegen (ausschalten). Eine Dialogbox wird nun nach einer Bestätigung fragen – und auch die Möglichkeit bieten, den Standortverlauf gleich mit zu deaktivieren.

Damit hat man von *Google Now* komplett Ruhe. Wem das jedoch zu weit geht, der kann auch einzelne Karten/Features deaktivieren – und zwar genau dann, wenn diese »nervtötend« auftauchen. Diese »Karten« verfügen nämlich ebenfalls über einen Menü-Button (in der Regel in der oberen rechten Ecke). Dessen Betätigung führt zu einer Dialogbox, in der man sein »Desinteresse« bekunden (diese Karte in Zukunft nicht mehr anzeigen) kann.

Wer allerdings nicht erst auf das Erscheinen einer unerwünschten Karte warten will (oder versehentlich etwas abgeschaltet hat und dies wieder aktivieren möchte), scrollt im *Google Now*-Bildschirm ganz nach unten. Dort sollte sich ein »Zauberstab« finden, über den sich alle verfügbaren Karten (auch bereits deaktivierte) konfigurieren lassen.

4.9 Zwischenbilanz

Wer bis hierhin mitgelesen hat, hält mich nun mit Sicherheit für einen Paranoiker, der alles schwarzmalt. Und hinter jedem Baum einen Spion sieht. Ich will das gar nicht von vornherein bestreiten – aber ein wenig korrigieren: Ich sehe, dass hinter jedem Baum ein Spion stehen *könnte*.

Warentest: Cloud http://bit.ly/20eJHxp

Keinesfalls möchte ich hier die Nutzung »der Cloud« im Allgemeinen oder gewisser »sozialer Netze« im Speziellen verteufeln oder »madigmachen«. Das eine oder andere nutze ich ja zugegebenermaßen selbst. Aber mit einem kritischen Blick die Dinge hinterfragen, das sollte man auf jeden Fall. Sich die Hintergründe bewusst machen. Wissen, wie es läuft – und was dahinter steht. Und dann wissend entscheiden, welche Dienste man nutzen möchte – oder, anders ausgedrückt: Wie viel Privatsphäre man bereit ist, für wie viel Bequemlichkeit aufzugeben.Übrigens rät auch die *Stiftung Warentest* von der Nutzung von Cloud-Speichern ab. Mehrere Dienste wurden unter die Lupe genommen (darunter auch *Dropbox* und *Google Drive*). Keiner schaffte eine bessere Note als »3,2«. Anwendern, die nicht auf diese Speichermöglichkeit verzichten können (oder wollen), wird dringend angeraten, die eigenen Daten *vor dem Hochladen* zu verschlüsseln.

Android ohne Google http://bit.ly/1RT4KEK

Gibt es denn überhaupt Alternativen? Warum soll man sich ein Smartphone kaufen, wenn man dann alles abschalten muss? Mit diesem Thema befasst sich eine Blog-Serie bei *IzzyOnDroid* (siehe Abschnitt 6.6.3). Ehrlicherweise sei jedoch an dieser Stelle erwähnt, dass für eine »komplette Umsetzung« mindestens root, besser noch ein Custom-ROM nötig ist. Ein Großteil lässt sich jedoch auch ohne root erledigen.

4.10 Weitere Aspekte

Soziale Netzwerke sind nicht die Einzigen, denen wir unsere Daten überlassen. So manche App sammelt im Hintergrund ebenfalls fleißig – ohne dass wir genau wissen, was, wann und wozu. Und niemand kann sagen, er hätte ihnen das nicht erlaubt: Wir haben ja, von den vorinstallierten Apps einmal abgesehen, schließlich unsere Zustimmung gegeben, als wir bei ihrer Installation die Berechtigungen abgenickt haben – da dürfen wir uns jetzt nicht beschweren, dass sie unsere Kontakte und Kalenderdaten lesen, auf den Telefon- (IMEI/IMSI, Netzanbieter) und Netzwerkstatus (WLAN-Netze in der Nähe? Wo ist das Gerät eingebucht?), die Liste konfigurierter Konten, die Log-Dateien,

Kurznachrichten, Besitzer-Informationen und anderes zugreifen und jederzeit mit den gesammelten Daten »ins Internet« verschwinden können. Und wir nicht einmal wissen, auf welchen Servern wir die Daten letztendlich wiederfinden …

Das Thema »Zugriffsrechte« wurde ja bereits in Kapitel 3 im Abschnitt »Worauf Apps Zugriff haben« beschrieben. Eine Übersicht über die gebräuchlichsten »Permissions« und ihre Bedeutung findet sich überdies im Anhang »Android Permissions und was sie bedeuten«(siehe Anhang A) (sowie eine vollständigere und ständig aktualisierte Liste von Permissions mit Erklärungen bei *IzzyOnDroid*). Daher möchte ich an dieser Stelle auch nicht weiter in die Tiefe gehen. Nur erwähnt werden sollte es, denn auch das betrifft die Privatsphäre.

Permissions http://bit.ly/1KpFJc8

Ob und warum wir auf unsere Privatsphäre achten sollten, damit befasst sich übrigens auch ein lesenswerter Artikel bei *Lifehacker* (leider auf Englisch) – und geht dabei auf interessante Hintergründe und Zusammenhänge ein.

Why protect your privacy? http://bit.ly/1RT4Koj

4.11 Werbefinanzierte Apps

»No money, no honey«, heißt es für den Entwickler. Auch er muss von etwas leben – und nicht jeder Entwickler betrachtet die Erstellung von Apps als reines Hobby. Manch einer möchte daher seine erbrachte Leistung gern honoriert sehen. Da leider nicht jeder Anwender bereit ist, für selbige ein paar Cent zu investieren, muss eine Alternative her.

»Jeder Depp hat 'ne App« – das ist auch den Betreibern von Werbe-Netzwerken kein Geheimnis mehr. Und so kommen die Beiden zusammen: Werbenetzwerke stellen fertige »Werbemodule« bereit, die von Entwicklern lediglich in ihre Apps eingebunden werden müssen. Auf den ersten Blick eine typische Win-win-Situation, wären da nicht gewisse Nebeneffekte.

Schauen wir uns beispielsweise einmal an, welche Voraussetzungen derartige Werbemodule verlangen. Für MobFox und AdMob, zwei der größten Kandidaten, beschreibt dies ein Artikel bei TechRepublik (Stand: 12/2011). Diese beiden Werbemodule fordern folgende Berechtigungen (siehe Anhang A):

Apps & Ads http://tek.io/20eJFpe

- INTERNET (uneingeschränkter Internetzugriff):
  - Guter Cop: Zum Laden des Anzeigen-Materials
  - Böser Cop: Anzeigen sind Nebensache. Hier sollen fleißig Daten gesammelt, und auf die Server der Werbeindustrie zur Profil-Erstellung hochgeladen werden! Was für Daten das sein können, sehen wir ja gleich.
- ACCESS_NETWORK_STATE (Netzwerkstatus anzeigen):
  - Guter Cop: Nur zur Ermittlung, ob auch eine Netzverbindung möglich ist
  - Böser Cop: Auslesen, mit welchem Netz der User verbunden ist. IP-Adressen und WLAN-Namen abgreifen!

- ACCESS_COARSE_LOCATION (ungefährer Standort):
  - Guter Cop: Für Standort-basierte Werbung. Was interessieren schließlich einen Anwender in Deutschland Sonderangebote von Walmart in den USA?
  - Böser Cop: Wissen, wo sich der Anwender wann und wie oft aufhält. So etwas ist für ein gutes Nutzerprofil unheimlich sinnvoll!
- READ_PHONE_STATE (Telefonstatus lesen und identifizieren):
  - Guter Cop: Damit dem Anwender die Werbung nicht bei Telefonaten in die Quere kommt. (Dafür wird sie allerdings gar nicht benötigt, siehe unter »Android Permissions« im Anhang A.)
  - Böser Cop: Netzwerk-Anbieter ermitteln. Eindeutige Identifikation des Anwenders anhand von **IMEI** und **IMSI**. Rufnummer des Anwenders feststellen. Herausfinden, mit wem er so alles telefoniert.

Die geforderten Zugriffsberechtigungen lassen sich vom »guten Cop« durchaus alle positiv erklären. Sollte er also recht haben, wäre dagegen gar nichts einzuwenden. Wie der »böse Cop« allerdings aufzeigt, ist das Missbrauchspotenzial nicht gerade gering: Mit den so verfügbaren Daten lässt sich ein umfangreiches Anwenderprofil erstellen (und sicher auch gut verkaufen). Da mag der Entwickler der App noch so vertrauenswürdig sein: Er hat kaum Einfluss darauf, was die Werbemodule treiben. Oftmals ist ihm diese Problematik nicht einmal bewusst. Und nicht nur diese Problematik, denn es kommt noch schlimmer:

Da App- und Werbemodul aus Android-Sicht eine Einheit bilden, erhält das Werbemodul auch alle Berechtigungen, die der Entwickler für die App vorgesehen hat. Darf die App also zum Beispiel auf Kalender und Adressbuch zugreifen, stehen Termine und Kontakte auch dem Werbemodul offen.

FirstPost Study http://bit.ly/1RT4Kom

Ist das nun lediglich ein theoretisches Risiko – oder müssen wir uns wirklich Sorgen machen? Wo solches Potenzial lauert, bleibt es sicher nicht lange ungenutzt. Und so schreibt FirstPost von einer Studie: 100.000 Apps wurden hinsichtlich der von ihnen verwendeten Werbemodule untersucht. 48 Prozent sammelten die Standort-Informationen, 18,5 Prozent die IMEI, vier Prozent sogar die Telefonnummern. Einzelne Werbemodule wurden dabei ertappt, Anruf-Protokolle auszulesen, auf Kalender und Kamera zuzugreifen oder dynamisch weiteren Programmcode nachzuladen. Die Schlussfolgerung ist daher naheliegend. Aus dem Artikel übersetzt:

> *Diese neuen Ergebnisse zeigen eine Schwachstelle im Geschäftsmodell hinter Apps auf, so Jiang (Xuxian Jiang leitete die Untersuchung, Anm. d. Ü.). Entwickler sind auf die Einnahmen über die Werbemodule angewiesen, um ihre Apps gratis zur Verfügung stellen zu können – aber sie haben keinerlei Kontrolle darüber, was diese Module tun. »Das aktuelle Modell des Einbettens von Werbemodulen in mobilen Apps zu deren Finanzierung stellt eine Gefahr der Sicherheit und der Privatsphäre dar. Diese Werbemodule können prinzipiell auf dieselben*

Berechtigungen zugreifen wie die App, in der sie eingebettet sind. Und gewisse Werbemodule könnten sie zu unerwünschten Zwecken missbrauchen.«

FireEye Untersuchung http://bit.ly/1natISB

Android-Adware http://bit.ly/1ZCGQw3

Application Permission http://bit.ly/20eJHxA

Für den eingangs genannten Artikel bei TechRepublik wurde übrigens auch eine Befragung durchgeführt. Den Teilnehmern wurden einige Beispiele eingeblendeter Werbung gezeigt. Anschließend wurde ihnen erklärt, wie man die von einer App geforderten Berechtigungen liest. Zuletzt kam die Frage: Kann das Werbemodul (wörtlich: die Werber, also die Firmen dahinter) auf sämtliche Informationen zugreifen, die der App selbst zur Verfügung stehen? 16 Prozent der Befragten antworteten mit »Nein«, 42 Prozent wussten keine Antwort. Nur 42 Prozent der Teilnehmer sagten »Ja«. Wie wir gesehen haben, lag die letzte Gruppe – leider – richtig. Nur beschränkt sich dieses Problem nicht auf »wenige Einzelfälle«. Häufig sind selbst die Programmierer ahnungslos, welchen Risiken sie ihre User aussetzen – wie Spiegel unter Berufung auf eine FireEye-Untersuchung beschreibt. *Heise* sagt es angesichts der gleichen Quelle mit einfachen Worten: Android-Adware soll mehr als 200 Millionen Nutzer gefährden. Wer an weiteren Details und Quellen zu diesem Thema interessiert ist: In einem Artikel bei *Stack Exchange* habe ich einiges zusammengetragen. Sollte hingegen jemand nur neugierig sein, was so alles in der Praxis »getrackt« wird: Der werfe einmal einen Blick auf die Seite zur »Advertizer Integration« im Taptica Wiki.

Advertiser Integration http://bit.ly/1RT4KEE

Apps spy on us http://bit.ly/20eJFpj

Ebenfalls interessant: How many apps spy on us? Für diesen Artikel wurden im August 2014 die 400 Top-Apps für Android unter die Lupe genommen. Kurz abstrahiert:

- 82 Prozent der Gratis- und 49 Prozent der Bezahl-Apps tracken den Standort des Users.
- 30 Prozent respektive 14 Prozent greifen auf das Adressbuch zu.
- 88 Prozent versus 65 Prozent greifen auf IMEI/UDID zu.
- 73 Prozent beziehungsweise 43 Prozent teilen Daten mit sozialen Netzwerken.
- 56 Prozent der kostenlosen und 29 Prozent der gekauften Apps versenden App- und User-Daten mit »Crash Reports«.

4.11.1 Wie kann man sich schützen?

AppBrain Ad Detector

Lookout Ad Network Detector

Zuerst einmal gilt es, mögliche Kandidaten aufzuspüren – wofür sich mehrere Helferlein gern zur Verfügung stellen. In Sachen Werbemodule dürfte *AppBrain Ad Detector* besonders interessant sein: Wie der Name es richtig vermuten lässt, hat sich diese App auf das Aufspüren von Werbemodulen spezialisiert. Dabei wird auch aufgezeigt, was diese im Einzelnen tun. *Lookout Ad Network Detector* informiert zusätzlich über das Verhalten der jeweiligen Netzwerke. Die »Treffermenge« war in meinem Kurzvergleich identisch. Während *AppBrain* die schönere Oberfläche bietet, finden sich bei *Lookout* jedoch die detaillierteren Informationen – einschließlich der Möglichkeit eines »Opt-out«, so denn das betroffene Werbenetzwerk diese bietet. Ein Vorteil des *AppBrain*

Ad Detectors: Hier werden auch neu eintreffende (also neu installierte oder aktualisierte) Apps automatisch geprüft; bei Bedenken erfolgt ein entsprechender Hinweis im Benachrichtigungs-Bereich (aka »Notification Area«).

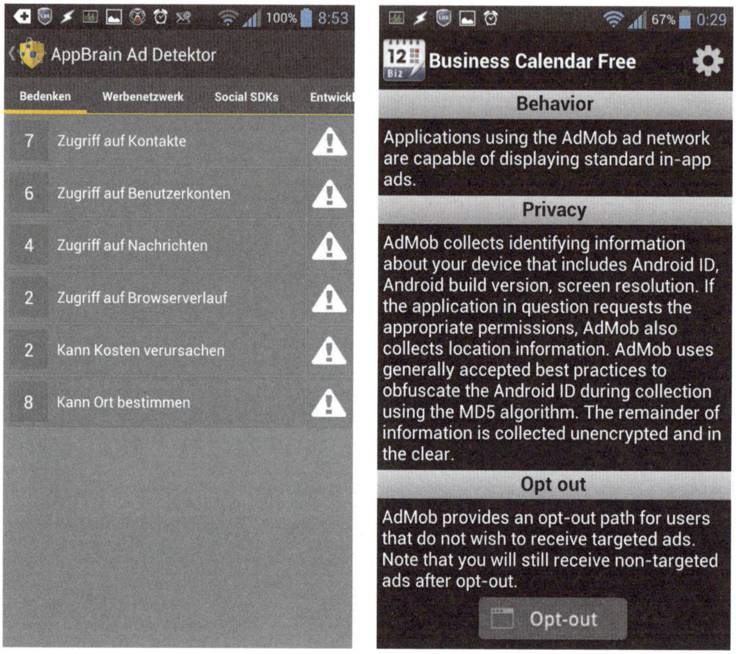

Abbildung 4.6 Mit *AppBrain Ad Detector* und *Lookout Ad Network Detector* fühlt man den Werbemodulen auf den Zahn.

Addons Detector

Wer sich nicht allein auf Werbemodule konzentrieren will, greift vielleicht eher zu *Addons Detector* – der sich auch mit Lizenz-Modulen, Analytics und weiteren auskennt.

Hat man »furchterregende Übeltäter« entdeckt, stellt sich die Frage, wie man mit ihnen umgeht. Natürlich kann man die betroffenen Apps einfach deinstallieren – das wäre zwar die einfachste, aber nicht unbedingt die wünschenswerteste Lösung. Ein vernünftiger erster Schritt, so man die App weiter nutzen möchte, ist ein Blick in den *Google Play Store*: Gibt es eventuell eine Kaufversion, die ohne das gefährliche Add-on auskommt? Die paar Cent tun niemandem weh. Bei fehlender Kreditkarte hilft die Google-Play-Guthabenkarte oder eine Anfrage beim Entwickler, der eventuell auch eine alternative Bezahlmöglichkeit sieht. Bei der Gelegenheit sollte man ihn auch gleich auf den Grund aufmerksam machen – er könnte durchaus zu jenen 58 Prozent gehören, denen dieser Umstand noch gar nicht bewusst ist. In diesem Fall schaut er sich gegebenenfalls nach einem weniger gefährlichen Werbemodul um.

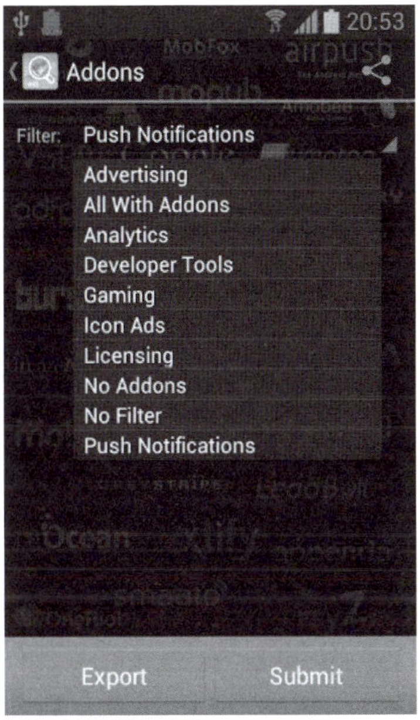

Abbildung 4.7 Addons Detector

Greift all dies nicht: Auch andere Mütter haben schöne Töchter. Im *Play Store* finden sich mit Sicherheit weitere Alternativen. Und auch wenn diese etwas kosten: Ein paar Cent sollte einem die Privatsphäre schon wert sein. Findet sich auch dort nichts, gibt es noch die alternativen Märkte.Bei Kombinationen aus besonders aggressiver Werbung (Statusleiste, Icons auf dem Homescreen, Lesezeichen) sollte man darüber hinaus nicht vergessen, dies Google zu melden. Die aktuellen Richtlinien des *Google Play Store* verbieten solcherlei Aktivitäten nämlich ausdrücklich:

Apps melden http://bit.ly/1RT4KEG

- *Anzeigen dürfen weder die Benutzeroberfläche einer App noch Betriebssystembenachrichtigungen oder -warnungen simulieren oder nachahmen. (trifft auf viele Statusleisten-Werbung zu)*
- *Interstitial-Anzeigen dürfen nur innerhalb der jeweiligen App geschaltet werden. (selbstredend: »interstitial« bedeutet so viel wie »dazwischenliegend«; die Rede ist also von Werbe-Einblendungen)*
- *Mit Ihrer App verbundene Anzeigen dürfen keine anderen Apps oder deren Anzeigen beeinträchtigen. (Der Homescreen ist eine solche »andere App«, Gleiches gilt für die Browser-Lesezeichen)*

Eine Sache hätte ich fast vergessen: Die Abo-Fallen, in die so mancher durch (versehentliches) Antippen eines Werbebanners bereits geraten ist. Davor schützt die sogenannte Drittanbietersperre, wie die Sperrung des »mobile payment« für solche Fälle genannt

Drittanbietersperre http://bit.ly/1RT4KEH

wird. Nach § 45d Abs. 3 TKG sind die Mobilfunkanbieter seit dem 10.5.2012 gesetzlich verpflichtet, einer entsprechenden Forderung seitens ihrer Kunden *unentgeltlich* nachzukommen. Außerdem ist es unter Umständen auch hier wieder angebracht, die entsprechende App bei Google zu melden. Die genannten Richtlinien besagen nämlich auch: *Interstitial-Anzeigen müssen einfach und gut sichtbar geschlossen werden können, ohne dass dies Nachteile für den Nutzer oder einen ungewollten Klick zur Folge hat.*

4.12 Was bringen sichere Apps, wenn die Schnüffler ohnehin schon im System sitzen?

Eine gute und berechtigte Frage. Nur leider wird bei der Suche nach einer Antwort die Flinte zu oft am Lauf angefasst, womit die Schnüffler am Abzug bleiben. Die am meisten verbreitete Antwort auf diese Frage ist nämlich die, auf der der Erfolg der ganzen Schnüffelei beruht: »Da kann ich es ja gleich ganz bleiben lassen.« Das ist, als würde man die Wohnungstür sperrangelweit offen stehen lassen, nur weil ein Einbrecher das Schloss ohnehin knacken kann. Anstatt auch noch auf die »letzte Stufe« (sichere Apps) zu verzichten, sollte man zumindest die Sicherheit in den darunterliegenden Schichten erhöhen (eine Kette an der Tür anbringen). So weit uns das möglich ist. Aber welche Möglichkeiten haben wir überhaupt?

Nach den aktuellsten Skandalen werde ich mir zumindest in absehbarer Zeit kein Motorola-Gerät mehr kaufen (siehe »Welche Apps und Unternehmen sammeln sonst noch fleißig?«). Ich bin mir sicher, das sehe nicht nur ich so. Ein weitreichender Boykott sollte Hersteller dreimal überlegen lassen, ob sie einen solchen für ihre Geräte riskieren wollen. Das ist ein Schritt, den wirklich jeder gehen kann.

Weitere Schritte hängen davon ab, wie technisch versiert man ist. Man kann auf die Benutzung verschiedener vorinstallierter Apps verzichten und stattdessen auf als sicher geltende Alternativen umsteigen; ein Beispiel wäre, die vorinstallierte Mail-App durch *K-9 Mail* zu ersetzen. Open-Source-Apps bieten sich hier in erster Linie an, da der Quellcode von jedem einsehbar ist. Handelt es sich darüber hinaus auch noch um eine viel genutzte und weitverbreitete App, ist es wahrscheinlich, dass andere Entwickler von dieser Chance regen Gebrauch machen. Etwaige Sicherheitslücken werden dann in der Regel auch recht schnell gestopft.

Gewährleistung http://bit.ly/20eJHOO

Wer etwas versierter ist, kann seinen Androiden auch rooten (siehe Kapitel 6.1). Das von Herstellern gern dagegen vorgebrachte Argument des Garantieverlusts ist mehr oder weniger Mumpitz, der Gewährleistungsanspruch bleibt bestehen. Sollte daher die Hardware Defekte aufweisen, haftet dafür nach wie vor der Hersteller (es sei denn, der Anwender hat nachweislich zum Beispiel die CPU durch Übertakten in eine Kochplatte verwandelt). Auf einem gerooteten Gerät lassen sich dann auch, je nach Firmware, entsprechende Sicherheits-Apps (siehe Kapitel 6.7)zum Einsatz bringen – wie beispielsweise *LBE* (closed source und daher vielleicht ein wenig suspekt), *OpenPDroid* (nur mit bestimmten Firmwares) und *XPrivacy* – mit denen sich die Rechte der installierten Apps kontrollieren lassen. Oder man friert »fragwürdige System-Apps« beispielsweise mit *Titanium Backup* einfach ein beziehungsweise löscht sie gleich vollständig (nachdem man sich durch Einfrieren davon versichert hat, dass das keine Nebenwirkungen hat, und zur Sicherheit dennoch ein Backup davon erstellt). Alles kein Hexenwerk.

Traut man sich zu, noch einen Schritt weiter zu gehen, bietet sich die Installation eines renommierten Custom-ROM (siehe Abschnitt 6.6.3) wie etwa *CyanogenMod* an. Mit einem solchen kann man relativ sicher sein, dass keine herstellerspezifischen Schnüffel-Funktionen irgendwo eingebaut sind. Auch die Nutzung anderer spezieller Sicherheitsmaßnahmen, wie etwa **VPN**, sind denkbar. Verschlüsselung verwenden, wo es geht: **HTTPS** beim Surfen, analog SSL-Verschlüsselung bei der Mail-Übertragung, vielleicht auch PGP-Verschlüsselung von Mail-Inhalten (wo es sich anbietet). Je schwieriger wir es den Schnüfflern machen, desto weniger können sie schnüffeln – der Aufwand wird irgendwann einmal auch für sie zu hoch. Und wer dem noch die Krone aufsetzen will, der befreit seinen Androiden gleich ganz von den proprietären Google-Apps sowie weiteren »Zwangs-Beglückern« – und setzt ganz auf Open Source, wie in meiner bereits genannten Artikelreihe »Android ohne Google« beschrieben.

Android ohne Google http://bit.ly/1RT4KEK

Weitere Ideen zivilen Ungehorsams lassen sich sicher aus anderen Bereichen übertragen: So kenne ich genügend Leute, die eine Payback- oder ähnliche Rabatt-Karte nutzen. Einige davon haben Zweit- und Drittkarten, die sie mit Bekannten und Verwandten teilen. Das gibt ein locker-flockiges Kundenprofil, bei dem die Auswertung sicher Spaß macht! Analogien dazu sollten sich bestimmt auch im Umgang mit Androiden finden lassen – etwa den »mobilen Hotspot« dazu zu nutzen, »über Kreuz« zu surfen. Oder auch ohne mobilen Hotspot, indem man mit Personen des Vertrauens hin und wieder das Gerät tauscht. Ich weiß, das klingt jetzt wirklich ein wenig zu kompliziert, als dass man es im Alltag regelmäßig umsetzen könnte – doch hier kann jeder seiner Fantasie freien Lauf lassen und entsprechende Ideen dann auch mit anderen teilen.

Abschließend noch ein paar Worte an diejenigen, die »nichts zu verbergen« haben. Auch wenn die »originalen Datenabgreifer« ja vielleicht »gute Absichten« hatten: Wie sicher sind die Daten auf deren Servern? *»Sicher ist, dass nichts sicher ist. Selbst das nicht.«* (Joachim Ringelnatz) Schnell gelangen »die Falschen« an die Daten. Wenn schließlich das eigene Bankkonto plötzlich leergeräumt, das Mail-Konto wegen Spamversand gesperrt und über die Konten bei Facebook & Co die »interessantesten Informationen« verbreitet wurden – ***dann*** hat man wirklich nichts mehr zu verbergen. Und wie hat Edward Snowden kürzlich so schön getwittert:

Zu argumentieren, dass einen das Recht auf Privatsphäre nicht interessiert, weil man nichts zu verbergen hat – ist wie die Redefreiheit für unwichtig zu halten, weil man nichts zu sagen hat.

Privacy http:// bit.ly/ 20eJFpt

4.13 Gibt es noch mehr zu beachten?

Das Thema lässt sich im Rahmen dieses Buchs definitiv nicht erschöpfend behandeln. Obiges hat allenfalls einige Kernpunkte angerissen – und zu viele weitere Details würden den Umfang definitiv sprengen. Wer an Letzteren interessiert ist, den möchte ich stattdessen auf die Webseite mit dem Zusatz-Material zum Buch hinweisen. An dieser Stelle daher nur noch ein paar Andeutungen:

Anständige Bürger http:// bit.ly/ 1RT4HsE

So mancher meint, er (oder sie) hätte ja schließlich »nichts zu verbergen«. Doch sogar Muster-Menschen kann es erwischen. So berichtet Michael Blume in seinem Artikel »Sollten sich »anständige Bürger« wegen der Überwachung sorgen?« aus eigener Erfahrung, wie sich Daten gegen den »Besammelten« verwenden lassen. Und man trotz späterer Aufklärung einschließlich Dementis von höchster Stelle den »Schandfleck« nicht mehr loswird.

Gefühl der Überwachung http:// bit.ly/ 20eJlkR

Judith Horchert fragt sich in ihrem Artikel »Das Gefühl der Überwachung« unter anderem: »Interessiert ein digitales Lieschen Müller die Geheimdienste?« Dabei denkt sie darüber nach, was nicht unbedingt zusammengehörige Tweets, Mails und Facebook-Nachrichten für einen Eindruck erwecken – wie sie ein ganz anderes Bild ergeben könnten, als es die Realität war. Schließlich kommt sie zu der Einsicht: »Ich habe etwas zu verbergen.« Denn: Selbst wenn wir alles erklären können – wollen wir das?

Überwachung im Alltag http:// bit.ly/ 1NIf7c4

Zu guter Letzt kann man bereits in die »Komplett-Überwachung« geraten, nur weil man in der falschen Straße wohnt. Wem das nicht reicht, der findet beim Spiegel noch weitere fünf schlechte Argumente.

Fünf Argumente http:// bit.ly/ 1RT4KEN

Von einer weiteren Folge der gesammelten Skandale aus 2013+ berichtet das Kojote-Magazin. So sollen die Krankenakten aller Paranoia-Patienten überprüft werden. Beruht die Diagnose *auf der starken Überzeugung des Patienten [...], von dunklen Mächten permanent überwacht, abgehört und/oder elektromagnetisch kontrolliert zu werden,* heißt das ab sofort nicht mehr »paranoid«, sondern »informiert«.

Kojote: Krankenakten http:// bit.ly/ 20eJlkS

4.14 Es sind doch nur Verbindungsdaten!

Abschließend noch etwas zu den »harmlosen Verbindungsdaten«, mit denen sich ja so wenig über unser Privatleben aussagen lässt. Es geht ja schließlich nicht um Gesprächsinhalte, sondern nur um Verbindungsdaten. Dann schauen wir uns doch einmal »nur

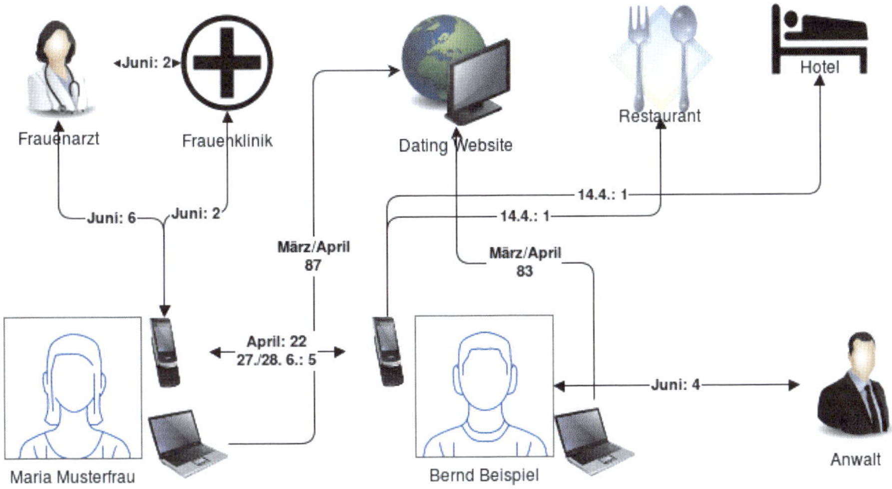

Abbildung 4.8 Harmlose und vereinfachte Verbindungsdaten – oder?

Verbindungsdaten« an, die auch noch verallgemeinert wurden: Was mag wohl hier passiert sein?

Verbindungsdaten sind oftmals nicht nur aussagekräftiger als Kommunikations-Inhalte, sondern lassen sich auch wesentlich einfacher automatisiert aufarbeiten. Im Gegensatz zu Letzteren liegen sie nämlich in strukturierten Formaten vor: Telefonnummern, E-Mail-Adressen, Zeit und Ort und mehr lassen sich so auf einfachste Weise maschinell verknüpfen. So braucht es bei der Beispiel-Grafik in Abbildung 4.8 kaum irgendwelcher Kommunikations-Inhalte, um zu erraten, was dort vorgefallen sein könnte – und in welche Richtung es sich wohl weiterentwickeln wird. Dabei habe ich sogar große Teile der verfügbaren Meta-Daten außen vor gelassen: Wo waren Maria und Bernd bei welchem Telefonat, welches Restaurant und Hotel hat Bernd kontaktiert, wer ist die Frauenärztin von Maria (und wie oft ruft sie dort sonst an)? Alles inklusive. Und mehr. Ich zitiere einmal aus zuvor verlinktem Artikel, wiederum in vereinfachender Übersetzung:

aussagekräftige Verbindungsdaten http://bit.ly/1RT4HsF

Kurz: Aggregierte Telefon-Metadaten erlauben es der Regierung, soziale Graphen zu erstellen sowie deren Entwicklung und Kommunikationsmuster über Tage, Wochen, Monate oder sogar Jahre zu studieren. Die Analyse von Metadaten kann das Wachsen und Fallen intimer Beziehungen, die Diagnose einer lebensgefährlichen Erkrankung, eine sich anbahnende Fusion oder Übernahme von Unternehmen, die Identität eines voraussichtlichen Whistleblowers, die soziale Dynamik einer Gruppe oder sogar den Namen einer anonymen Person offenbaren.

Daran sollte man übrigens auch denken, wenn der Begriff »Vorratsdatenspeicherung« fällt. Denn auch bei diesen handelt es sich schließlich »nur um Verbindungsdaten«, und wir haben ja bekanntlich »nichts zu verbergen«.

Kapitel 5
Fragen aus Alltag und Praxis

5.1 Google-Account

5.1.1 Wozu brauche ich einen Google-Account?

Klar kann man seinen Androiden auch ohne Google-Account benutzen. Bei einigen Tablets hat man zunächst nicht einmal eine andere Wahl. Doch manche Dinge funktionieren einfach nicht ohne. Zum Beispiel der *Google Play Store*, über den die meisten Apps kommen. Auch die Synchronisation von Kontakten und Terminen ist an einen Google-Account gebunden – zumindest, wenn man die Bordmittel benutzen möchte.

5.1.2 Kann ich einen Account mit mehreren Geräten nutzen?

Das ist problemlos möglich. Und das Schöne dabei: Auch die mit dem Account gekauften Apps lassen sich auf all diesen Geräten parallel nutzen, denn der Kauf ist ja an den Account gebunden.

Darüber hinaus zeigt die Google-Play-Website bei jeder App an, mit welchem Gerät selbige kompatibel ist – und gibt dem Anwender dann die Möglichkeit, sie dort zu installieren. Auch Kalender und Kontakte lassen sich auf allen mit diesem Account verknüpften Geräten synchronisieren (so man diese Funktion aktiviert hat). Kurzum: Die Sache scheint geradezu dafür ausgelegt.

Google Play Apps http://bit.ly/1natKdf

Aufpassen sollte man allerdings mit Datensicherungen (auch diese lassen sich ja auf den Google-Servern speichern) – hier wird es eventuell etwas tricky, die Daten verschiedener Geräte auseinanderzuhalten (Details dazu in einem Artikel bei *Stack Exchange*).

Multiple Devices Restore http://bit.ly/1SZndyy

5.1.3 Wie kann ich meinen Google-Account ändern?

Offensichtlich soll der Anwender dies nicht tun – denn die entsprechende Stelle in der Konfiguration lässt es nicht zu. Natürlich klappt das nach einer »**Werksrückstellung**«, da dann ohnehin alles neu eingerichtet werden muss. Das ist aber nicht immer gewünscht: Auch alle Apps müssen dann nämlich neu installiert und konfiguriert werden.

Mit einem kleinen Trick geht es aber auch ohne »Werksrückstellung«: Vom Homescreen aus geht man dazu in die Maske EINSTELLUNGEN | ANWENDUNGEN | ANWENDUNGEN VERWALTEN und wählt nacheinander folgende Anwendungen an, um deren Daten und Caches zu löschen: *GMail*, Google-Apps, GTalk (Google Talk), GTalk Services, IM und evtl. noch *Google+* und Google Storage (auch »Speicherplatz bei Google Mail« genannt; was nicht da ist, überspringt man halt). Jetzt hat der Androide seine »Kontoverbindung« vergessen und man kann diese wieder neu einrichten – mit den gewünschten »anderen Daten« oder indem man einen neuen Account erstellt.

Zugegeben ein wenig umständlich. Und so hat offensichtlich jemand ein Einsehen gehabt, denn bei aktuellen Android-Versionen geht es wesentlich einfacher: Man geht zu EINSTELLUNGEN | KONTEN & SYNCHRONISATION, wählt das zu entfernende Google-Konto aus, tippt auf die Menütaste und nutzt den auftauchenden Eintrag KONTO ENTFERNEN. Anschließend fügt man das neue Konto im erstgenannten Menü wieder hinzu.

Bei der ganzen Sache bitte bedenken: Gekaufte Apps sind, wie bereits erwähnt (siehe Abschnitt 5.1.3), an den Account gebunden, mit dem sie gekauft wurden. Entfernt man diesen vom Gerät, funktionieren sie unter Umständen nicht mehr (für Gratis-Apps gilt dies natürlich nicht).

5.1.4 Kann ich die YouTube-App mit einem alternativen Account verwenden?

Wer über mehrere Accounts verfügt (zum Beispiel einen für *GMail* und Android sowie einen anderen für YouTube) und diese gern getrennt halten möchte, kann dies auf recht einfache Weise tun:

1. YouTube-App starten
2. Aus dem Menü ABMELDEN (SIGN OUT) wählen
3. Aus dem Menü ANMELDEN (SIGN IN) wählen
4. Es sollte an dieser Stelle eine Box zur Account-Auswahl erscheinen. Sofern der gewünschte Account aufgeführt ist, kann er nun gewählt werden. Alternativ lässt sich von hier aus auch ein neuer Account anlegen.

5.2 *Google Play Store*

5.2.1 Ich finde den *Play Store* auf meinem Gerät nicht!

Dies ist hin und wieder insbesondere bei manchen Tablets »normal«: Ein Android-Gerät muss bestimmte Voraussetzungen erfüllen, damit es mit den Google-Apps ausgeliefert werden darf. Das heißt jetzt aber nicht, dass »Hopfen und Malz verloren« sind: Eine Suche in den einschlägigen Foren (viele haben gerätespezifische Unterforen) oder auch bei Google mit den Begriffen »*Google Apps*« *<Gerätename>* führen nicht selten zu einer Lösung. Diese heißt dann in der Regel: Die `gapps.apk` händisch herunterladen und auf dem Gerät installieren. Was jedoch (zumindest für die *Play Store*-App) wiederum root voraussetzt. Anmerkung: Wer sich zutraut, selbst die richtige Version zu erkennen, findet die *GApps* auch direkt bei TeamAndroid (weitere Quellen sind im »google-apps tag-wiki« bei *Stack Exchange* genannt). Die gewählte ZIP-Datei muss dabei zur auf dem Gerät laufenden Android-Version passen.

Team Android: GApps http://bit.ly/1naqhvc

Google Apps TagWiki http://bit.ly/1P6S4rj

5.2.2 Warum finde ich die App im *Play Store* nicht?

Hier ist die Antwort ähnlich zur vorigen – nur dass es diesmal einen direkten Bezug zur App hat. Entweder hat der Entwickler etwas vergessen, anzugeben (das ist nicht gerade selten), oder aber das fragliche Android-Gerät wird tatsächlich nicht unterstützt: Zu kleines Display (auf einem Motorola Flipout HD-Videos abspielen? Macht bestimmt Spaß), zu schwacher Prozessor (CPU-intensive Spiele wie *Asphalt* überfordern so manches kleine Gerät) oder die installierte Android-Version ist zu niedrig. Eine Anfrage beim Entwickler schafft häufig Abhilfe, sofern Letztere möglich ist.

5.2.3 Kann ich eine solche »inkompatible App« trotzdem irgendwie installieren?

Das ist möglich – auf verschiedene Arten und Weisen. Selbst wenn die Installation klappt, garantiert dies jedoch nicht, dass auch die App funktioniert.

XDA: Market Helper http://bit.ly/1naqePZ

Zunächst muss dafür unter Einstellungen|Sicherheit das Häkchen bei Unbekannte Quellen gesetzt werden. Auf gerooteten Geräten kann nun die App *Market Helper* zum Einsatz kommen – die es allerdings nicht im *Play Store* selbst gibt. Stattdessen besorgt man sich die `.apk`-Datei über den Link von den XDA-Developers und installiert sie sodann händisch. Beim ersten Start muss sie nun eingerichtet werden; die Dialoge sind eigentlich selbsterklärend, finden sich aber in einem Blogeintrag bei AndroidPIT ausführlich erklärt.

inkompatible Apps http://bit.ly/1P6S2zq

Nun kann es losgehen: Je nach getätigten Einstellungen glaubt der *Play Store* nun beispielsweise, man sei mit einem Nexus 4 über AT&T in den USA unterwegs, und gibt die entsprechenden Apps frei.

Oh, kein root auf dem Gerät? Eine Lösung gibt es eventuell dennoch:

Android Markets http://bit.ly/1U7GNab

- Vielleicht gibt es die App in einem anderen Market? Eine kleine Übersicht dazu gibt ein Artikel bei *IzzyOnDroid*, aber auch die unter dieser Auflistung genannte Übersicht.
- Der Entwickler bietet sie unter Umständen auf seiner Seite zum Download an.

- Wenn nicht: Einfach einmal anschreiben (eine Kontakt-Möglichkeit ist auf der Play-Store-Seite der App angegeben).

Dummy Droid http://bit.ly/1P6S2zu

- Man installiert sich *Raccoon* auf dem Computer, erstellt sich mit dessen Companion-Programm *DummyDroid* ein »kompatibles Gerät« und lädt dann das passende APK herunter.
- Klar findet man sie eventuell auch »auf dem Schwarzmarkt« (per Google-Suche oder über Tauschbörsen). Hier gilt jedoch: Besser die Finger davon lassen. Bei derartigen Quellen sind Apps gern einmal mit »Zusatz-Funktionalitäten« versehen, auf die man besser verzichtet (Malware, Schnüffel-Software und so weiter).

App Markets http://bit.ly/1naqhLw

Weitere Market-Helferlein finden sich übrigens bei *IzzyOnDroid* in der Liste »App Markets«.

5.2.4 Wie kann ich einen Play-Store-Download abbrechen?

Ärgerlich, wenn man ein Update anstößt – und plötzlich stellt man fest: Wie bitte? 257 MB Download? Im heimischen WLAN ja kein Problem. Unterwegs mit »mobilen Daten« kann so etwas jedoch schnell das gesamte Datenvolumen verschlingen, ohne dass der Download dabei fertiggestellt wird. Und ab dann geht es nur noch gedrosselt im Schneckentempo weiter. Besser also den Download zunächst abbrechen.

Dazu öffnet man die *Play Store*-App, betätigt das »Hamburger-Menü« in der oberen linken Ecke und wählt den Punkt Meine Apps aus. Hier findet sich am Kopf des Bereiches Herunterladen ein mit Stopp beschrifteter Button, den es nun mit den Wurstfingern zu treffen gilt – und Ruhe ist.

5.2.5 Kann ich mir im Browser am PC anzeigen lassen, welche Apps ich auf welchem Gerät installiert habe?

Google Dashboard http://bit.ly/1SZndyo

Auch das ist möglich. Der Weg dorthin führt entweder über das Google Dashboard, wo man zum Eintrag Play Store scrollt und dort auf Apps anzeigen klickt – oder aber, so man bereits mit seinem Google-Account angemeldet ist, direkt über den Link zu den eigenen Apps.

Auf der Seite mit den eigenen Apps findet sich oben links eine Klappbox, die mit Alle Apps beschriftet ist. Öffnet man diese, lässt sich das gewünschte Gerät auswählen – und die auf diesem Gerät installierten, im *Play Store* verfügbaren Apps werden aufgelistet.

Eigene Apps http://bit.ly/1P6S2zw

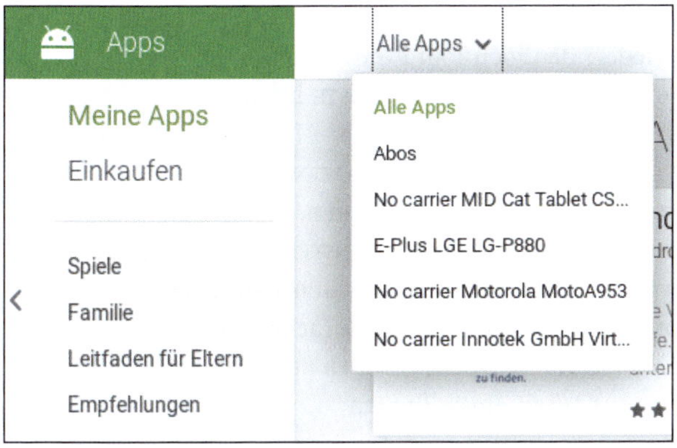

Abbildung 5.1 Installierte Apps lassen sich per Gerät auflisten.

5.2.6 Hilfe, der *Play Store* spinnt!

Sowas tut der in der Tat: Downloads starten nicht oder oder werden nicht abgeschlossen, Installationen schlagen fehl oder die Server des *Play Store* werden erst gar nicht erreicht (Anmelde-Probleme). In der Regel liegt das tatsächlich am *Play Store* beziehungsweise den Google-Servern, daher lohnt sich in solchen Fällen ein Blick auf deren Monitor, das sogenannte »Dashboard«. Steht dort alles auf »Grün«, zur Sicherheit noch im Forum vorbeigeschaut, ob gerade wieder eine Epidemie ausgebrochen ist (und auch andere betroffen sind).

Monitor http://bit.ly/1naqhLy

Ist auch das nicht der Fall, ist ein lokales Problem naheliegend. Jetzt gibt es mehrere Möglichkeiten, die einfach in dieser Reihenfolge abgearbeitet werden können. Nach jedem Schritt ist natürlich zu prüfen, ob das Problem damit schon beseitigt ist – dann kann man sich die folgenden Schritte nämlich sparen:

- In der *Play Store*-App auf die Downloads-Seite gehen, lange (mindestens ein bis zwei Sekunden) auf die Fortschrittsanzeige »drücken« und aus dem sich nach dem Loslassen öffnenden Menü Download abbrechen auswählen. Dann erneut versuchen, die App zu installieren.
- Ein Geräteneustart (herunterfahren, ausschalten, eventuell zur Sicherheit noch den Akku rausnehmen, kurz warten, gegebenenfalls Akku wieder rein, neu starten)
- Datum, Uhrzeit und Zeitzone manuell einstellen (kann später wieder auf Automatik zurückgestellt werden)
- Google Talk starten, sich dort abmelden, es wieder starten (und dann beenden)
- Unter Einstellungen | Anwendungen | Anwendungen verwalten der *Play Store*-App den Cache leeren
- An gleicher Stelle: Stoppen erzwingen, dann Daten löschen (damit sind aber auch die Einstellungen für Auto-Updates zurückgesetzt)

- Wieder an der gleichen Stelle: UPDATES DEINSTALLIEREN. Die App aktualisiert sich allerdings selbst recht bald wieder; dennoch kann dies helfen.
- Analog zu Obigem: Den Cache der GOOGLE-PLAY-DIENSTE löschen
- Prüfen, ob man etwa versehentlich den *Download-Manager* deaktiviert hat (EINSTELLUNGEN | ANWENDUNGEN | ANWENDUNGEN VERWALTEN, DOWNLOAD-MANAGER aufsuchen; zeigen dessen Details einen Button AKTIVIEREN, diesen betätigen)
- Google-Konto entfernen und wieder hinzufügen: Zu EINSTELLUNGEN | KONTEN gehen, das mit dem *Play Store* benutzte Konto auswählen, Menütaste drücken (beziehungsweise die »Action-Bar«), KONTO ENTFERNEN wählen. Gerät neu starten, und Konto via EINSTELLUNGEN | KONTEN | KONTO HINZUFÜGEN | GOOGLE neu einrichten.
- Letzter Ausweg: Zurücksetzen auf Werkseinstellungen

Lösungen für spezielle Play-Store-Probleme finden sich auch in den folgenden Punkten.

5.2.7 Unbekannter Fehler: -18

Dieser Fehler tritt nur im Zusammenhang mit **App2SD** auf, wenn eine zu aktualisierende App auf der SD-Karte installiert ist (oder eine neue dort installiert werden soll). Die einfachste Lösung ist hier: App wieder in den internen Speicher zurückverschieben, das Update erneut versuchen (sollte jetzt funktionieren) und anschließend optional wieder auf die SD-Karte damit.

Schlägt das Update noch immer fehl oder handelt es sich um eine neu zu installierende App, kann auch Folgendes helfen: Androiden per USB-Kabel an den PC anschließen und die Karte im Modus USB MASSENSPEICHER (nicht MTP/PTP) als Laufwerk freigeben. Damit steht sie dem Android-System nicht mehr zur Verfügung, was eine Installation in den internen Speicher erzwingt. Ist dies nicht möglich, weil das Gerät den **UMS**-Modus nicht unterstützt, gegebenenfalls die SD-Karte stattdessen temporär entfernen.

Eine letzte Möglichkeit ist mit Vorsicht zu genießen: Mit einem Datei-Manager auf der SD-Karte den Ordner `.android_secure` (mit Punkt vorne!) suchen und die darin befindliche Datei namens `smdl2tmp1.asec` löschen, dann die Installation beziehungsweise das Update noch einmal versuchen. Da dieser Ordner von Android selbst (ohne root-Zugriff) »ausgeblendet« wird, ist hierfür gegebenenfalls ein Kartenleser am PC notwendig.

5.2.8 Unbekannter Fehler: -24

Dieser ist in der Regel auf ein missglücktes Update zurückzuführen, dem »Altlasten« im Weg lagen. Zur Behebung hilft es meist, die installierte Version der betroffenen App zu entfernen und sodann die aktuelle Version erneut zu installieren. Tritt das Problem mit mehreren Apps auf und die beschriebene Vorgehensweise schafft keine Abhilfe, nennen etliche Quellen einen Factory-Reset als letzten Ausweg (siehe Abschnitt 2.4.3).

5.2.9 Unbekannter Fehler: -25

Offensichtlich sieht der *Play Store* kein »Downgrade« von Apps vor – denn dieser Fehler heißt nichts anderes als: »Sorry, aber da ist bereits eine neuere Version auf dem Gerät installiert.« So etwas sollte normalerweise nicht vorkommen (außer man hat die App aus »anderer Quelle« installiert). Abhilfe schafft natürlich eine Deinstallation der fraglichen App – anschließend sollte die erneute Installation erfolgreich sein.

Error -25 http://bit.ly/1P6S2zH

Hat man die `.apk`-Datei der zu installierenden App-Version vorliegen, hilft auch eine Installation mit ADB mittels `adb install -r` (siehe Abschnitt 6.8.2).

(Quelle: StackOverflow)

5.2.10 Error [RPC:S-5:AEC-0]

Zu diesem Fehler kommt es gern einmal, wenn der *Play Store* ein größeres Update erhalten hat. Wie man ihn behebt, beschreibt ein Artikel bei AndroidPIT im Detail: Man muss das Google-Konto entfernen und sich neu anmelden. Folgende Schritte sind dazu zu unternehmen:

RPC:S-5:AEC-0 http://bit.ly/1naqf6o

1. EINSTELLUNGEN | ANWENDUNGEN VERWALTEN öffnen und auf den Reiter ALLE wechseln
2. Jeweils die Apps *Google Play Store* sowie *Google Play Dienste* über den Button STOPPEN ERZWINGEN beenden, Cache leeren und Daten löschen
3. Zu EINSTELLUNGEN | KONTEN wechseln, das verwendete Google-Konto auswählen und unten rechts den Button KONTO ENTFERNEN betätigen
4. Das Gerät ausschalten und neu starten
5. Zur Sicherheit ein paar Minuten warten, bis alle Dienste wieder laufen
6. Wieder zu EINSTELLUNGEN | KONTEN wechseln und das entfernte Konto neu hinzufügen

Sobald alle Daten wieder synchronisiert sind, sollte auch der Fehler behoben sein.

Achtung: Bei Geräten mit Android 2.3 und älter werden durch die Konten-Entfernung auch alle mit selbigem verknüpften Daten (also Kontakte, Kalender und so weiter) gelöscht. Zur Sicherheit sollte daher zuvor ein Backup angelegt werden.

5.2.11 Fehler 502 beim Download

Dieser Fehler macht sich, wenn es denn zu ihm kommt, im Regelfall nur temporär bemerkbar. Die einfachste Lösung ist daher häufig, ein paar Stunden oder Tage abzuwarten. Ist dies aus irgendeinem Grund nicht möglich, findet sich Abhilfe wiederum in einem Artikel bei AndroidPIT:

Fehler 502 http://bit.ly/1P6S4HR

Die (nach bereits genanntem »Abwarten«) nächsteinfache Möglichkeit ist das Löschen des Cache der *Google Play Store*-App. Dazu geht man zuerst zu Einstellungen | Anwendungen verwalten, wechselt auf den Reiter Alle und scrollt sodann zu selbiger App. Nun den Eintrag öffnen und den Button Cache leeren betätigen. Reicht das zur Behebung nicht aus, dann das Ganze noch einmal – diesmal aber zusätzlich den Button Daten löschen auslösen. Dabei gehen allerdings auch die Einstellungen der App mit verloren.

Ist das Problem noch immer nicht gelöst, kann man wie bei Error [RPC:S-5:AEC-0] beschrieben vorgehen und das Google-Konto komplett entfernen sowie wieder neu hinzufügen.

XDA: Errors explained http://bit.ly/1naqf6B

Für die Installation einer neuen App soll es gelegentlich auch helfen, diese einfach über die Webseite des *Play Store* anzustoßen: anmelden, die App aufsuchen und den Button Installieren betätigen. Wer mehrere Geräte mit dem gleichen Konto verknüpft hat, muss nun noch das Zielgerät auswählen – und wenig später sollte die App auf selbigem erscheinen.

5.2.12 Fehler XXX

google-play-store tag-wiki http://bit.ly/1P6S2PX

Es gibt noch eine ganze Reihe von Fehlern, die mehr oder weniger häufig auftreten können. Ist der gesuchte Fehler hier nicht aufgeführt, sei noch auf eine Liste bei den XDA-Developers verwiesen, in der weitere Fehlermeldungen aufgeführt und erläutert sind. Auch das »google-play-store tag-wiki« bei Android.StackExchange.com ist diesbezüglich eine gute Anlaufstelle.

5.2.13 Wie kann ich deinstallierte Apps aus der Übersicht »Andere Apps« in meiner Bibliothek entfernen?

Google merkt sich alles. Das gilt insbesondere auch für die Apps: Alles, was man je installiert hatte, findet sich auf der Play-Store-Seite unter Meine Android Apps wieder. Selbst wenn man es schon lange wieder von allen seinen Geräten entfernt hat – unter Andere Apps in meiner Bibliothek bleibt es stehen. Zumindest auf der Webseite ist auch nicht ersichtlich, wie man da einmal aufräumen kann.

Die Apps sind in diesem Segment als »unendliche zweispaltige Tabelle« organisiert, für deren vollständige Anzeige man mehrfach den Mehr anzeigen-Knopf betätigen muss. Eine Logik in der Reihenfolge war mir nicht ersichtlich; ebenso wenig lässt sich die Liste sortieren. Wer nun häufiger neue Apps testet, hat unter Umständen ein Problem, eine (gerade deinstallierte) App wiederzufinden, wenn er sich nicht mehr an den Namen erinnert.

Hilfe findet sich hierzu in der *Play Store*-App. Zumindest ab Version 3.10.* lässt sich mit selbiger an dieser Stelle Ordnung schaffen. Dazu sucht man zunächst die Seite mit den eigenen Apps auf (entweder über MENÜ | MEINE APPS oder über das Download-Symbol in der Titelseite). Hier wählt man den Tab ALLE. Neben nicht-installierten Apps taucht in der Liste nun ein Symbol mit einem durchgestrichenen Kreis (»Parkverbot«) auf. Tippt man dieses an, erfolgt eine Abfrage: <APPNAME> AUS MEINE APPS ENTFERNEN? Einfach auf JA tippen und sie ist verschwunden – auch von der zugehörigen Play-Store-Webseite.

Dummerweise springt die Liste anschließend automatisch wieder ganz an den Anfang zurück. Wer also richtig aufräumen (und mehrere Apps von der Liste entfernen) möchte, greift zu einem kleinen Trick: Die erste zu entfernende App einfach etwas länger drücken. Nun ist sie markiert. Am oberen Seitenrand sollte ein Balken auftauchen, der links mit 1 APP MARKIERT und rechts mit ENTFERNEN beschriftet ist. Jetzt einfach die übrigen zu entfernenden Apps markieren und dann alles in einem Rutsch aufräumen lassen – fertig.

5.2.14 Lässt sich irgendwo festlegen, dass nur bestimmte Apps automatisch aktualisiert werden sollen?

In der aktuellen Play-Store-Version scheint sich das Auto-Update lediglich global aktivieren beziehungsweise deaktivieren zu lassen (auch wenn verschiedene Apps wie zum Beispiel die *Google Play Services* ihre eigenen Regeln zu haben scheinen). Was aber, wenn man nur ausgewählte Apps automatisch aktualisieren lassen möchte?

Auto-Update http://bit.ly/1naqfmS

Eine Möglichkeit dazu findet sich bei *Stack Exchange* beschrieben. Zum Zuge kommt dabei wiederum eine App, die in diesem Buch bereits des Öfteren genannt wurde: *Titanium Backup*. Betätigt man in dieser aus dem Hauptbildschirm die Menütaste, ist unter PLAY STORE / MARKET der Punkt AUTOMATISCHE MARKET-UPDATES zu finden. An dieser Stelle lässt sich das Verhalten pro App festlegen. Die getätigten Einstellungen greifen natürlich nur, wenn in der *Google Play Store*-App die automatischen Updates generell aktiviert wurden. Und leider scheinen die Google-Services dies aktuell wieder zu überschreiben, sodass dieser »Fix« nur kurzzeitig wirkt.

Titanium Backup

5.2.15 Kann ich auf einem Gerät mehrere Google-Accounts für den *Play Store* verwenden?

Sinnvoll wäre dies für verschiedene Szenarien: Geschäftliches von Privatem trennen oder der Wechsel zu einer neuen *GMail*-Adresse ohne Verlust der gekauften Apps wären nur zwei davon. Und glücklicherweise ist dies mittlerweile auch recht einfach möglich.

Einen neuen Account kann man beispielsweise unter EINSTELLUNGEN|KONTEN & SYNCHRONISATION erstellen, auch wenn dort bereits ein Google-Account besteht. Eine weitere Möglichkeit ist, dies gleich direkt in der *Play Store*-App zu erledigen: Unter MENÜ|KONTEN findet sich dafür der Punkt KONTO HINZUFÜGEN. Beides führt zum Einrichtungs-Wizard, in dem sich entweder ein bereits bestehendes Konto eintragen oder ein neues anlegen lässt.

An besagter Stelle in der *Play Store*-App lässt sich dann auch das für die jeweilige Einkaufstour zu verwendende Konto auswählen.

5.2.16 Wie kann ich im *Play Store* das Land wechseln?

Nein, es geht nicht um das Aushebeln regionaler Beschränkungen, sondern vielmehr um einen Umzug: Da gibt es Apps, die beispielsweise in Österreich verfügbar sind, in Deutschland jedoch nicht. Hat nun jemand seinen Wohnort von Deutschland nach Österreich verlegt, ist der Wunsch der entsprechenden Umstellung im *Google Play Store* also völlig legitim. Nur wie wird er bewerkstelligt?

Zuerst müssen die in Google Wallet hinterlegten Adressdaten aktualisiert werden. Dazu gehört auch die mit dem Google-Konto verknüpfte Kreditkarte, die in unserem Beispiel nun aus Österreich stammen sollte.

So weit scheint alles nachvollziehbar – dennoch werden besagte österreichische Apps gegebenenfalls noch immer als »in Ihrem Land nicht verfügbar« angezeigt: Google Play hat vom Adresswechsel offensichtlich noch nichts mitbekommen. Was hier hilft, ist der Kauf einer beliebigen App (wenn man sie nicht braucht, kann man sie ja binnen zwei Stunden wieder retournieren). Durch den Kauf muss Google Play seine Daten mit Google Wallet abgleichen und weiß nun Bescheid: Jetzt sind besagte österreichische Apps verfügbar, der »Länderwechsel« ist erfolgreich vollzogen.

5.2.17 Wie kann ich im *Play Store* bezahlen?

Google Checkout http:// bit.ly/ 1P6S4Yc

Es gibt zahlreiche Apps im *Play Store*, die man einfach gratis herunterladen kann. Doch oftmals bietet sich auch ein Kauf an: Sei es, dass man den Entwickler unterstützen möchte, dass die Werbung nervt oder die Kaufversion einer App einfach mehr Features bietet. Doch welche Möglichkeiten zum Bezahlen gibt es?

WireCard http:// bit.ly/ 1naqhLN

Lange Zeit hieß die einzige hierzulande verfügbare Methode »Kreditkarte«. Die Informationen zu selbiger müssen bei Google Checkout (früher *Google Wallet* genannt) hinterlegt werden; die Aufforderung dazu erfolgt automatisch beim ersten Einkauf. Es muss dabei nicht unbedingt eine »herkömmliche« Kreditkarte zum Einsatz kommen, auch sogenannte »Prepaid-Kreditkarten« wie beispielsweise WireCard lassen sich verwenden.

Und limitieren gleichzeitig das Risiko – denn wie viel Geld ausgegeben werden kann, lässt sich im Vorfeld beim Aufladen festlegen. Damit eignet sich dieses Zahlungsmittel auch insbesondere für den Nachwuchs, den man an die Eigenverantwortung heranführen möchte.

Alternativ gibt es bei einigen Mobilfunk-Anbietern die Möglichkeit, das Ganze über die Telefonrechnung abzuwickeln. Allerdings ist dies nicht bei jedem Anbieter möglich.

Es gibt aber auch für *Google Play* Guthaben-Karten wie bei *iTunes* & Co. Erwerben lassen sie sich in zahlreichen Super- und Elektronik-Märkten; so bei Rewe, Saturn, Media-Markt und etlichen weiteren, mit einem Wert von 15, 25 oder 50 Euro bestückt. Der Guthaben-Code wird auf der Rückseite freigerubbelt und in der *Play Store*-App unter EINLÖSEN eingetragen. MaTT von Android-TV zeigt in einem Video detailliert, wie das funktioniert.

Android-TV
http://
bit.ly/
1P6S2Q2

Paypal ist ebenfalls ein valides Zahlungsmittel bei *Google Play* – womit auch den letzten Kauf-Verweigerern die Ausrede »kann nicht« genommen wurde.

5.2.18 Wie kann ich den *Play Store* vor der Kaufwut meiner Sprösslinge schützen?

(Sorry Kids – aber die reißerische Überschrift soll die Kaufwut der Erwachsenen für mein Buch anstacheln. Ihr könnt das Folgende aber ebenso gut einsetzen, damit sich die Mama nicht kreischend per Zalando durch die Gegend bewegt.)

Gibt man den eigenen Androiden zeitweilig aus der Hand, soll der Beglückte natürlich nicht grenzenlos kostenpflichtige Apps herunterladen. Doch dagegen kann man sich mit wenigen Schritten absichern:

1. Zunächst die *Play Store*-App öffnen.
2. Dort das Menü öffnen und den Punkt EINSTELLUNGEN auswählen.
3. Unter NUTZERSTEUERUNG findet sich der Punkt AUTHENTIFIZIERUNG FÜR KÄUFE ERFORDERLICH. Diesen auswählen.
4. In der folgenden Liste auswählen, wie der Schutz aussehen soll. Zur Auswahl stehen in der Regel FÜR ALLE KÄUFE (also vor jedem einzelnen Einkauf erneut), ALLE 30 MINUTEN (nach einmaliger Passwort-Eingabe ist für 30 Minuten keine weitere Verifikation des Passwortes notwendig) und NIE (also gar keine Passwort-Abfrage).
5. Es erfolgt nun eine Passwort-Abfrage. Hier ist das Passwort des Google-Kontos einzugeben.

Ist das erledigt, muss (bei entsprechender Auswahl) vor jedem Einkauf – sei es eine kostenpflichtige App oder auch ein Einkauf innerhalb einer App – das Google-Passwort eingegeben werden.

5.3 Apps

5.3.1 Was passiert mit einer App, wenn sie aus der Liste zuletzt genutzter Anwendungen gewischt wird?

Vor Android 4.0 erreichte man die Liste zuletzt genutzter Apps durch langes Drücken auf die »Home«-Taste und konnte so zu einer dieser Apps zurückkehren – mehr ging da nicht. Mit Android 4 wurde die »Multi-Tasking-Taste« eingeführt und zeigt nun Screenshots der zuletzt genutzten Apps. Beiden Varianten ist gemein, dass an dieser Stelle aufgeführte Apps nicht zwangsläufig noch im Hintergrund laufen (selbst über einen Task-Killer beendete Apps sind hier noch aufgeführt). Doch durch eine Wisch-Bewegung lassen sie sich nun aus der Liste entfernen. Was aber passiert dabei eigentlich?

Das Offensichtliche zuerst: Die betroffene App wird aus der Liste zuletzt genutzter Apps entfernt, taucht also bis zu ihrem nächsten Start hier nicht mehr auf. Doch das ist natürlich nicht alles: Sie wird gleichzeitig auch »beendet«. Und zwar in etwa so, als hätte man in der App selbst so oft die ZURÜCK-Taste gedrückt, bis sie sich schließt. Mit anderen Worten: Die App wird höflich gebeten, sich doch zu beenden – sie wird jedoch nicht »gekillt«. Soll sie vollständig beendet werden, drückt man stattdessen länger auf den betreffenden Eintrag, wodurch man zu den App-Details gelangt. Hier kann man nun den BEENDEN-Button betätigen.

Wer sich für genauere Einzelheiten interessiert, findet diese unter anderem in einem Artikel bei *Stack Exchange*.

Swipe Recent http://bit.ly/1naqf6w

5.3.2 Verbrauchen Homescreen-Widgets Ressourcen, auch wenn der entsprechende Bildschirm nicht angezeigt wird?

Sicher werden von einem Widget auch Ressourcen belegt, wenn es gerade nicht sichtbar ist: Der verwendete Launcher muss sich ja merken, welchen Platz es belegt. Auch das generelle Layout bleibt im RAM hinterlegt, damit der Anwender nicht bei jedem Bildschirm-Wechsel erst lange auf dessen Aufbau warten muss.

Der Ressourcen-Verbrauch der Widgets selbst kann sicher vernachlässigt werden, so groß sind sie schließlich selten. Doch muss man sich bewusst sein, dass in der Regel hinter jedem Widget ein Dienst steht, der dieses aktualisiert. Auch dieser benötigt Ressourcen, um die gewünschten Informationen aufzubereiten und bereitzustellen. Wie stark das ins Gewicht fällt, hängt von der Art des Widgets ab: Zeigt es nur Informationen zu einem ohnehin laufenden Dienst (etwa neue Mails) an, ist der »zusätzliche Aufwand« eher gering. Geht es hingegen darum, welcher Song gerade auf dem Lieblingssender läuft, wird es definitiv mehr – diese Informationen müssen zusätzlich regelmäßig aus dem Netz abgerufen werden.

Das waren jetzt nur kurze Beispiele. Wer sich für detailliertere Hintergrund-Informationen interessiert, dem sei Dans Artikel bei *Stack Exchange* empfohlen.

Widgets active http://bit.ly/1P6S2Q9

5.3.3 Was bedeutet die Nachricht, dass installierte Apps optimiert werden?

Um eine aussagekräftige Antwort zu finden, hat sich eldarerathis bei *Stack Exchange* den Quellcode des Package-Managers vorgenommen und ihn analysiert. Das Ergebnis: Der **Dalvik-Cache** wird aktualisiert. Dieser Schritt ist in mehreren Fällen notwendig: Bei einem neuen Gerät beziehungsweise nach einem **Factory-Reset** muss der Dalvik-Cache initial erstellt werden – und nach einem System-Update, bei dem auch die Dalvik-Engine Aktualisierungen erfahren hat, muss er entsprechend angepasst werden.

App Optimization http://bit.ly/1naqfn8

Abbildung 5.2 Apps werden optimiert.Beim ersten Geräte-Neustart nach einer Aktualisierung auf Android 4.x erscheint auf dem Display der Hinweis: »Android wird aktualisiert«, darunter ein Zähler: »App x von y wird optimiert«. Was aber hat es damit auf sich?

5.3.4 Wie kann ich an ältere Versionen installierter Apps kommen?

Da ist es wieder einmal passiert: Ein Update macht eine App instabil oder entfernt lieb gewonnene Funktionalität. Es gibt einige Gründe, warum man gelegentlich lieber auf eine ältere Version zurückgreift. Nur woher nehmen?

AppMonster

Im Thema Alternative Verwaltung (siehe Abschnitt 2.2.6) habe ich ja bereits erwähnt, wie man für diesen Fall Vorsorge treffen kann: indem man beispielsweise mit *AppMonster* bei jeder Installation und jedem Update ein Backup erstellen lässt. Doch meist wird man erst »aus Schaden klug« und hat daher bei erstmaligem Auftreten dieses Problems noch kein derartiges Backup zur Hand.

Android Drawer http://bit.ly/1SZndhW

Im Zusammenhang mit Play-Store-Alternativen (siehe Abschnitt 2.2.5) wurde für diesen Fall eine passende Quelle benannt: Android Drawer. Dort findet man für die meisten Gratis-Apps .apk-Dateien zum Download, auch für mehrere Versionen. Ähnlich sieht es beim ebenfalls dort genannten F-Droid aus. Ein weiterer Anlaufpunkt findet sich mit Freeware-Lovers.

F-Droid http://f-droid.org

Nicht fündig geworden? Das dürfte insbesondere bei Kauf-Apps zutreffen. In jedem Fall lohnt sich dann eine Anfrage beim Entwickler. Gerade, wenn ein Bug Anlass für den Downgrade-Wunsch ist, eine gute Idee: Mit etwas Glück erhält man stattdessen

Freeware-Lovers http://bit.ly/1P6S5eB

sogar eine neuere, noch nicht veröffentlichte Version der App, in der das Problem schon behoben wurde.

5.3.5 Ich habe eine APK-Datei auf meinen PC heruntergeladen. Wie installiere ich sie jetzt?

Eine besonders nach dem vorigen Punkt berechtigte Frage, auf die es mehrere Antworten gibt:

- Bei auf dem PC installierter **Android Debug Bridge** einfach mittels adb install </Pfad/dateiname.apk> (siehe Abschnitt 6.8.2))
- Analog dazu: Nach Kopieren der Datei auf den Androiden mit einer Terminal-Emulator-App an der Kommandozeile pm install <dateiname.apk> ausführen.
- APK-Datei auf die SD-Karte des Androiden kopieren, dort mit einem Dateimanager (siehe Abschnitt 2.8.12) zu selbiger navigieren und AUSFÜHREN. Sofern der Dateimanager auch auf das lokale Netzwerk zugreifen kann, spart man sich unter Umständen das Kopieren und navigiert einfach direkt zur APK-Datei auf dem PC.
- APK-Datei an die eigene *GMail*-Adresse schicken und in der *GMail*-App dann direkt aus dem Anhang STARTEN.
- APK-Datei in den eigenen Dropbox-Account hochladen und auf dem Androiden mit der Dropbox-App öffnen.
- Eine App zur Verwaltung des Androiden vom PC nutzen (siehe Abschnitt 2.6). Die meisten Kandidaten unterstützen auch die Installation von Apps.

In allen Fällen (mit Ausnahme der Installation via ADB) gilt, dass in EINSTELLUNGEN | APPS die Option FREMDE QUELLEN ZULASSEN aktiviert sein muss.

5.3.6 aLogCat zeigt unter Jelly Bean keine Einträge anderer Apps mehr an!

Das ist korrekt: Ab Android 4.1 hat Google das Sicherheits-Modell für den Zugriff auf die Systemlogs geändert. Davon betroffen sind neben *aLogCat* natürlich auch alle anderen ähnlichen Apps – sofern nicht »Herr Root« zum Einsatz kommt.

Auch dafür gibt es verschiedene Lösungsmöglichkeiten, von denen ein Artikel bei *Stack Exchange* einige aufzählt:

aLogCat JellyBean http://bit.ly/1naqi2h

- Bei »angeschlossenem PC« einfach alternativ adb logcat nutzen

- Mit root: Der jeweiligen Log-App die Permission `READ_LOGS` geben. Für *aLogCat* wäre der zugehörige Befehl: `pm grant org.jtb.alogcat android.permission.READ_LOGS`. Zusätzlich muss die App dann (beispielsweise mittels *Titanium Backup*) in eine System-App umgewandelt werden – denn nur diesen wird die `READ_LOGS`-Berechtigung auch gewährt.

- Aus dem vorigen Punkt ließe sich ableiten: eine Log-Lese-App suchen, die bereits über diese Berechtigung verfügt. Das reicht leider nicht: Die App scheint dennoch root zu benötigen, sofern es sich nicht um eine System-App handelt.

5.3.7 Ich erhalte ständig die Meldung »App xyz wurde unerwartet beendet«

Kommt dies gelegentlich vor, ist es einfach nur ärgerlich – und man sollte sich an den Entwickler der App wenden. Tragisch wird es jedoch, wenn eine App das bereits beim Starten meldet, und zwar immer, sich also gar nicht mehr starten lässt. In den meisten Fällen sorgt hier Folgendes für Abhilfe:

In den System-Einstellungen unter APPS die entsprechende App heraussuchen und auf den Button CACHE LEEREN drücken. Hilft dies auch nicht, an gleicher Stelle DATEN LÖSCHEN (gegebenenfalls zuvor ein Backup machen). Ab und an löst auch eine einfache Neuinstallation der App das Problem.

Handelt es sich bei der fraglichen App um den *Google Play Store* oder eine andere Google-App, könnten auch die Tipps unter »Hilfe, der *Play Store* spinnt!« nützlich sein.

5.3.8 Google Play-Dienste verbrauchen plötzlich enorm viel Akku!

Gerade gewundert, warum der Akku so schnell leer war – und unter EINSTELLUNGEN | AKKUVERBRAUCH festgestellt, dass *Google Play-Dienste* mit Abstand der größte Verbraucher war? Das scheint des Öfteren vorzukommen. Doch selbst wenn die Ursachen nicht ganz klar sind, gibt es ein paar Möglichkeiten, dies in den Griff zu bekommen – bis ein Update das Problem hoffentlich löst:

- Häufig scheinen die Standortdienste dahinterzustecken. Dann hilft es, unter EINSTELLUNGEN | STANDORTDIENSTE die Option ZUGRIFF AUF MEINEN STANDORT zu deaktivieren.
- Brachte das nicht den gewünschten Erfolg, hilft ein »Reset« der App: Unter EINSTELLUNGEN | APPS die *Google Play-Dienste* heraussuchen, deren Eintrag öffnen. Dann die Buttons CACHE LEEREN und DATEN LÖSCHEN betätigen. Schließlich die App mit STOPPEN ERZWINGEN zwangsbeenden und den Androiden neu starten.

- Besteht das Problem weiterhin? Vorigen Schritt wiederholen. Diesmal jedoch zusätzlich vor dem Neustart noch den Button UPDATES ENTFERNEN betätigen. Keine Angst, Updates werden automatisch wieder eingespielt – allerdings nicht unbedingt sofort.
- Da, wie eingangs erwähnt, häufig die Standortdienste hinter dem Problem stecken, kann unter Umständen auch *Google Maps* involviert sein. Dieser App ist dann ebenfalls die beschriebene Behandlung zu verpassen. Wer *Google Maps* ohnehin nicht benutzt, kann es nach der Deinstallation der Updates auch DEAKTIVIEREN: Was nicht aktiv ist, sollte auch keine Probleme machen.

5.3.9 Kann ich eine App davon abhalten, ständig im Hintergrund zu laufen?

Insbesondere *Google Maps* ist dafür bekannt, des Öfteren permanent im Hintergrund zu laufen – obwohl der Anwender die App gar nicht gestartet hat. Aber auch andere Apps laufen gern weiter, wenn man dies gar nicht wünscht. Zum Glück gibt es da Abhilfe:

- Wird die App überhaupt nicht benötigt: Deinstallieren – oder im Falle einer System-App deaktivieren. Beides lässt sich im Menü EINSTELLUNGEN | APPS bewerkstelligen. System-Apps findet man hier im Reiter ALLE. Den Eintrag der unerwünschten App durch Antippen öffnen und dann den entsprechenden Button betätigen.

Greenify

- *Benötigt man die App gelegentlich oder auch regelmäßig, hilft Greenify* weiter: Mit dieser App lassen sich unsere Kandidaten »temporär deaktivieren«, wann immer sie nicht im Vordergrund laufen. Welche Apps *Greenify* auf diese Weise behandeln soll, legt der Anwender selbst fest. Das Ganze passiert dann völlig transparent: Alles, was man merkt, ist, dass die App nicht mehr im Hintergrund läuft – und somit auch keine Ressourcen verbraucht, wenn man sie nicht gerade aktiv nutzt. In manchen Fällen ist dabei **root** hilfreich, wird jedoch nicht zwingend vorausgesetzt. Genauer beschrieben ist dies im Abschnitt »Helferlein« in Abschnitt 6.6.3.

Autorun Manager Pro

- *Mit root lassen sich bei Bedarf auch gewisse »automatische Starts« von Apps deaktivieren – beispielsweise mithilfe der App Autorun Manager Pro.* Auf diese Weise kann man beispielsweise unterbinden, dass besagtes *Google Maps* automatisch »anspringt«, wenn sich etwa der Netzwerk-Status ändert. Näheres findet sich im Kapitel »Apps am automatischen Starten hindern« in Kapitel 6.2.

5.4 Backup

Backup types http://bit.ly/1P6S5eE

5.4.1 Welche Arten von Backups gibt es eigentlich und was wird da jeweils gesichert?

Auf dieses Thema geht ein Artikel bei den XDA-Developers ein, der auch Links zu weiterführenden Informationen beinhaltet. Das Wesentlichste sei hier kurz zusammengefasst:

Backup-Typ	Was wohin gesichert wird
Google Sync (aka »Google Cloud Backup«)	Kontakte, Kalender, Docs/*Drive*, *GMail*, Google Photos, Google Reader, »Internet & Instant« (Lesezeichen unter anderem), WLAN-Passwörter und mehr werden in der Google-Cloud abgelegt. Es soll auch die Daten der installierten Apps in der Cloud speichern und zwischen Geräten synchronisieren – in der Praxis hat es sich aber als extrem unzuverlässig erwiesen.
Dropbox & Co.	Vom Anwender speziell vorgegebene Dateien und Verzeichnisse. Der Umfang variiert je nach Cloud-Service. Etliche Apps verfügen zudem über Dropbox-Support. So können zum Beispiel auch mit *Titanium Backup* erstellte Datensicherungen hier abgelegt werden.
Titanium Backup	Apps und ihre Daten sowie Systemeinstellungen und mehr werden auf die SD-Karte gesichert. Ebenfalls möglich ist die Speicherung in der Cloud – so wird zum Beispiel Dropbox direkt unterstützt. Benötigt **root**-Rechte.
ADB Backup	Apps und ihre Daten werden auf das System gesichert, das den Backup-Prozess ausgelöst hat (in der Regel ist dies der PC, an den das Android-Gerät per USB-Kabel angeschlossen wurde – es gibt aber auch Implementierungen dieses Backup-Typs direkt in einer App, zum Beispiel *Helium*, ehemals als *Carbon Backup* bekannt). Erst ab Android 4.0 verfügbar.
Samsung Kies (und andere herstellerspezifischen PC-Suites)	Nur für die Geräte des jeweiligen Herstellers verfügbar und sowohl im Umfang als auch in Sachen Zuverlässigkeit durchaus verschieden.
Nandroid Backup	Erstellt 1:1-Sicherungen der meisten (und aus Anwendersicht wichtigsten) Partitionen des Android-Gerätes in sogenannten »Image Dateien« beziehungsweise **Tar**-Archiven. Auf diese lässt sich unter anderem auch mit *Titanium Backup* zugreifen. Benötigt **root** und ein Custom-**Recovery**.
Diverse datenspezifische Backups	Je nach Backup-App werden hier SMS, MMS, Anruflisten, Lesezeichen, Kontakte, Termine oder andere Daten (gegebenenfalls auch Kombinationen der genannten Auswahl) auf die SD-Karte oder in die Cloud gesichert.

5.4.2 Wie kann ich vom Android-Gerät auf ein Nandroid-Backup zugreifen?

Nandroid Manager

Am einfachsten kann dies geschehen, wenn man dafür ein kleines Helferlein aus dem *Google Play Store* verwendet. Dafür bietet sich beispielsweise der *Nandroid Manager* an, mit dem sich zusätzlich auch einzelne Komponenten wie WLAN-APNs, Kurznachrichten, Anrufprotokolle oder Apps einschließlich ihrer Daten wieder herstellen lassen – was übrigens auch von *Titanium Backup* unterstützt wird.

5.4.3 Kann ich Backups auf einem anderen Gerät wieder herstellen?

Das hängt unter anderem von der Art des Backups ab. Mit einem **Nandroid**-Backup sollte man dies besser nicht versuchen (es sei denn, es handelt sich um identische Geräte). Bei »datenspezifischen Backups« (wie sie von verschiedenen Apps im *Play Store* angeboten werden) dürfte es hingegen keinerlei Probleme geben. Geht es um das »Google Cloud Backup«, lässt sich ohnehin keine Auswahl treffen (es klappt oder auch nicht oder nur teilweise – der Anwender hat darauf keinen Einfluss).

Titanium Backup

Mit von *Titanium Backup* erstellten Sicherungen sollte es keinerlei Probleme geben, sofern man nur Benutzer-Anwendungen (sowie ihre Daten) wieder herstellt. Vorsicht ist geboten, sobald System-Anwendungen und -daten ins Spiel kommen: Zwar bietet *Titanium Backup* hierfür einen speziellen Migrations-Modus – Garantien gibt es jedoch keine.

Helium Backup

Ähnlich steht es um »ADB-Backups«. Bei deren Wiederherstellung lässt sich bekanntermaßen keine Auswahl treffen: Es wird immer die gesamte Backup-Datei wiederhergestellt. Enthielt diese nur (eine) einzelne User-App(s), sind eigentlich keine Probleme zu erwarten – schließlich synchronisiert auch *Helium* Apps und Daten auf diese Weise geräteübergreifend. Von der Wiederherstellung einer Komplettsicherung auf einem anderen Gerät sollte man jedoch, wie bereits beim **Nandroid**-Backup, Abstand nehmen.

5.4.4 Kann ich Backups automatisieren und außerhalb meines Gerätes speichern?

Auch das ist möglich – wobei die Auswahl der einzusetzenden Apps nicht zuletzt davon abhängt, ob das betroffene Gerät gerootet ist oder nicht. Sowohl *Helium Backup* (funktioniert ohne root, mit leichten Einschränkungen) als auch *Titanium Backup* (benötigt root) unterstützen einen »Scheduler«, über den sich Backups automatisch zu festgelegten Zeiten erstellen lassen. Beide unterstützen auch von Haus aus die Speicherung bei verschiedenen Cloud-Diensten (Dropbox, Box, *Google Drive*).

FolderSync

Wem diese Cloud-Dienste »nicht ganz geheuer« sind, der möchte die Daten jedoch lieber auf dem eigenen Rechner (oder NAS) ablegen. Dafür greift man einfach zu einem weiteren Tool: *FolderSync*. Neben einer Reihe weiterer Cloud-Dienste unterstützt diese App auch FTP, FTPS, SFTP und sogar Samba/CIFS, sodass als Speichermedium problemlos der eigene Rechner verwendet werden kann. Dazu konfiguriert man »Ordner-Paare«: Einem lokalen Verzeichnis wird ein Verzeichnis auf dem »entfernten System« zugeordnet, mit dem es synchron gehalten werden soll. Auf diese Weise lassen sich neben den regulären Backups auch gleich weitere Dinge »in Sicherheit bringen« – etwa aufgenommene Fotos. Erweiterte Einstellungen für die Synchronisation (Zeitpunkte, bidirektionaler Sync oder nur auf den Server kopieren, nur WLAN verwenden) sind so ebenfalls möglich – und einiges mehr.

5.5 Medien

5.5.1 Wie kann ich Dateien in der Mediengalerie ausblenden?

Einzelne Verzeichnisse (einschließlich deren Unterverzeichnisse) lassen sich »ausblenden«, indem man in ihnen eine Datei mit dem Namen `.nomedia` (also mit Punkt vorne) anlegt. Dies lässt sich am einfachsten mit einem Dateimanager bewerkstelligen. Damit werden diese Verzeichnisse vom Medien-Scan ausgeschlossen – und ihre Inhalte somit in der Galerie nicht mehr angezeigt.

5.5.2 Wie kann ich eigene Töne als Klingelzeichen, Benachrichtigung oder für den Wecker nutzen?

Dafür gibt es spezielle Verzeichnisse auf der SD-Karte:

Verzeichnis	Verwendung
`alarms`	Alarm-Töne
`notifications`	Benachrichtigungstöne
`ringtones`	Klingeltöne
`ui`	Tastatur-Klick-Sounds und so weiter

Wo genau diese anzulegen sind, unterscheidet sich offensichtlich bei verschiedenen Android-Geräten. Der Wahrscheinlichkeit nach geordnet, sollte dies an folgenden Stellen geschehen:

- `/sdcard/media/audio`
- `/sdcard/media`
- `/sdcard`

In den in der Tabelle genannten Unterverzeichnissen werden die gewünschten Sound-Dateien dann platziert. Damit das System sie auch findet, muss der Medien-Scanner sie aber zunächst erfasst haben – also nicht wundern, wenn sie nicht sofort auftauchen!

SDRescan

Eine sichere Möglichkeit, einen Medien-Scan anzustoßen, besteht im Neustart des Androiden: Nach jedem Booten wird der Scanner nämlich automatisch ausgeführt. Wer nicht so lange warten will, lädt sich das kleine Tool *SDRescan* aus dem *Play Store* und

Kitkat SD refresh http://bit.ly/1naqiiB

SD Scanner

stößt den Scan damit manuell an (was leider ab Android 4.4 nicht mehr funktioniert, da Apps das dort ohne root-Rechte nicht mehr dürfen. Abhilfe schafft hier *SD Scanner*, der einen Kitkat-kompatiblen Ansatz gefunden hat). Anschließend sollten sich die neuen »Töne« als Klingelzeichen und so weiter auswählen lassen.

5.5.3 Wie kann ich aufgenommene Fotos und Videos automatisch auf der SD-Karte speichern lassen?

Bei den meisten Geräten ist gar nichts anderes vorgesehen, als selbst gemachte Fotos und Videos auf der Speicherkarte abzulegen – der interne Speicher ist oftmals ohnehin schon zu knapp bemessen. Ist dies jedoch einmal nicht der Fall, lässt es sich in der Regel in der Kamera-App selbst konfigurieren. Dazu öffnet man selbige und dort das Einstellungsmenü (sofern kein entsprechendes Icon angezeigt wird, einfach einmal die Menütaste betätigen). Hier sollte nun ein Menüpunkt SPEICHER zu sehen sein – unter dem man zwischen TELEFONSPEICHER (dem internen Speicher) und SPEICHERKARTE wählen kann. Manche Kamera-Apps erlauben sogar, explizit ein bestimmtes Verzeichnis vorzugeben.

5.6 Umgang mit der SD-Karte

5.6.1 Wo finde ich die SD-Karte im lokalen Dateisystem?

Die meisten Geräte binden sie unter `/sdcard` ein. Leider jedoch ist dies kein Standard, sodass insbesondere bei Geräten mit zusätzlicher »interner SD-Karte« Abweichungen gelten. So findet sich die »externe« SD-Karte beispielsweise beim Motorola Xoom unter `/mnt/external1` – andere Geräte binden die Karte unter `/sdcard/external_sd` ein, wiederum andere legen sie auf `/mnt/sdcard` oder gar `/mnt/sdcard/external_sd`... Ein »relativer Standard« ist `/storage/sdcard0`, aber nicht jeder Hersteller hält sich daran. Ist die Karte an keiner der genannten Stellen auffindbar, hilft gegebenenfalls ein Blick ins Handbuch – oder eine Frage im Forum.

Ein kleiner Trick an der Kommandozeile macht sich zunutze, *wie* das System SD-Karten einbindet. So lässt sich mittels `adb shell` (siehe Abschnitt 6.8.4)oder einer Terminal-App der Befehl `mount | grep vold | awk '{print $2}'` absetzen. Die Ausgabe enthält dann alle Verzeichnisse, in denen eine SD-Karte eingebunden ist.

5.6.2 Wie kann ich vom PC auf die SD-Karte zugreifen?

Eine Möglichkeit wäre natürlich, sie aus dem Gerät zu entnehmen und (gegebenenfalls mittels eines Adapters) über einen Kartenleser an den PC anzuschließen. Das ist natürlich ein wenig umständlich – insbesondere dann, wenn man (wie bei einigen Geräten der

Fall) nur an sie herankommt, nachdem man den Akku entfernt hat (oder es sich um ein Nexus-Gerät handelt, das nur über eine »fest verbaute« interne SD-Karte verfügt). Daher gibt es eine einfachere Möglichkeit: Man verbindet das Gerät mittels eines USB-Kabels mit dem Computer. Oftmals wird sie dabei automatisch auf Letzterem angezeigt. Ist dies nicht der Fall, zieht man auf dem Androiden kurz die Benachrichtigungsleiste auf: Bei angeschlossenem USB-Kabel sollte sich nun hier ein Punkt finden, über den man die Karte an den PC freigeben kann. Als Symbol trägt dieser meist ein USB-Icon.

Klappt dies nicht, finden sich weiterführende Details im Abschnitt »Shared Storage« – oder »Die« SD-Karte (siehe Abschnitt 2.3.2).

5.6.3 Wie kann ich einen Rescan der SD-Karte veranlassen?

Das ist bereits als Teil der Frage zu eigenen Klingeltönen (siehe Abschnitt »Wie kann ich eigene Töne als Klingelzeichen, Benachrichtigung oder für den Wecker nutzen?«) behandelt worden – sei aber an dieser Stelle nochmals zusammengefasst. Verschiedene Möglichkeiten kommen dazu infrage:

- Den Androiden neu starten. Der Media-Scanner wird dann automatisch nach vollendetem Boot vom System initialisiert. Klappt immer.
- In Einstellungen | Speicherverwaltung die Speicherkarte entfernen und anschließend wieder einbinden. Auch dadurch löst das System den Medien-Scan automatisch aus. Klappt nur, sofern auch eine externe SD-Karte vorhanden ist.
- Das Gleiche per ADB Shell-Befehl (siehe Abschnitt 6.8.4) emulieren: `adb shell "am broadcast -a android.intent.action.MEDIA_MOUNTED -d file:///mnt/sdcard"` (gaukelt dem System vor, die SD-Karte wäre gerade neu eingebunden worden). Wer dies per SSH versuchen möchte, muss gegebenenfalls noch entsprechende Umgebungsvariablen setzen.

Trigger media scan http://bit.ly/1P6S36v

- Mit einer App wie *SD Scanner* den Media-Scanner per Widget aktivieren.
- Auf manchen Geräten findet sich unter Einstellungen | Entwickleroptionen | Entwickler-Werkzeuge | Media-Provider ein mit Scan SD Card beschrifteter Button, der in der Regel das tut, was die Beschriftung verspricht.

SD Scanner

5.6.4 Wie kann ich meine SD-Karte wechseln?

Banale Antwort: alte Karte raus, neue rein. Aber die Frage gilt sicher in erster Linie der Tatsache, dass man die darauf enthaltenen Daten auch gern auf die neue, größere Karte mitnehmen möchte. Auch das stellt aber kein Problem dar – solange auf der Karte nur eine einzige Partition ist (wer das jetzt von seiner Karte nicht weiß, bei dem ist dies mit ziemlicher Sicherheit der Fall).

Das Vorgehen ist in etwa Folgendes:

1. Über EINSTELLUNGEN | SD-KARTE UND TELEFONSPEICHER zunächst die SD-Karte trennen (alternativ: das Telefon abschalten)
2. Die »alte« SD-Karte entnehmen und mit einem Kartenleser am PC anschließen
3. Sämtliche Daten in ein leeres Verzeichnis auf der Festplatte kopieren
4. Die Karte wieder sauber vom PC trennen und die »neue« Karte mit dem Kartenleser anschließen
5. Die Daten wieder 1:1 auf die neue Karte kopieren
6. Karte sauber vom PC trennen, dem Kartenleser entnehmen und in den Androiden einlegen

Wer ganz auf »Nummer sicher« gehen möchte, macht das an einem Linux-PC (zum Beispiel mit einer Live-CD wie Knoppix). Auf jeden Fall sollte man darauf achten, dass auch »versteckte Verzeichnisse« (zum Beispiel `.android_secure`, siehe nächste Frage, und `.adobe-digital-editions`, sofern vorhanden) mit kopiert werden.

Fertig. Testen, ob alles klappt. Das sollte es in 99 Prozent aller Fälle – und falls nicht, hat man bis zu einer Problemlösung ja noch immer die »intakte alte« Karte.

5.6.5 Ich kann App xyz nicht auf die SD-Karte verschieben!

Bei einem **Factory-Reset** (Zurücksetzen auf Werkseinstellungen) gehen bekanntlich alle selbst installierten Apps (und Daten) verloren. Also müssen sie neu installiert werden. War eine App zuvor auf der SD-Karte installiert, kann es nun beim Versuch, die neu installierte App wieder dorthin zu verschieben, zu folgender Fehlermeldung kommen: »App kann nicht verschoben werden«. Aber es ging doch zuvor auch?

Das Problem ist hier oftmals, dass Reste der App noch auf der SD-Karte verblieben sind – diese gilt es, nun zunächst aufzuräumen. Das geht nicht am Gerät selbst, da Android (ohne root) den Zugriff auf das entsprechende Verzeichnis nicht zulässt. Daher muss die SD-Karte entnommen und mittels eines Kartenlesers am PC eingebunden werden.

Zuerst gilt es, den Paketnamen der betroffenen App zu ermitteln. Dies geht am einfachsten, indem man sie auf der Website des *Play Store* (also mit dem Browser) aufsucht: Die URL nennt den Paketnamen sodann in der ID (Beispiel: Google Goggles findet sich unter `https://play.google.com/store/apps/details?id=com.google.android.apps.unveil` – der Paketname lautet hier also `com.google.android.apps.unveil`). Mit dieser Information bewaffnet, sucht man auf der SD-Karte im Verzeichnis `.android_secure` nun nach der passenden `.asec`-Datei, die bei unserem Beispiel etwa `com.google.android.apps.unveil-1.asec` heißen könnte – und löscht sie. Jetzt die Karte sauber vom PC trennen, zurück damit ins Gerät – und die App sollte sich nun wieder auf die SD-Karte verschieben lassen.

5.6.6 Ich finde keine Option zum Verschieben von Apps auf die SD-Karte!

App2SD wurde mit **Android 2.2** eingeführt. Ist auf dem Gerät noch eine ältere Android-Version installiert, gibt es diese Möglichkeit schlicht nicht. Aber auch ab Android 4.0 haben sich einige Hersteller offenbar dazu entschlossen, ihren Kunden diese Funktionalität nicht anbieten zu wollen. Beispiele dafür sind das *Samsung Galaxy S Duos* oder auch das *LG Optimus 4X:* Auf beiden Geräten sucht man die passende Option vergeblich. Abhilfe schafft in diesen Fällen nur das Rooten (siehe Kapitel 6.1) des Gerätes, um auf alternative Möglichkeiten wie beispielsweise **Link2SD** auszuweichen.

5.6.7 Interne und externe SD-Karte vertauschen

Verfügt ein Android-Gerät sowohl über eine so genannte »interne SD-Karte« als auch über einen Micro-SD Slot, verwenden die meisten Apps per Default die interne Karte. Dies ist besonders ärgerlich, sofern selbige nicht gerade üppig mit Speicher versehen ist. Da wünscht man sich oftmals, die Speicherplätze austauschen zu können.

Kitkat SD card http://bit.ly/1naqfDC

Leider ist das nicht so ohne Weiteres möglich. Alle mir bekannten Möglichkeiten erfordern zumindest ein gerootetes Gerät. Die meisten Anleitungen beschreiben zu diesem Zweck die manuelle Bearbeitung der entsprechenden System-Datei, was nicht jedem gefallen dürfte (Näheres dazu findet sich unter anderem in einem Stack-Exchange-Artikel). Eine einfachere Alternative bietet die App *External 2 Internal SD*, die ursprünglich für das *Samsung Galaxy S3* geschrieben wurde. Sie funktioniert allerdings nicht auf jedem Gerät; es empfiehlt sich daher in jedem Fall, zunächst die Kommentare nach Erfolgsmeldungen zum eigenen Gerät zu durchforsten. Seit Android 6.0 bietet sich mit dem neuen Feature adoptable storage von Haus aus die Möglichkeit, die externe SD-Karte als internen Speicher zu verwenden. Dass dies allerdings nicht unproblematisch ist, zeigen zahlreiche Problemmeldungen bei Stack Exchange.

External 2Internal SD

Adoptable Storage http://bit.ly/1rsGkqj

5.7 Netzwerk

5.7.1 Die Netzwerk-Icons in der Statusbar sind plötzlich weiß!

Die Farbe der Netzwerk-Icons in der Statusbar (WLAN, Signalstärke, mobile Daten) zeigt ab Android 2.3 an, ob eine Verbindung zu den für Synchronisation und so weiter benötigten Google-Servern besteht. Sind die Icons grau oder weiß, besteht keine Verbindung. Grün (bis Gingerbread) beziehungsweise Blau (ab Honeycomb) weist auf eine bestehende Verbindung hin. Nachlesen lässt sich dies unter anderem im Android 2.3 Users Guide. Grob übersetzt heißt es dort:

Users Guide (PDF) http://bit.ly/1P6S36x

Die Icons für den Netzwerkstatus werden grün, wenn ein Google-Konto auf dem Android-Gerät konfiguriert und das Gerät mit den Google-Services zur Synchronisation von GMail, Kalenderdaten, Kontakten, zum Backup der Einstellungen und so weiter verbunden ist. Ist kein Google-Konto konfiguriert oder das Gerät beispielsweise mit einem WLAN verbunden, das keinen Zugang zum Internet bietet, sind die Netzwerk-Icons weiß.

Ab Android 4.4 sind die Icons jedoch standardmäßig weiß beziehungsweise grau. Wer hier wissen möchte, ob ein Problem besteht, muss dazu auf die »Quick Settings« zurückgreifen, in denen das entsprechende Icon dann rot beziehungsweise orange eingefärbt ist. Auch die Anzeige, ob gerade Daten hoch- oder heruntergeladen werden (bis Android 4.3 durch kleine auf- beziehungsweise abwärtsgerichtete Pfeile auf dem entsprechenden Icon in der Statuszeile angezeigt), wurde nun hierher verbannt.

5.7.2 Ich kann mit dem Browser auf Webseiten zugreifen – aber meine Apps kommen nicht ins Netz?

Die Ursache kann trivial sein. So ist dieses Verhalten normal, wenn die Zeiteinstellungen des Gerätes zu weit von der Realität abweichen (falsches Datum). In diesem Fall ist der Zugriff auf unverschlüsselte Websites (»http«) zwar problemlos möglich, nicht aber der auf verschlüsselte Ressourcen (»**https**«). Bei Letzteren kommt es dann nämlich zu einem Fehler mit dem verwendeten Zertifikat, das entweder noch nicht (Gerätedatum zu weit in der Vergangenheit) oder nicht mehr (Gerätedatum zu weit in der Zukunft) gültig ist. Abhilfe schafft in diesem Fall die Korrektur der Systemzeit des Gerätes.

Internet access http://bit.ly/1naqiiG

Tritt das Problem jedoch ausschließlich bei mobiler Datenverbindung auf, könnte die Ursache auch mit dem verwendeten **APN** zusammenhängen, wie ein Anwender bei *Stack Exchange* beschreibt. In diesem Fall überprüft man die konfigurierten Zugangspunkte (siehe 2.1.1.2). Stehen für den Anbieter mehrere APNs zur Verfügung, verwendet man testweise einen anderen. Lässt sich das Problem damit nicht beheben, hilft eine Nachfrage beim Provider.

In seltenen Fällen hat sich einfach nur etwas »verhakt«, sodass ein Wechsel in den Flugzeugmodus und wieder zurück das Problem bereits behebt.

5.7.3 Wie bediene ich Webseiten, die ein »Mouse-Over«-Menü verwenden?

Offensichtliches Problem: Hat man keine Maus, kann auch kein Mauszeiger über einen Menüpunkt bewegt werden. Wie lässt sich ein solches Menü also auf »mauslosen Geräten« wie Smartphones und Tablets bedienen?

Mouse Over http://bit.ly/1P6S5eL

Ein Ansatz ist wieder bei *Stack Exchange* beschrieben: Langes Drücken der Stelle, über die man sonst die Maus bewegen soll, öffnet häufig das entsprechende Menü. Eventuell muss anschließend noch die »Zurück«-Taste betätigt werden, um das Kontextmenü der Browser-App zu schließen.

5.7.4 Wer frisst meine mobile Datenflat – und wie verhindere ich das?

Der Schreck war groß: Es ist erst der fünfte Tag des Monats und schon war etwa ein Viertel meines Datenvolumens aufgebraucht. Dabei hat sich mein Nutzungsverhalten gar nicht geändert! Geht das so weiter, darf ich etwa ab dem 20. »langsamer surfen«. Was ist zu tun?

Zuerst einmal gilt es, den Übeltäter aufzuspüren. Dazu geht man auf dem Androiden zu EINSTELLUNGEN | DATENNUTZUNG und gelangt zu einem Bildschirm, wie er in Abbildung 5.3 gezeigt wird. In meinem Fall war die erste aufgeführte Anwendung im unteren Bereich die *Google Play Store*-App mit gut 10 MB Datenverbrauch. Dabei hatte ich schon vor Urzeiten eingestellt, dass diese nur das WLAN benutzen darf! Irgendetwas scheint Google da also wieder einmal geändert zu haben. Legen wir diesem Missetäter daher das Handwerk:

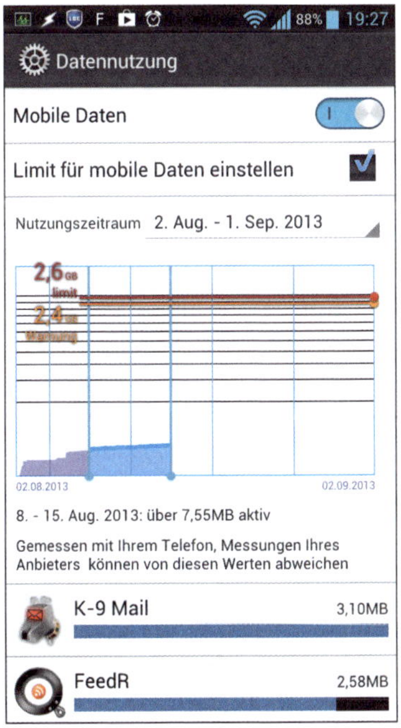

Abbildung 5.3 Statistik: Datennutzung

Dazu aktivieren wir im genannten Bildschirm die Checkbox LIMIT FÜR MOBILE DATEN EINSTELLEN. Ist eigentlich kein »globales Limit« gewünscht, schiebt man einfach den roten und den orange Balken im Verbrauchsgraphen auf »utopische Werte«: So werden im dargestellten Beispiel die mobilen Daten bei Erreichen von 2,6 GB deaktiviert, nachdem bei 2,4 GB eine Warnung erfolgt. Mein monatlicher Datenverbrauch liegt normalerweise unter 100 MB; diese Werte sollte ich also nie erreichen.

Abbildung 5.4 Hintergrunddaten einschränken

Im nächsten Schritt widmen wir uns der verursachenden App. Tippt man diese in der Liste an, gelangt man zu den entsprechenden Details. Ganz am Ende dieser Seite findet sich wieder eine Checkbox, beschriftet mit HINTERGRUNDDATEN EINSCHRÄNKEN. Auch diese aktivieren wir nun. Als Folge darf die App nicht mehr automatisch im Hintergrund auf die mobile Datenverbindung zugreifen; Vordergrund-Aktivitäten (also explizit vom Anwender ausgelöste) funktionieren jedoch weiterhin und auch das WLAN ist nicht betroffen.

In meinem Fall Erfolg auf ganzer Linie: Etwa zur Monatsmitte liegt die erwartete Datenmenge wieder innerhalb meines Kontingents. Auch konnte ich keine Probleme mit der *Google Play Store*-App feststellen: Im heimischen WLAN erhalte ich weiterhin meine Updates. Nur werden jetzt die *Google Play Services* nicht mehr aktualisiert, während ich »mobil unterwegs« bin – was natürlich auch so gewünscht war.

Datenverbrauch http://bit.ly/1naqlen

Nebenwirkungen sind jedoch nicht ausgeschlossen, wenn die betroffene App im Hintergrund aktiv sein soll. Apps wie Facebook, WhatsApp oder *Twitter* bekämen beispielsweise im mobilen Netz von eingehenden Nachrichten nichts mehr mit.

Eine schöne Zusammenfassung verschiedener möglicher Maßnahmen zur Daten-Einsparung findet sich übrigens in einem Blogbeitrag bei AndroidPIT.

5.8 Telefonie

5.8.1 Rufumleitungen lassen sich nicht deaktivieren

Das Gepäck ist bereits aufgegeben, der Check-in absolviert und der Aufruf zum Boarding erfolgt – ab geht es in die Sonne! Da fällt es einem siedend heiß ein: Die Rufumleitung zum Anrufbeantworter ist noch aktiviert! Das kann im Ausland teuer werden. Also schnell ins Android-Menü und unter ANRUFE | RUFUMLEITUNGEN die entsprechende Rufumleitung abschalten. Und schon kann dem ahnungslosen Telefonie-Kunden ein neuer Schreck drohen, der in Form einer Fehlermeldung daherkommt: »Diese Funktion wird vom Diensteanbieter nicht unterstützt.« Was nun?

Zeit für einen Anruf beim Service bleibt nicht mehr, das Boarding ist ja bereits eingeläutet. Auf diese Situation scheinen manche Anbieter zu hoffen, um noch ein paar zusätzliche Einnahmen generieren zu können: Nimmt man im Ausland einen Anruf nicht an, wird er nämlich häufig kostenpflichtig (zum Auslandstarif) auf die Mailbox weitergeleitet! Schließlich musste man das (nicht geführte) Gespräch zunächst zum Roaming-Partner und von dort zur Mailbox zurück durchstellen.

Die schnelle Abhilfe: Ein Anruf bei der magischen Nummer `##002#` deaktiviert sämtliche Rufumleitungen auf einen Schlag – also sowohl die bei Nichtannahme als auch die bei Nichterreichbarkeit. Pech gehabt, gieriger Anbieter!

5.8.2 Ich fahre ins Ausland/Grenzgebiet. Wie vermeide ich Roaming-Kosten?

5.8.2.1 Roaming-Tarife

Innerhalb der EU ist Roaming mittlerweile nicht mehr so kostenintensiv, wie es noch vor wenigen Jahren war. In den meisten Fällen enthalten die »lokalen Tarife« bereits ein gewisses Kontingent an Gesprächsminuten und Datenvolumen, das zum »Inlands-Preis« abgerechnet wird – dazu informiert man sich am besten beim jeweiligen Dienstanbieter. Bleibt (voraussichtlich) alles im Limit, muss man sich also keine weiteren Gedanken machen.

Teuer werden kann es jedoch noch immer – nämlich wenn man das Kontingent überschreitet. Ist dies absehbar (oder auch nur zu befürchten), bieten manche Provider spezielle Auslandstarife (beziehungsweise Pakete für etwa 7 oder 30 Tage) an. Außerdem gibt es zum Glück noch andere ...

5.8.2.2 Roaming-Alternativen

Die einfachste Möglichkeit ist natürlich, den Flugzeugmodus zu aktivieren – und gegebenenfalls bei Bedarf WLAN zu nutzen. Nicht immer ist dies aber das, was einem vorschwebt. Für das Datennetz gibt es einen einfachen Schalter in den Einstellungen unter DRAHTLOS & NETZWERK: Hier lässt sich das Roaming für die Datendienste deaktivieren (in der Regel ist dies auch die Voreinstellung). Darüber hinaus kann man an dieser Stelle auch den Netzbetreiber fest voreinstellen (manuell auswählen, anstatt automatisch wählen zu lassen). Somit bucht sich das Telefon auch für Gespräche nicht in ein fremdes Netz ein.

Eine weitere Alternative zum Roaming sind lokale Prepaid-Karten. Und die gibt es natürlich nicht nur im EU-Ausland. Am besten informiert man sich vor Reiseantritt in den einschlägigen Foren, was aktuell im gewünschten Zielgebiet angesagt ist: Zum einen können sich Angebote ja kurzfristig ändern oder auch neue hinzukommen. Zum anderen kann ich das kaum selbst für alle Zielgebiete recherchieren, um es hier unterzubringen.

5.8.2.3 Kontrolliertes Roaming

Roaming Control

Besonders für Geschäftsleute ist es tragisch, wenn sie dank abgeschaltetem Roaming zeitweilig nicht erreichbar wären. Abhilfe verspricht für diesen Fall die App *Roaming Control*: Mit ihr lässt sich für jedes Netz separat festlegen, ob ausgehende Anrufe erlaubt sein sollen, die Synchronisation deaktiviert beziehungsweise die mobile Daten-

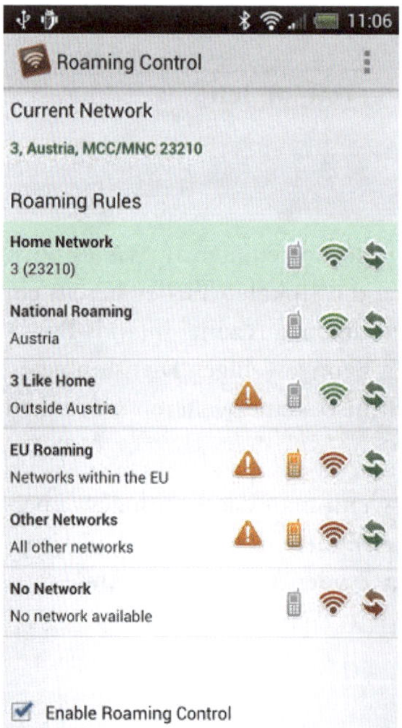

Abbildung 5.5 Roaming Control

verbindung gekappt oder gar in den Flugzeugmodus gewechselt wird. Auch allgemeine Regeln sind möglich, etwa für EU ROAMING oder unbekannte Netzwerke. Die App kostet zwar etwa dreieinhalb Euro – kann aber ein kleines Vermögen sparen helfen. Wer das zunächst prüfen möchte, findet auch eine Gratis-Testversion im *Play Store*.

5.8.2.4 Weitere Roaming-Informationen

Des Weiteren gibt es hilfreiche Informationen im Internet, beispielsweise:

- Telefonieren im Ausland
  Überblick bei TechStage: Welche Vorwahl hat das jeweilige Land und wie können dort Ferngespräche geführt werden? Welche Mobilfunkprovider gibt es und welche Netze werden abgedeckt? Und: Passen meine Stecker für das Kaltstromkabel, ist die Spannung und die Netzfrequenz in Ordnung – oder muss ich mir entsprechende Adapter besorgen?

TechStage http://bit.ly/1P6S5eN

- So saugt Ihr Android-Smartphone weniger Daten
  Tipps von *Spiegel Online* zur Reduzierung des Datenvolumens – je nach Bedarf schrittweise bis auf null

Spiegel Tipps http://bit.ly/1naqleq

5.8.3 Auf meinem Smartphone kann ich die SIP-Einstellungen nicht finden!

Unter Internet-Telefonie (siehe 2.1.1.4) heißt es, seit *Gingerbread* gehören die SIP-Einstellungen zu den Bordmitteln. Dennoch sind sie auf einigen Geräten, trotz neuerer Android-Version, nicht auffindbar. Dies gilt beispielsweise für das *LG Optimus 4X*. Hat sich also an der Aussage etwas geändert?

Ja und nein. In **AOSP**, also dem »originalen« Android, finden sich diese Einstellungen nach wie vor an der entsprechenden Stelle. Nur kochen so einige Hersteller leider nicht nur diesbezüglich ihr eigenes Süppchen, wobei sie auch gern einmal das eine oder andere entfernen. Im konkreten Fall mag dies auch auf Wünsche der jeweiligen Netzanbieter zurückgehen, die SIP in ihren Flatrates ungern genutzt sehen. Doch zumindest beim genannten *LG Optimus 4X* wurde glücklicherweise lediglich der entsprechende Menü-Eintrag ausgeblendet – sodass man mit einem kleinen Trick wieder an die Einstellungen gelangt:

Apex Launcher

Eine Möglichkeit besteht in der Nutzung spezieller Funktionalitäten des *Apex Launcher* (siehe Abbildung 5.6) oder auch *Nova Launcher*, Aktivitäten als Shortcut zum Homescreen hinzufügen zu können. Man drückt also einfach eine leere Stelle auf dem Homescreen, wählt VERKNÜPFUNGEN und sodann AKTIVITÄTEN. In der sich öffnenden Liste scrollt man nun zur App *Telefon* und tippt diese an. Die sich öffnende Liste sieht nun etwa wie auf dem Screenshot in Abbildung 5.6 aus: Zu SIP SETTINGS scrollen, antippen –

Nova Launcher

Abbildung 5.6 Apex: Aktivitäten

und auf dem Homescreen wird der entsprechende Shortcut angelegt, mit dem man Zugriff auf die SIP-Einstellungen erhält.

Stanley

Activity Launcher

Natürlich lässt sich diese Prozedur auch für etliche andere »versteckte Dinge« nutzen. Je nach Gerät und Android-Version kann man so einiges Interessantes zutage fördern! Wer jedoch keinen der beiden genannten Launcher installiert hat (und dies auch nicht tun möchte), dem bieten sich ebenso weitere Alternativen. Einen Blick wert sind zum Beispiel *Stanley* zur Untersuchung installierter Apps auf verfügbare Aktivitäten (und weitere Eigenschaften) oder einfach der *Activity Launcher* für die direkte Erstellung der Shortcuts. Vorteil der letztgenannten App: Sie erlaubt auch die Zuordnung eines anderen Icons.

5.9 Sicherheit & Privatsphäre

5.9.1 Ich habe mein Entsperrmuster/Passwort vergessen!

Besteht gerade eine Netzwerk-Verbindung über 3G/2G (WLAN genügt eventuell nicht), gibt es noch Hoffnung: Einfach die Adresse des primären Google-Accounts (`benutzername@googlemail.com` – wobei `benutzername` natürlich entsprechend zu ersetzen ist) und das dazugehörige Passwort eingeben. Andernfalls (oder falls das fehlschlägt) muss etwas tiefer in die Trickkiste gegriffen werden:

5.9.1.1 Die Zugangsdaten werden nicht akzeptiert, obwohl sie korrekt eingegeben wurden:

1. Manchmal scheint die Entsperrung fehlerhaft zu arbeiten. Ist dies der Fall, helfen folgende Schritte:Den richtigen Benutzernamen, aber als Passwort `null` (also genau diese vier Buchstaben) eingeben
2. Den Benutzernamen ohne `@gmail.com` (beziehungsweise `@googlemail.com`) eingeben
3. Schritte 1 und 2 kombinieren
4. Per Browser das Passwort-Recovery bei Gmail verwenden, dann gegebenenfalls nochmals von 1. beginnen

Password Recovery http://bit.ly/1P6S36L

(Quelle: Einartysen)

Eynartysen http://bit.ly/1naqlul

5.9.1.2 Über das Web entsperren:

Dies setzt zweierlei voraus: Zum einen wieder eine bestehende Netzwerk-Verbindung auf dem gesperrten Gerät – und zum anderen die Kenntnis des korrekten Sperrmusters (vielleicht hat ja nur der kleine Bruder zu oft versucht, sich Zugang zu verschaffen). Sind diese Voraussetzungen erfüllt, kann man folgendermaßen vorgehen:

1. Mit dem Google-Benutzernamen und zugehörigem Passwort bei Google anmelden
2. Entweder direkt den Link *https://accounts.google.com/IssuedAuthSubTokens* eingeben – oder in der rechten oberen Ecke des Browserfensters auf die eigene Mail-Adresse klicken, KONTO auswählen, auf der nächsten Seite rechts auf SICHERHEITSEINSTELLUNGEN VERWALTEN klicken und schließlich den Button BEARBEITEN neben dem Schriftzug AUTORISIERUNG VON ANWENDUNGEN UND WEBSITES betätigen
3. Unter VERBUNDENE WEBSITES, APPS UND DIENSTE die Zugriffsrechte für den Android-Account widerrufen.
4. Alternativ: Wer sein Google-Konto bereits für die Zwei-Schritt-Autorisierung eingerichtet hat und in der Lage ist, am Ende der Seite ein anwendungsspezifisches Passwort einzurichten, kann dies hier tun und selbiges zum Entsperren des Gerätes verwenden.
5. Jetzt auf dem Gerät mit den Zugangsdaten für Google Mail anmelden. Die Zugangsdaten sollten nun akzeptiert werden und der Sperrbildschirm wird wieder angezeigt. Das »korrekte« Sperrmuster zum Entsperren eingeben und der Homescreen sollte wieder angezeigt werden.

UltraTechy http://bit.ly/1naqluJ

(Quelle: UltraTechy)

5.9.1.3 Weitere Möglichkeiten:

Locked Out http:// bit.ly/ 1P6S5eR

Hat nichts von obigem Erfolg gezeitigt, bleiben nur noch technisch tiefer greifende Tricks – die für dieses Buch ein wenig zu weit gehen. Zu finden sind sie unter anderem bei *Stack Exchange*.

5.9.2 Was ist eine »Smudge Attack« und wie schütze ich mich davor?

Am einfachsten lässt sich dieser Begriff mit »Schmutz-Attacke«, treffender jedoch als »Schmier-Attacke« übersetzen. Sie basiert darauf, dass unsere Finger »ölige Spuren« auf Touchscreen-Displays hinterlassen – und nutzt diesen Fakt aus, um sich Zugang zum Gerät zu verschaffen.

Smudge Attacks (PDF) http:// bit.ly/ 1naqluL

Am einfachsten ist dies, wenn der Anwender ein »Sperrmuster« (auch als »Pattern Lock« bekannt) verwendet. In einer Untersuchung stellte die University of Pennsylvania fest, dass sich das »Passwort« in etwa 90 Prozent aller Fälle ermitteln ließ (siehe PDF: »Smudge Attacks on Smartphone Touch Screens«). Jeder kann dies recht einfach für sich selbst überprüfen: Die »richtige Beleuchtung« bringt das Muster »ans Licht«. Meist genügt dafür ein einfaches Drehen des Gerätes, um einen passenden Winkel zu bekommen. Einfacher machen es »gerichtetes Licht« (zum Beispiel Laser) und Foto-Equipment.

LifeHacker http:// bit.ly/ 1P6S3n5

Wie schützt man sich nun dagegen? Bei LifeHacker finden sich einige Vorschläge:

- Den Bildschirm nach jeder Nutzung gut putzen
- Das Gegenteil: ihn mit Zufalls-Mustern gut »verschmieren«
- Zusätzlich zum Pattern-Lock noch ein PIN-Lock benutzen. Der PIN sollte dabei am besten mehr als vier Ziffern »lang« sein, ohne aus mehr als vier Ziffern zu bestehen (also Wiederholungen enthalten); ein Angreifer würde dann nämlich in der Regel von einer 4-Zeichen-Länge ausgehen.

5.9.3 Wie bereite ich mein Gerät für den Verkauf vor?

Irgendwann ist ein neues Gerät fällig und das alte soll einen neuen Besitzer finden. Letzterer sollte jedoch nicht unbedingt die Chance erhalten, auf unsere privaten Daten zuzugreifen. Daher ist vor Verkauf/Versteigerung/Verschenkung ein gründlicher »Hausputz« angesagt:

- **Externe SD-Karte:** Da dieses Speichermedium einfach entnommen werden kann, ist »behalten« sicher die einfachste Möglichkeit. Die Karte passt schließlich auch in das neue Gerät. Soll sie partout im Altgerät verbleiben, dann

1. Alle darauf befindlichen Daten (insbesondere Fotos, Videos, Dokumente sowie die Musik-Sammlung) auf den eigenen Computer beziehungsweise das neue Gerät kopieren
2. Die Karte löschen. Dafür findet sich unter Einstellungen | Speicherverwaltung der Punkt Speicherkarte Löschen
3. Löschen allein hilft zwar vor vielen »neugierigen Blicken« – doch gehört nicht viel technische Finesse dazu, die Daten wiederherzustellen. Gegebenenfalls also die Karte besser formatieren oder »wipen« (s. u.)

- **Interne SD-Karte:** Diese kann leider nicht einfach »einbehalten« werden. Es gilt also »Plan B«: Wie bei der externen Karte zunächst alle Daten sichern, dann die Karte löschen.
- **Interner Speicher:** Diesem sollte ein **Factory-Reset** den Garaus machen. Leider gilt jedoch auch hier: Wer technisch ein wenig versierter ist, kann Daten wiederherstellen. Nochmals daher der Hinweis auf den Wipe.

Vor dem Factory-Reset sollte also sichergestellt werden, dass kein Unbefugter private Daten wiederherstellen kann. Ein »sicheres Löschen«, auch »Wipe« genannt, verhindert dies. Dafür stehen im *Play Store* verschiedene Apps bereit. Etwa *Secure Wipe*, das sich gleich um sämtliche Speichermedien (externe/interne SD-Karte und internen Speicher) kümmert. Nachdem alle Dateien gelöscht sind, überschreibt diese App den »freien Bereich« – von den gelöschten Dateien bleiben somit keine verwertbaren oder gar wiederherstellbaren Spuren. Allerdings kümmert sie sich nur um den »leeren« Speicherplatz: Noch existierende Dateien werden nicht »gewipet«. Da man dem neuen Besitzer jedoch ohnehin keine Dateien verkaufen möchte, löscht man am besten zuerst alles – und setzt dann *Secure Wipe* oder vergleichbare Kandidaten auf den Speicher an.

War das Gerät gerootet und vielleicht ein Custom-ROM oder eine Sicherheits-App wie *Cerberus* installiert, sollte man eventuell überlegen, die (Original-)Firmware neu zu flashen – um auch die letzten Überreste zu beseitigen.

Cerberus

Last, but not least: Nicht die SIM-Karte im Gerät vergessen!

5.9.4 Kann die Einstellung »unbekannte Quellen« von Apps zur Installation anderer Apps missbraucht werden?

Unter Einstellungen | Sicherheit findet sich die Option »unbekannte Quellen«. Will man Apps aus einer anderen Quelle als dem *Google Play Store* installieren, muss diese aktiviert werden. Dennoch erscheint bei jeder Installation ein Dialog, den der Anwender bestätigen muss.

Die Installation von Apps ist dem Package Manager vorbehalten. Die dafür notwendige Permission `INSTALL_PACKAGES` (siehe Anhang A) wird ausschließlich System-Apps gewährt – also solchen Apps, die unter `/system` (im ROM) installiert sind. Sollte also eine »normale« App einen Missbrauchsversuch starten, erscheint dennoch die Sicherheits-Abfrage.

5.9.5 Was hat es mit den ACCOUNT Permissions auf sich? Ist da besondere Vorsicht geboten?

Für die Verwaltung von Benutzer-Konten für verschiedene Dienste stellt Android einen zentralen Dienst bereit: den Account-Manager. Dieser verwaltet Zugangsdaten wie Benutzername und Passwort, sodass dies nicht jede App selbst tun (und der Anwender die Daten auch nicht für jede separat erfassen) muss. Verschiedene Permissions (siehe Anhang A)sichern dabei die erforderlichen Aktivitäten ab:

5.9.5.1 ACCOUNT_MANAGER

Diese Permission wird nur System-Apps (in der Regel also vorinstallierten Apps) gewährt. Ein Account-Manager arbeitet sozusagen »hinter den Kulissen« und achtet darauf, dass alles mit rechten Dingen zugeht.

5.9.5.2 AUTHENTICATE_ACCOUNTS

Eine App mit dieser Berechtigung stellt üblicherweise eine (dem System sonst nicht bekannte) Schnittstelle für einen Dienst bereit – bringt Android also bei, wie bei diesem die Authentifizierung vonstattengeht.

5.9.5.3 GET_ACCOUNTS

Erlaubt es, eine Liste verfügbarer Accounts vom System abzufragen. So kann eine App etwa feststellen, ob ein Dropbox-Account verfügbar ist und davon abhängig bestimmte Menüs anzeigen.

5.9.5.4 MANAGE_ACCOUNTS

Diese App möchte Accounts verwalten – also hinzufügen, ändern oder löschen. Zwar konnte ich keine offizielle Dokumentation finden, die auch entsprechende Details preisgibt. Doch so weit sich herausfinden ließ, kann eine App mit dieser Berechtigung zwar beliebige Accounts anlegen – jedoch nur diejenigen ändern oder löschen, die sie auch selbst erstellt hat.

5.9.5.5 USE_CREDENTIALS

Hier geht es darum, im Account-Manager hinterlegte Informationen zu verwenden. Eine App mit dieser Permission darf also konfigurierte Konten benutzen. Das heißt allerdings nicht zwangsläufig, dass sie die entsprechenden Login-Daten zu sehen bekommt: In der Regel erhält sie vom Account-Manager lediglich ein »Token«, das sie gegenüber dem Service als »angemeldet« ausweist. Der Account-Manager sorgt ferner dafür, dass der Anwender der Verwendung eines Kontos durch die App vor der ersten Anmeldung zustimmen muss.

Wer sich für tiefer gehende Details interessiert, dem seien zwei Artikel bei *Stack Exchange* nahegelegt:

- What does permission »MANAGE_ACCOUNTS« mean? beschäftigt sich in erster Linie mit dem Account-Manager
- What can an app do with the »USE ACCOUNTS ON THE DEVICE« permission? widmet sich Apps, die die Account-Informationen nutzen wollen.

MANAGE_ ACCOUNTS http://bit.ly/1P6S5vc

Use Accounts http://bit.ly/1naqleo

5.9.6 Welche Android-Einstellungen betreffen meine Privatsphäre?

Davon gibt es eine ganze Reihe und je nach verwendeten Apps kommen weitere hinzu. Eine vollständige Liste ist daher schwer zu erstellen, weshalb ich mich hier auf einige zentrale Dinge beschränken muss:

5.9.6.1 Google Cloud Backup

Eine der ersten Fragen bei der Einrichtung eines Google-Accounts ist: »Möchten Sie Ihre Daten bei Google sichern?« (siehe Abschnitt 2.3.3)Klingt zunächst gut, hat aber einige Haken: Nicht alle Apps unterstützen dies, die Wiederherstellung klappt nicht immer und sensible Daten (wie beispielsweise WLAN-Passwörter) werden teilweise im Klartext übertragen und gespeichert.

5.9.6.2 Smart Lock für Passwörter

Dieses Feature findet sich in der App *Google Einstellungen* und soll es ermöglichen, *dass die Passwörter Ihrer Apps und Websites in Ihrem Google-Konto gespeichert werden.*

5.9.6.3 Synchronisation von Kalendern, Kontakten und so weiter

ownCloud http://owncloud.org/

Funambol www.funambol.com

Selbst wenn die vorige Frage mit »Nein!« beantwortet wurde, ist diese Synchronisation standardmäßig aktiviert, sobald ein entsprechender Account eingerichtet wurde. Hier muss gegebenenfalls also unter Einstellungen | Konten & Synchronisation selbst Hand angelegt werden. Um einer versehentlichen Synchronisation vorzubeugen, sollte man eventuell die Voreinstellungen in den jeweiligen Apps von Google Account auf entsprechende lokale Datenspeicher umstellen. Eine Synchronisation kann dann übrigens auch mit dem eigenen Server stattfinden: Software-Pakete wie *ownCloud* oder *Funambol* schaffen die entsprechenden Voraussetzungen. Wie Android und *ownCloud* zusammenarbeiten, findet sich unter anderem in einem Artikel bei *IzzyOnDroid* beschrieben.

Android ohne Google: ownCloud http://bit.ly/1P6S3Dv

5.9.6.4 SMS

Beginnend mit Android 4.4 wurden SMS in *Hangouts* integriert. Eine separate SMS-App ist somit nicht mehr von Haus aus vorhanden. Es kann jedoch auf Apps von Drittanbietern zurückgegriffen werden, die sich auch leicht als Standard SMS App im System einrichten lassen. *Hangouts* bietet ebenso die Option, die SMS-Integration zu deaktivieren.

5.9.6.5 Galerie

Bloomberg: Separate Gallery http://bloom.bg/1naqlLi

Hier könnte die Stand-alone-App ebenfalls bald verschwinden – auch wenn sich gerade wieder ein gegenteiliger Trend abzeichnet. Derzeit ist das Ganze in *Google+* integriert – das auch sogleich sämtliche Bilder in die Cloud hochladen möchte. Wie schon bei den SMS gibt es aber auch hier genügend alternative Apps von Drittanbietern.

5.9.6.6 Google Maps

OsmAnd

Sammelt auch gern, insbesondere Standortdaten. Natürlich lässt sich die App deaktivieren und durch passende Alternativen ersetzen. Zu nennen wären hier insbesondere *OsmAnd* und *OruxMaps*.

OruxMaps

5.9.6.7 Standortdaten

ohne Google 2012 http://bit.ly/1P6S3DB

Konnte man bis Android 2.1 noch auf die Google-Standortdienste zugreifen, ohne den eigenen Standort permanent mitzuteilen, ist dies mittlerweile nicht mehr möglich. So hat man unter Einstellungen | Standortdienste nun nur die Möglichkeit, beides zu erlauben oder beides zu verbieten. Da viele Apps auf diese Dienste zugreifen (machen sie doch auch bei nicht verfügbarem GPS zumindest eine grobe Standort-Bestimmung über Mobilfunkzellen und WLANs möglich), sollte man bei einer Deaktivierung prüfen, welche Apps mit »Nebenwirkungen« zu kämpfen haben. Unter Android 4.4+ gibt es überdies noch einen zweiten Schalter zu beachten: In EINSTELLUNGEN | WLAN | ERWEITERT gibt es noch den Netzwerk-Scan bei abgeschaltetem WLAN.

Wem das noch nicht weit genug geht: Android ohne Google ging schon 2012 und funktioniert auch heute mindestens genau so gut.

ohne Google 2014/15+ http://bit.ly/1RT4KEK

5.10 Weiteres

5.10.1 Wie kann ich ohne root Screenshots vom Android-Handy erstellen?

Dies lässt sich unter anderem bewerkstelligen, indem man eine der im Abschnitt »Das Android-Gerät vom PC aus verwalten« (siehe Kapitel 2.6) genannten Apps benutzt, wie etwa den *PAW Server*. Screenshots erstellt man dann einfach vom PC aus.

Ab Android 4.0 geht das jedoch auch viel einfacher: Hier gibt es häufig eine Tastenkombination, um einen Screenshot auszulösen. Leider unterscheiden sich diese bei Geräten unterschiedlicher Hersteller. Bei Geräten von Samsung sind meist die Power- und die Home-Taste gleichzeitig zu drücken. Bei Geräten von Motorola (und den meisten anderen Herstellern) hält man dazu die »Power«- und die »Leiser«-Taste gleichzeitig gedrückt. Auch das Power-Menü (siehe Kapitel 1.1) hält meist eine passende Aktion bereit.

Screenshots erstellen http://bit.ly/1naqiPC

Tipps für eine Reihe weiterer Geräte mit Besonderheiten finden sich in einem Blogbeitrag bei AndroidPIT. Linux-Nutzer könnten sich auch für das kleine ADB-Kommandozeilen-Tool *Snap-Android* interessieren.

Snap-Android http://bit.ly/1P6S5LF

Einen besonderen Tipp für diejenigen, die bereits Marshmallow auf ihrem Gerät haben, weiß Phandroid zu benennen:

1. Den Home-Key lange drücken
2. Ganz Links das „Share“ Icon antippen
3. Eine Animation zeigt nun, dass ein Screenshot gemacht wird
4. Es öffnet sich das Share-Menü, aus dem sich eine App zur „Weiterverarbeitung“ des Screenshots auswählen lässt.

Phandroid: Marshmallow Screenshots http://bit.ly/1RVkEP3

Netter Nebeneffekt: Bei den so erstellten Screenshots wurde auch gleich die Status-Leiste geleert, so dass etwaige Benachrichtigungen nicht sichtbar sind. Ideal also, um Screenshots für Blog-Artikel und ähnliches zu erstellen.

5.10.2 Das Share-Menü funktioniert plötzlich nicht mehr!

Übersicht: Share-Menü modifizieren http://bit.ly/1P6VtWW

AndMade Share

In Android 4.4 hat sich hier ein Bug eingeschlichen, der scheinbar einige, jedoch nicht alle Anwender betrifft: Es lässt sich plötzlich nicht mehr auswählen, mit welcher App ein bestimmter Inhalt geteilt werden soll. Stattdessen wird sofort zur zuletzt für diese Aktion gewählten App gesprungen – ganz so, als hätte man diese permanent als Default eingestellt.

Ja, natürlich löst ein **Factory-Reset** das Problem. Doch da es sich um einen »Zombie« handelt, taucht es mit an Sicherheit grenzender Wahrscheinlichkeit anschließend recht bald wieder auf. Eine bessere (und angenehmere) Möglichkeit ist das Verwenden eines alternativen Share-Menüs. Diese Möglichkeit bieten Apps zur Modifikation des Share-Menüs, wie zum Beispiel *Andmade Share*.

5.10.3 Ich bekomme plötzlich Werbung in der Benachrichtigungsleiste eingeblendet!

Übersicht: Werbemodule http://bit.ly/1natDyn

Airpush und Kollegen lassen grüßen. Klar, dass sich auch Programmierer von etwas ernähren müssen – aber das geht definitiv zu weit. Es gibt jedoch mehrere Möglichkeiten, sich zu wehren. So lässt sich die verursachende App ermitteln (ab **Jelly Bean** geht das von Haus aus: einfach lange auf die entsprechende Benachrichtigung drücken und dann das sich öffnende Kontextmenü nutzen) und der Unsinn abstellen. Tauchen die nervigen Anzeigen nicht als Benachrichtigung auf, lassen sich die Übeltäter oftmals noch immer mit passenden Helferlein identifizieren. Eine aktuelle Übersicht zum Thema findet sich bei *IzzyOnDroid*.

5.10.4 Mein Gerät hängt in einer Force-Close-Schleife

Das Gerät bootet. Unmittelbar nach dem Hochfahren startet eine App, die aufgrund eines Fehlers abstürzt und sich gleich wieder neu startet – um wieder abzustürzen und neu zu starten, um wieder … Das nennt man einen »Force Close Loop«. Das Schlimme daran: Während dieses Loops ist das Gerät auf keine Weise bedienbar, es reagiert auf keinerlei Eingaben – man kommt aus dieser Schleife also nicht heraus.

Für Fälle wie diesen gibt es bei Android den »**Safe Mode**« (vielen von Windows als »Abgesicherter Modus« bekannt). Startet man in diesen, so ignoriert das Android-Gerät alle Benutzer-Apps – so, als wären sie gar nicht installiert. Die Force-Close-Schleife sollte damit umgangen werden. Nun kann der Anwender die »missratene App« deinstallieren und das Gerät wieder im normalen Modus starten – das Problem sollte gebannt sein.

In den »Safe Mode« gelangt man auf den meisten Geräten mit folgenden Schritten:

- Gerät ausschalten, Akku herausnehmen und wieder einsetzen
- Menütaste drücken und bei gedrückter Menütaste das Gerät einschalten (verfügt das Gerät über keine »feste Menütaste«: einschalten und dann gleichzeitig die »Leiser«- und »Lauter«-Tasten drücken und gedrückt halten)
- Sobald der Sperrbildschirm erscheint, kann die Menütaste (beziehungsweise die Lautstärke-Wippe) wieder losgelassen werden. In der unteren linken Ecke sollte nun der Schriftzug SAFE MODE zu sehen sein.

Hat man das Problem beseitigt, möchte man natürlich gern wieder den »Safe Mode« verlassen:

- Gerät ausschalten, Akku herausnehmen und wieder einsetzen
- Gerät wieder normal einschalten. Dabei nur die Power-Taste benutzen und keine weiteren Tasten gleichzeitig betätigen.

In seltenen Fällen kann es passieren, dass das Gerät den »Safe Mode« nicht wieder verlassen möchte. Hier helfen folgende Schritte:

- Gerät ausschalten, Akku und SIM-Karte entnehmen sowie für mindestens 20 Sekunden entfernt lassen (damit keine eventuelle Restladung verbleibt). Anschließend SIM-Karte und Akku wieder einsetzen und neu starten. Natürlich sollte während dieses Vorgangs auch kein Ladekabel angeschlossen sein.
- Ist der »Safe Mode« noch immer aktiv, bootet man in den **Recovery-Modus** und bereinigt die Cache-Partition (»Wipe Cache«). Wie man in den Recovery-Modus gelangt, ist von Gerät zu Gerät unterschiedlich. Meist geschieht dies, indem man bei ausgeschaltetem Gerät die »Leiser«- und »Power«-Taste gleichzeitig drückt und gedrückt hält, bis das Recovery-Menü zu sehen ist.
- Hat auch das nicht geholfen, bleibt als letzte Möglichkeit der **Factory Reset** (Zurücksetzen auf Werkseinstellungen).

Kapitel 5

5.10.5 Mein Androide spinnt!

Hm, keine sehr spezifische Angabe. Aber wir haben auch »allgemeine Antworten«:

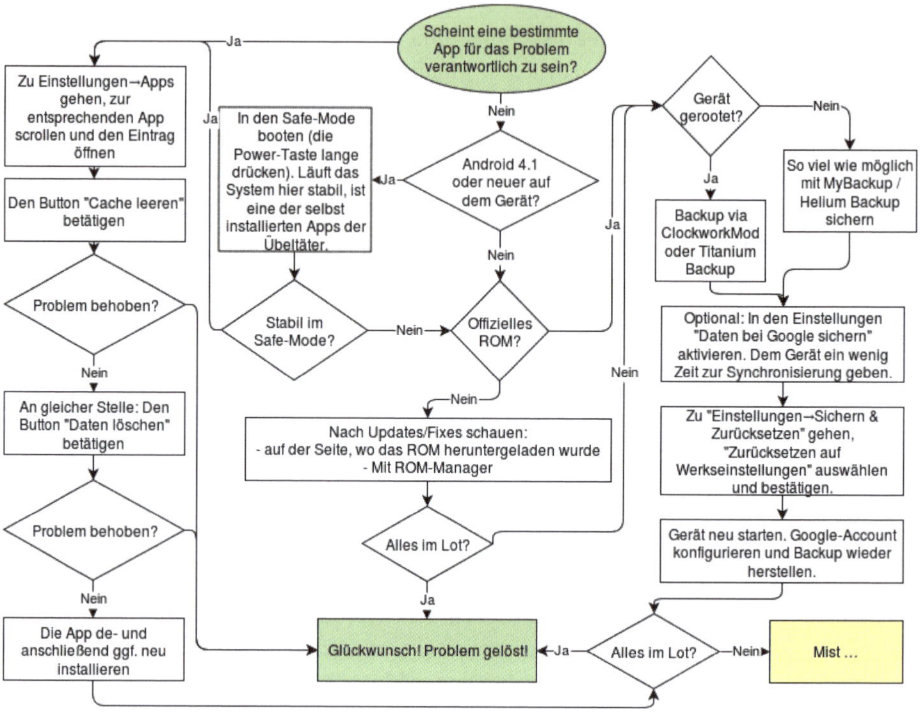

Abbildung 5.7 Ein Cheat-Sheet zur allgemeinen Problemlösung

Charger Issues http://bit.ly/1P6Vw50

5.10.6 Mein Touchscreen spinnt, wenn das Gerät am Ladekabel hängt!

Elektromagnetische Störung http://bit.ly/1natDyg

Hierfür kann es verschiedene Ursachen geben, wie auch ein Artikel bei *Stack Exchange* ausführt. In der Regel liegt dabei aber weder ein Software-Problem noch ein Fehler am Gerät selbst vor. Vielmehr ist entweder das Kabel oder das Netzteil die Verursacher.

So kann beispielsweise ein Billig-Netzteil schlecht abgeschirmt sein und damit für Störungen des auf elektromagnetische Störungen empfindlich reagierenden Touchscreens sorgen.

PinOuts http://bit.ly/1P6Vw52

Wahrscheinlicher ist hingegen, dass eine unterschiedliche Pin-Belegung für die Probleme verantwortlich ist. Eine Beschreibung der Pin-Belegung von USB-Adaptern findet sich beispielsweise bei PinOuts. Ins Deutsche übertragen, sieht diese etwa folgendermaßen aus:

Pin	Name	Beschreibung
1	VCC	+5V DCC
2	D-	Data -
3	D+	Data +
x		Dieser Pin kann zur Kabelerkennung in einigen Fällen mit GND verbunden sein.
4	GND	Masse

Zu beachten ist hier der »x«-Pin, der mit GND verbunden sein *kann* – aber nicht *muss*. Während der eine Hersteller diese Belegung also sauber auswertet, kann sie bei Geräten eines anderen Herstellers durchaus Probleme hervorrufen.

Da ich selbst einen solchen konkreten Fall erlebt habe, bin ich der Sache nachgegangen. Beteiligt waren drei Kabel verschiedener Hersteller, drei Netzteile sowie ein HTC- und ein Motorola-Smartphone (das dritte Kabel sowie Netzteil waren »generisch«). Fazit: Lediglich das Motorola-Gerät »spann«, sobald das HTC-Netzteil ins Spiel kam – alle anderen Kombinationen liefen problemlos.

Kapitel 6
Tiefergehendes für Fortgeschrittene

Nachdem sich die ersten Teile dieses Buchs hauptsächlich an Einsteiger gerichtet haben, sollen auch die Fortgeschrittenen unter den Lesern nicht zu kurz kommen. Die hier behandelten Themen sind mit Sicherheit nichts für Neueinsteiger: Bevor man sich an die Umsetzung der »schweren Kost« macht, sollte man mit seinem Android-Gerät schon recht gut vertraut sein.

Dennoch heißt das nicht, dass diese jetzt das »Buch aus der Hand« legen müssen. Ich werde versuchen, möglichst allgemein verständlich zu schreiben (auch auf die Gefahr hin, dass sich der eine oder andere mitlesende Profi ein wenig »verscheißert« vorkommen könnte). Dies verschafft zumindest einen Überblick über sich bietende Möglichkeiten. Und als Seiteneffekt findet sich (insbesondere im Tuning-Bereich, siehe »Tuning – Das Android-System auf Trab bringen«) sicher auch der eine oder andere hilfreiche Tipp für Neulinge.

Aber genug der Vorrede – kommen wir zum Thema. Oder besser zu den Themen:

6.1 Der Super-User »root«

Kauft man einen Windows-PC, gibt es auf diesem einen Account für den Benutzer »Administrator« – dem man bei der Ersteinrichtung ein Passwort verpasst. Installiert man Linux, heißt das Pendant »root« (bei einem Mac sicher ähnlich). Android basiert auf Linux – aber trotzdem gönnen uns die Hersteller den root-Zugang in der Regel nicht, sondern drohen: »Wer sich root-Zugang zu seinem Gerät verschafft, verwirkt damit den Garantieanspruch.«

Der User »root« ermöglicht also den administrativen Zugang zum System, mit dem man alles (kaputt) machen kann. Na ja, fast alles – die Hardware wohl eher nicht. Weshalb die Warnung mit der Garantie wohl letztendlich vor Gericht kaum haltbar sein dürfte, wenn man zum Beispiel das Display wechseln lassen muss oder der interne Speicher den Geist aufgibt (anders sieht es aus, wenn die CPU verglüht, weil man sie hoffnungslos übertaktet hat). Eine EU-Richtlinie stellt hier sicher, dass der Gewährleistungsanspruch trotz root nicht erlischt. Für detailliertere Beschreibungen des Unterschieds zwischen

Garantie & Gewährleistung http://bit.ly/1P6Vw56

Anwaltsseiten http://bit.ly/1natE5c

»Garantie« und »Gewährleistung« sei auf Wikipedia und `Anwalts-Seiten.DE` verwiesen.

Braucht man den root-Zugang nun wirklich? Ja und nein. Wer mit seinem Gerät, dessen Funktionen sowie der verwendeten Software bereits rundum zufrieden ist, weil alles so läuft, wie gewünscht, und »eigentlich« nichts vermisst – der braucht auch keinen root-Zugang. Er hat ja bereits alles, was er braucht. Hat man hingegen ein Problem, was sich ohne den root-Zugang nicht lösen lässt, sieht das schon anders aus: Je nachdem, wie schwer es einen trifft, neigt sich das Zünglein an der Waage immer mehr der Anzeige zu, die mit »mach mich root!« beschriftet ist.

Welche Vorteile sind es denn nun, die man mit einem root-Zugang erlangt – und welche Risiken sind damit gegebenenfalls verbunden?

6.1.1 Vorteile des root-Zugangs

Verschiedenste Einstellungen und Änderungen lassen sich ohne root-Zugang gar nicht vornehmen:

- Anpassen der CPU Taktfrequenz (siehe auch Abschnitt 6.2.6)
- Entfernen/Deaktivieren vorinstallierter Apps (Deaktivieren geht ab Android 4.0 auch ohne root) (siehe Abschnitt 6.2.5)
- Bearbeiten der Start-Events (siehe »Apps am automatischen Starten hindern«)
- Optimierung der Speicherverwaltung (siehe »Tuning – Das Android-System auf Trab bringen«)
- automatische Datenbereinigung (Reste deinstallierter Apps; siehe »Unnütze Apps raus!«)
- App2SD bei Android < 2.2 und Entsprechendes bei Android > 4 (siehe»Apps auslagern«)
- Aufspielen alternativer Firmware (aka Custom ROM)
- Ändern der Systemschriftart(en)
- Erstellen eines wirklich vollständigen Backups des Android-Systems (erst ab Android 4.0 ohne root möglich, siehe 2.3.4)
- Einrichten einer Firewall (siehe »Zugriffe sperren: Firewalls & Permission-Blocker«)

Diese Liste ist keinesfalls vollständig (natürlich auch nicht nach Relevanz sortiert – die wäre ohnehin wieder sehr subjektiv). Mit root hat man quasi überall Zugang – keine Ecke des Android-Systems bleibt verschlossen. Genau da liegt auch das Risiko – aber da liegt es auch beim root-Zugang auf dem Linux-PC oder dem Administrator-Zugang beim Windows-PC:

6.1.2 Risiken des root-Zugangs

Die Risiken sind schnell mit einem Satz beschrieben: Falsch angewendet kann man sich mit root-Zugang das System unbrauchbar machen. Im schlimmsten Fall verwandelt man gar seinen Androiden in einen Ziegelstein – wenn man zum Beispiel ohne Sinn und Verstand die CPU hoffnungslos übertaktet und diese schließlich den Hitzetod stirbt. Mit Wissen und Verstand eingesetzt, ist der root-Zugang ein mächtiges und nützliches Werkzeug. Quasi wie ein Autoschlüssel: Setzt sich der achtjährige Steppke damit hinters Steuer ... Was den Eindruck erweckt, dass man uns für »unmündig« hält.

Oder sich schlicht vor unnötigen Rückgaben und Garantie-Einforderungen von sich selbst überschätzenden Anwendern schützen will. Ein nachvollziehbarer Grund – denn solche Anwender gibt es leider zu viele. Da es somit in der Regel keinen root-Zugang ab Werk gibt, liegt für Anwender mit Sinn und Verstand das größere Risiko eher in der Erlangung eines solchen. Je nach Gerät und Verfahren ist dieses größer oder fast gar nicht vorhanden. Da die Höhe des Risikos jedoch vom verwendeten Verfahren abhängt, lässt sich hier keine allgemeingültige Aussage treffen. Für weitere Details bietet ein Artikel bei *Stack Exchange* einen guten Einstieg.

Risk of bricking? http://bit.ly/1P6Vw58

6.1.3 Wie bekomme ich root-Zugang?

Das jetzt so zu erklären, dass es für jeden gilt, führt ein wenig zu weit. Für diese Übersicht kurz zusammengefasst gibt es da mehrere Möglichkeiten – und je nachdem, um welches Gerät es geht, greift davon eine, keine oder mehrere. Was ihnen jedoch fast ausnahmslos gemein ist: Sie alle nutzen vorhandene Sicherheitslücken im System, um root-Rechte zu erlangen.

Da ist zum einen »Software-root«: Man lädt sich die passende App auf den Androiden, startet sie und bestätigt: »Ja, ich will root!« Fertig. Toll: Mit so einem Gerät fühle ich mich absolut sicher. Wer sagt mir, dass eine andere App das nicht im Hintergrund tut, ohne mich zu fragen?

Okay, auch die zweite Variante ist im Prinzip eine Art »Software-root« (schließlich geht es ja um Software-seitigen Zugang). Nur geht es hier nicht um eine »einfache App«, sondern es ist schwieriger: Zunächst muss das USB-Debugging im Gerät aktiviert werden (expliziter Schritt, schwer von einer App auszuführen). Dann ist der Androide per USB-Kabel mit dem PC zu verbinden (unmöglich, dass das eine App im Hintergrund macht). Und schließlich muss man auf dem PC die »root-Software« starten, die über das Kabel auf das Android-Gerät zugreift. Die Schritte sind noch immer einfach und nachvollziehbar – aber hier habe ich keine Bedenken, dass das ohne mein Zutun passieren könnte.

Variante Nummer drei ist das Einspielen eines speziellen `update.zip` über das **Recovery-Menü**, was jedoch nur in wenigen Fällen möglich ist. Denn entweder muss hierzu besagtes `update.zip` vom Hersteller des Gerätes signiert oder aber die entsprechende »Prüfung« unterbunden worden sein.

How to root http://bit.ly/1P6Vw5a

Welche Variante jetzt für ein bestimmtes Gerät verfügbar ist und welche Software dafür benötigt wird, recherchiert man am besten im Forum. Bei vielen Communitys gibt es gerätespezifische Foren und meist gibt es dort wiederum ein Unter-Forum für root-Fragen – wo sich die Informationen finden, die für das jeweilige Gerät zutreffend sind. Und natürlich findet man auch bei *Stack Exchange* treffsichere Hilfe.

Towelroot towelroot.com

Für fast alle Android-Geräte bis Android 4.4.2 sollte sich *Towelroot* von Geohot eignen, das sich eine Lücke im Linux-Kernel zunutze macht (die mit Android 4.4.3 geschlossen wurde). *Towelroot* gehört in die erstgenannte Kategorie – also `.apk`-Datei herunterladen, installieren und auf den »Mach-mich-root«-Button drücken.

6.1.4 Laufen dann alle Apps mit root-Rechten?

Eine oft aufkommende Befürchtung – zum Glück unbegründet. Also die kurze Antwort: Nein, nicht ohne ausdrücklichen Wunsch des Anwenders.

Für eine detaillierte Antwort muss ich etwas tiefer greifen. Und wir müssen uns in Erinnerung rufen: Ein Android-System läuft ja mit Linux, also gelten hier auch entsprechende Richtlinien. Und jede App läuft darüber hinaus unter einem eigenen Benutzer (das gilt auch, wenn auf einem Gerät mit Android 4.2 oder neuer mehrere Konten beziehungsweise Profile eingerichtet sind). *root* ist ebenfalls ein Benutzer, wenn auch ein ganz spezieller. Und wenn eine »normale App« etwas mit root-Rechten ausführen möchte,

Abbildung 6.1 SuperUser Request

muss sie »root« dazu auffordern. Der Befehl dazu heißt sudo, was wir in unserem speziellen Kontext mit »SuperUser, DO ...« wiedergeben können.

Wenn eine App selbst unter »root« läuft, braucht sie auch kein »sudo«. Das betrifft aber unter Android nur System-Apps, auf die der Anwender in der Regel keinen (direkten) Zugriff hat.Läuft sie jedoch nicht unter »root« (und das ist bei Android die Regel: Jede App läuft, wie bereits erwähnt, unter einem eigenen User), dann muss sie für Aktionen, die root-Rechte benötigen, root halt höflich bitten – und das tut sie, indem sie dem auszuführenden Befehl ein `su` voranstellt. Also `su <Befehl>`. Derart geweckt schaut der SuperUser in seiner Datenbank nach, ob die App denn so was darf. Beim ersten Aufruf steht sie da noch nicht drin: Die Folge ist ein Pop-up der SuperUser-App: »App xyz möchte etwas mit SuperUser-Rechten machen. Darf sie das?« Dazu zwei Buttons für »Ja« und »Nein«, sowie eine »Checkbox«, ob sich *SuperUser* diese Entscheidung für die Zukunft merken soll.

sudo
http://bit.ly/1P6Vudq

Bei jedem weiteren Aufruf findet der SuperUser die App in seiner Datenbank mit dem Vermerk »die darf das immer« (sofern der Haken beim ersten Aufruf entsprechend gesetzt war) und führt den Befehl direkt aus. Zur Sicherheit wird dieser Fakt jetzt nochmals als Hinweis eingeblendet (siehe im unteren Teil von Abbildung 6.1). Die App wird dabei nicht gebremst, es ist auch keine Interaktion nötig. Daher sollte das in diesem Falle dann sogar vom Lockscreen aus funktionieren. Etwas störend ist das natürlich im Falle einer Screenshot-App, wie das Bild zeigt – da dieser Hinweis dann auf jedem Bild verewigt ist. Deshalb lässt er sich auch in den Einstellungen der *SuperUser*-App abschalten.

6.1.5 Weiterführende Informationen

Ein kleines Tutorial findet sich auch in einem Artikel bei NDroid: »Rooten – Vorteile und Risiken«.

N-Droid: Rooten
http://bit.ly/1natJFY

6.2 Apps am automatischen Starten hindern

Wer kennt das nicht: Man schaltet sein Handy ein, es fährt hoch und ist eine gefühlte Ewigkeit später auch »betriebsbereit«. Besonders üppig mit RAM ausgestattet sind unsere Androiden ja eher selten – und trotzdem tummeln sich schon zu diesem Zeitpunkt sackweise Apps in selbigem, die ich selten oder gar nie benötige: Flickr, FM-Radio, Google Maps, Peep ... Wozu? Und wie kann ich das verhindern?

Hier soll es nun nicht um »aggressive Task-Killer« gehen, die (ausgenommen vielleicht auf einer Ausschluss-Liste stehende Apps) wild alles abschießen, was »peep« sagt (und nein, auch das Für und Wider derselben steht hier nicht zur Debatte). Stattdessen möchte ich Möglichkeiten nennen, gezielt die nicht (ständig) benötigten Apps an einem automatischen Start zu hindern (manchmal auch nachträglich, ooops).

Übersicht: Autostart http://bit.ly/1P6Vudr

Für weitere Kandidaten gleich an dieser Stelle der Verweis zur zugehörigen Übersicht.

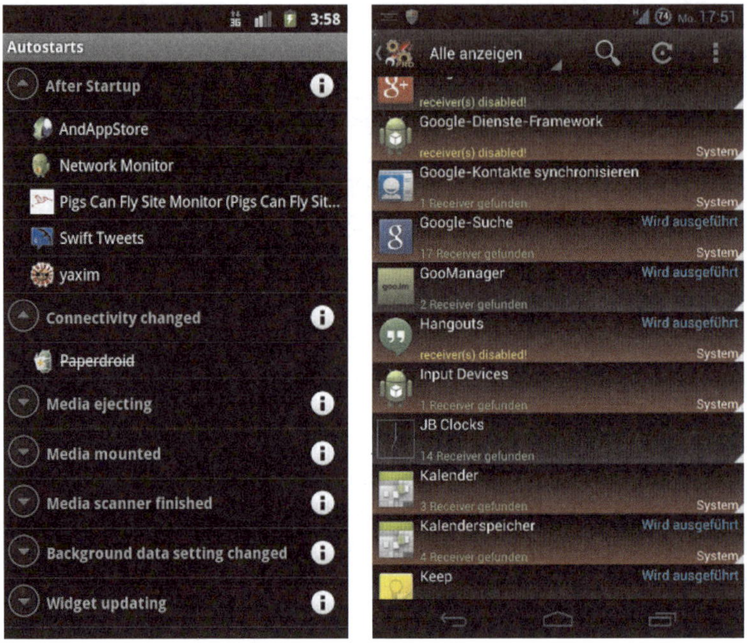

Abbildung 6.2 Mit *AutoStarts* und *Autorun Manager* lassen sich die Startrampen der Apps erkunden.

Ja, es gibt sie: Apps wie AutoStarts und Autorun Manager. Sie brauchen in der Regel Root-Rechte, um ihre Tätigkeiten auszuführen. Und sie unterscheiden sich zum Teil stark – sowohl in ihrer Bedienbarkeit, Übersichtlichkeit, Wirksamkeit als auch in der Art ihrer Vorgehensweise.

Dazu ein wenig Hintergrund-Information: Es ist nicht so, dass es da einen »Start-up-Folder« gäbe. Vielmehr können sich Apps für »Events« registrieren, bei denen sie gern gestartet werden möchten. Der gewöhnlichste, der jedem sofort einfällt, nennt sich »boot completed« – unmittelbar, nachdem das System komplett hochgefahren ist. Aber das ist bei Weitem nicht alles! Wer einmal mit oben erwähntem *AutoStarts* sein System durchforstet, bekommt beim ersten Mal sicher Kulleraugen, wie viele solcher »Start-Rampen« es gibt. »USB-Kabel angesteckt« fällt einem vielleicht noch ein. Aber wer denkt sogleich an Dinge wie »eingehende SMS«, »abgehender Anruf«, »Speicher knapp«? Klar, jetzt fällt einem sicher auch »battery low« ein ...

Je nachdem, welche dieser »Start-Rampen« unsere App nun also kennt, findet sie mehr oder weniger Kandidaten, die vom automatischen Starten abgehalten werden sollen. *AutoStarts* findet zum Beispiel sehr viele – *Startup Auditor* etwas weniger.

Und wie werden die Apps am Starten gehindert? Die meisten unserer »Verhinderer« warten einfach auf deren Auto-Start und schießen die App dann über den Haufen.

Anders *AutoStarts*: Hier wird die App quasi gleich von der Rampe genommen – und *AutoStarts* merkt sich App und zugehörige Rampe, um die Aktion gegebenenfalls später wieder rückgängig machen zu können. Das ist natürlich weit effektiver (und auch Ressourcen schonender), birgt aber eine Gefahr: Sollte man *AutoStarts* einmal deinstallieren, ohne zuvor die Änderungen rückgängig gemacht zu haben – dann kann man sie gar nicht mehr rückgängig machen (es sei denn, man hat ein gutes Backup der App-Daten von *AutoStarts* – oder installiert die betroffene App einfach neu). Hat also alles seine Vor- und Nachteile.

Achtung: Wer die Apps nicht direkt »von der Rampe nimmt«, sondern jeweils »nach dem Start abschießen lässt« (im Falle von Unsicherheit gilt Letzteres), sollte anschließend prüfen, was dabei passiert. Bei einigen Apps (zum Beispiel *Peep* oder *Aktien*) passiert es gern, dass sie nach dem »Abschuss« einfach wieder starten. Das kann dann in einen Kreislauf ausarten, der alles andere als Ressourcen schonend ist! Es gibt allerdings eine App, die so etwas selbst erkennt: *AutoRun Manager* markiert eine sich so verhaltende App als »Selbst-Restarter«, sobald dieser Fall aufgetreten ist. Damit ist dann klar, dass sich diese nicht auf diese Weise am Starten hindern lässt.

Autorun Manager unterstützt übrigens beide Modi: Im »einfachen Modus« (kein root erforderlich) schießt er die Apps nach dem Auto-Start einfach über den Haufen. Hier werden auch nur wenige Events berücksichtigt – also wahrscheinlich nicht alle Elemente erwischt.

Im »Erweiterten Modus« (erfordert root) hingegen verhält sie sich wie *AutoStarts* und »unregistriert« die jeweilige App vom jeweiligen Event. Hier muss man dann vor einer eventuellen Deinstallation daran denken, ***vorher*** die ursprünglichen »Defaults« wieder herzustellen (geht allerdings einfach: RESCUE-MODE und fertig).

6.3 Vorinstallierte Apps entfernen

Das kann echt nervig sein: Was hat mein Provider (beziehungsweise der Telefon-Hersteller) da alles an Apps vorinstalliert, die »kein Mensch« braucht? Und wie werd' ich »den Schrott« los? Jetzt kommt das böse Wort: »Ohne **root**? Gar nicht.« Da wären wir also wieder. Zum Glück lassen sich ab Android 4.0 die meisten dieser Apps zumindest auch ohne root »deaktivieren«, indem man den gleichnamigen Button in den Settings der App unter EINSTELLUNGEN | APPS VERWALTEN betätigt.

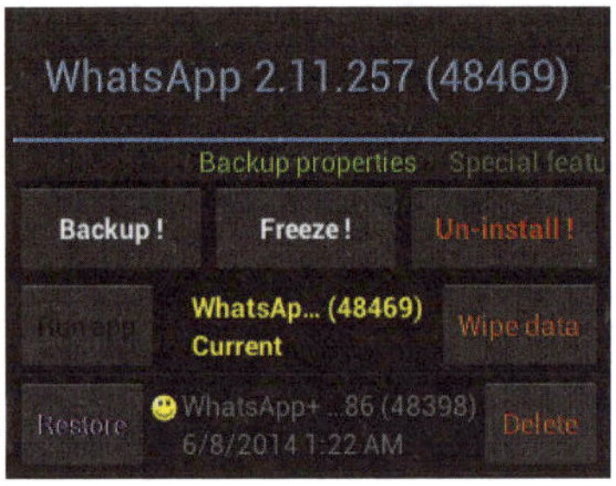

Abbildung 6.3 Titanium Backup

Titanium Backup

Und mit root? Ja, da gibt es Möglichkeiten. Die bekannteste dürfte wohl *Titanium Backup* sein: Mit dieser App lässt sich jede ungewünschte App komplett vom System entfernen, wenn es denn sein soll. Wem das zu heikel ist, der hat auch eine Alternative: Einfrieren (was Android ab Version 4.0 auch von Haus aus anbietet). Damit taucht die App in keiner Liste (außer hier bei *Titanium Backup*) mehr auf, wird nicht mehr (automatisch) gestartet – und kann dennoch jederzeit wieder »aufgetaut« werden.

Nebeneffekt der App – der Name lässt es erahnen: Man kann damit vollständige Backups machen. Von einzelnen Apps. Von deren Daten. Vom ganzen System. Und natürlich bei Bedarf Daten, Apps und System aus einem Backup zurückholen. Klasse Sache bei einem Geräte- oder ROM-Wechsel (aufpassen: unterschiedliche Geräte/ROMs = unterschiedliche Systemdateien; hier nur die Apps und gegebenenfalls deren Daten wieder herstellen und die System-Dinge nicht anfassen – System-Apps besser ebenso wenig).

SuperBox

Wer da noch einfrieren und auftauen kann und noch einiges mehr, ist *SuperBox*, das sich selbst auch als »Schweizer Taschenmesser« bezeichnet. Definitiv auch einen Blick wert. Kann nämlich auch den Cache aufräumen und solche Dinge – die im nächsten Abschnitt zur Sprache kommen.

6.4 Tuning – Das Android-System auf Trab bringen

Ein altbekannter Effekt: Mit der Zeit wird unser Androide immer träger. Oder kommt uns das nur so vor? Doch spätestens dann, wenn jemand seinen »guten alten« Freund aus der ersten Generation neben einen Kameraden aus der aktuellen Mittel- oder gar Oberliga legt, liegt die Antwort auf der Hand: Ja klar, der neue ist definitiv schneller. Diesen großen Schritt werden wir mit unseren »alten kleinen Gurken« kaum vollständig bewältigen – aber wir können die Lücke kleiner machen. Und darum soll es hier gehen, in mehreren Schritten. Nicht jeder wird alle Schritte durchführen können/wollen (ich erwähne nur, da kommt Herr Root ins Spiel) – dennoch ist sicher für die meisten etwas Passendes dabei. Selbst wenn das Gerät bereits neuer und schneller ist: Ein wenig Finetuning kann ja nicht schaden, gelle?

6.4.1 Schnellwaschgang

Bevor ich in die Details einsteige, hier ein paar Schnelltipps für Ungeduldige – sozusagen das Wichtigste auf einen Blick (eine Übersicht über Verbrauchsdaten gibt es im Anhang C):

6.4.1.1 Akku-Laufzeit verlängern

- WLAN komplett abschalten, wenn es nicht gebraucht wird (ab Android 4.3 gegebenenfalls zusätzlich die »Netzwerksuche bei abgeschaltetem WLAN«, zu finden in den erweiterten WLAN-Einstellungen). Das spart enorm und lässt sich auf Wunsch auch automatisieren (siehe Abschnitt 2.8.13). Nebenwirkung: Schutz vor gewissen schnüffelnden Mülltonnen.
- Wer kein mobiles High-Speed benötigt: 3G aus, das frisst auch ganz nett (siehe auch »2G versus 3G: Spart 2G wirklich so viel Akku?«) Analoges gilt natürlich für 4G/LTE, sofern vorhanden.
- Dito gegebenenfalls für GPS (spart aber nur wenig, da es im Standby so gut wie nix frisst)
- Helligkeit des Displays weitmöglichst herunterregeln. »Aufdrehen« dann im Bedarfsfall.
- Live-Wallpaper und sonstige »animierte Dauerrenner«: Wer darauf verzichten kann, sollte das tun!
- root und Modder: CPU nicht über-, sondern gegebenenfalls eher untertakten. Ich weiß, das klingt nicht besonders »cool« – spart aber Akku (siehe Abschnitt 6.4.5 »CPU-Taktung anpassen« in diesem Kapitel).
- Apps, die nicht benötigt werden, deinstallieren. Was nicht da ist, macht keinen Stress. Siehe Abschnitt 6.4.4 »Unnütze Apps raus!«

WLAN 4.3
http://
bit.ly/
1natH13

Sniffing
Trashcans
http://
bit.ly/
1P6VwlA

- Apps, die man *nur gelegentlich* braucht, müssen *nicht ständig* im Hintergrund laufen. Tun sie das doch, verbietet man ihnen gegebenenfalls das automatische Starten (siehe Kapitel 6.2 »Apps am automatischen Starten hindern«).
- Die Datensynchronisierung muss eventuell auch nicht ständig laufen. Bei vielen Apps, die eine solche benötigen (zum Beispiel RSS-Reader, Mail-Apps), lassen sich die Intervalle entsprechend anpassen – oder gar der Abgleich auf Zeiträume mit WLAN-Empfang beschränken (das spart nebenbei gleich noch Datenvolumen)

6.4.1.2 Mehr Speed

Lagfix

- RAM bereinigen (Android-interne Einstellungen optimieren)
- Root: Mit der Zeit (und besonders bei starker Nutzung) wird unter Umständen das Dateisystem langsamer, weil der Controller länger nach freien Datenblöcken suchen muss. In diesem Fall kann Lagfix (fstrim) Abhilfe schaffen (ab Android 4.3 obsolet, da fstrim in das System integriert wurde).
- Root: Nur für bestimmte Situationen, wo es darauf ankommt: CPU gegebenenfalls leicht übertakten. Frisst aber auch mehr Akku.
- Apps, die nicht benötigt werden, deinstallieren (siehe Abschnitt »Unnütze Apps raus!«). Was nicht da ist, macht keinen Stress.
- Die Datensynchronisierung muss eventuell auch nicht ständig laufen. Bei vielen Apps, die eine solche benötigen (zum Beispiel RSS-Reader, Mail-Apps), lassen sich die Intervalle entsprechend anpassen – oder gar den Abgleich auf Zeiträume mit WLAN-Empfang beschränken (das spart nebenbei gleich noch Datenvolumen).

6.4.1.3 Mehr Platz im internen Speicher schaffen

- Apps, die nicht benötigt werden, deinstallieren. Was nicht da ist, frisst kein Brot.
- Apps aus dem internen Speicher auf die SD-Karte auslagern
- Cache bereinigen (siehe Abschnitt »Cache bereinigen«)

6.4.2 Apps auslagern

Normalerweise werden Apps im Telefonspeicher installiert – und der ist nicht immer unbedingt üppig ausgestattet. Ein paar »größere Knaller« installiert und voll ist er: Vor der Installation der nächsten App muss man sich also entscheiden, auf welche bereits installierte App man hier verzichten kann …

Mit **Froyo** (Android 2.2) und neuer lässt sich bereits von Haus aus **App2SD** nutzen – größere beziehungsweise seltener benutzte Apps können so auf die SD-Karte ausgelagert werden. Damit hat man wieder freien internen Speicher – unter anderem auch für die

Apps, die kein *App2SD* unterstützen. Fertig – der Rest dieses Abschnitts kann nun übersprungen werden!

Hm, noch hier? Also noch Android < 2.2 am Laufen? Oder Android ≥ 4.x und der Hersteller hat die Unterstützung für *App2SD* entfernt? Oder einige Apps am Werkeln, die sich partout nicht verschieben lassen wollen? Kein **root**? Na ja, dann hat das Folgende eher informativen Charakter. Um die hier beschriebenen Möglichkeiten zu nutzen, muss der Androide zuvor gerootet werden.

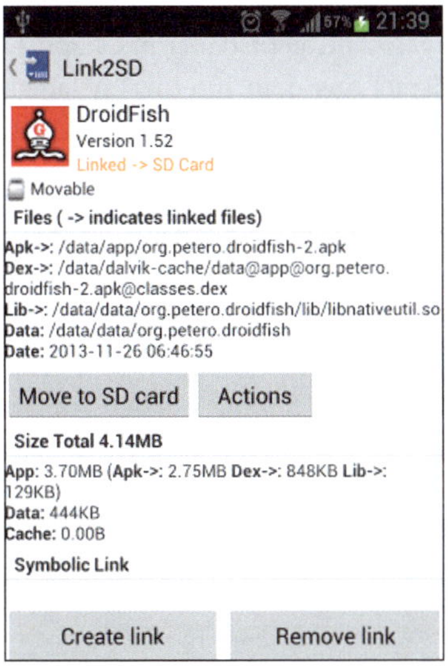

Abbildung 6.4 Link2SD

Link2SD

Die App *Link2SD* ermöglicht das Auslagern von Apps auf die SD-Karte auch unter »älteren« Android-Versionen. Und zwar sogar »besser« als *Apps2SD*: Es wird eine separate **Partition** auf der Karte angelegt (äh, falsch: *Der Anwender* muss diese Partition im ersten Schritt anlegen). Auf diese verschiebt man dann die gewünschten Apps und am ursprünglichen Speicherort werden sogenannte »symbolische Links« auf die neue Location angelegt. Schließt man nun den Androiden per USB-Kabel an den PC an, wird nur die andere Partition dorthin exportiert – und die ausgelagerten Apps bleiben weiterhin lokal verfügbar. Das ist bei *App2SD* nicht der Fall.

Was hierfür benötigt wird und welche Schritte nötig sind, beschreibt unter anderem ein Tutorial bei DroidWiki ausführlich.

DroidWiki Tutorial http://bit.ly/1natHhk

6.4.3 Cache bereinigen

Und weiter geht's mit der Bereinigung des internen Speichers. ***Dieser Schritt benötigt kein root*** – kann also von jedem genutzt werden.

Cache ist schon eine feine Sache und soll so manche Dinge ja schneller machen. Zum Beispiel, indem man Daten aus dem Internet im lokalen Dateisystem ablegt, damit man sie nicht jedes Mal neu laden muss, wenn sie wieder gebraucht werden. Der letzte Teilsatz ist aber genau der Knackpunkt: Braucht man sie überhaupt noch? Und was, wenn dummerweise mal gerade eine »kaputte Variante« im Cache landet? Oder der Platz im internen Speicher knapp wird?Kurz: Wird der Cache gelöscht, geht dabei nix kaputt. Die Daten müssen im schlimmsten Fall neu (zum Beispiel aus dem Internet) geladen oder neu generiert werden. Dafür ist aber anschließend aufgeräumt – und so manches Problem nebenbei mit behoben.

Quick App Manager

Simple Cache Cleaner

Und wie erledigt man das? Mit Bordmitteln: In den Einstellungen in die Anwendungs-Verwaltung gehen, jeden Eintrag einzeln durchforsten (ob die App überhaupt Cache nutzt) und für jede betroffene App den Cache von Hand löschen. Da geht schon mal gern ein Stündchen bei drauf – und bequem ist es auch nicht gerade. Zum Glück gibt es zahlreiche Alternativen, wie zum Beispiel *Quick App Manager*, *Simple Cache Cleaner* und weitere. Eine andere schnelle Möglichkeit, die keiner Extra-App bedarf: In das **Recovery-Menü** booten und WIPE CACHE auswählen. Klappt bei jedem Gerät.

6.4.3.1 RAM bereinigen

Übersicht: System-Bereinigung http://bit.ly/1P6VwIE

Nachdem wir uns nun um den internen Speicher gekümmert haben, geht's ans Eingemachte: Das RAM ist fällig!

Wer aber nun an Task-Killer denkt – voll daneben. Kontrovers diskutiert, verteufelt, hochgejubelt ... Aus meiner Sicht ist die Aufgabe eines Task-Killers nicht, freien Speicherplatz im RAM zu schaffen (das ist eher ein Nebeneffekt) – sondern vielmehr, »hängende« Apps zu beenden, die andernfalls zum Beispiel Amok laufen oder das System lahmlegen (zum Beispiel mit hoher CPU-Last). Details finden sich weiter oben unter »Von Task-Killern und anderen bösen Buben« in Kapitel 2.5.

Auto Memory Manager

Nächstes Argument: »Android kümmert sich doch selbst um die Speicherbereinigung«. Jetzt kommen wir der Sache näher: Ja, das stimmt – die Frage ist nur: Wann? Wie oft? Und wie? Darum geht es in erster Linie: Die zugehörigen Einstellungen für diesen sogenannten **»OOM-Killer«** (Out Of Memory Killer) anzupassen. Ihm beizubringen, wie viel freien Speicher wir benötigen – und wann er zuschlagen darf.

Auto Killer Memory Optimizer

Auch hierfür gibt es wieder zahlreiche Helferlein. Da es sich um System-Einstellungen »unter der Haube« handelt, wird hier in der Regel root benötigt. Eine rühmliche Aus-

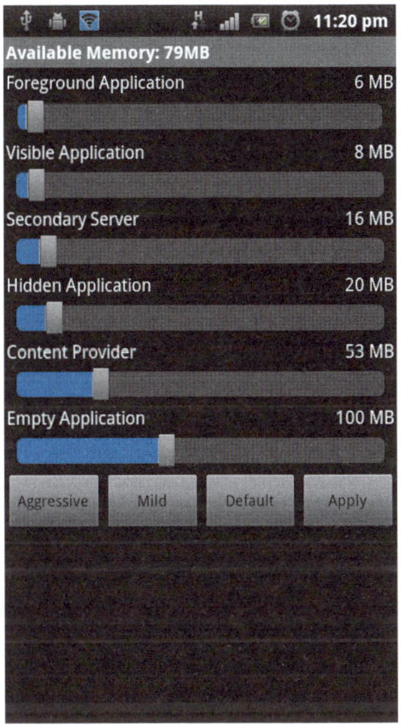

Abbildung 6.5 Auto Memory Manager

nahme ist da *Auto Memory Manager* (siehe Abbildung 6.5), der es angeblich auch ohne schafft. Selbst getestet habe ich den *AutoKiller Memory Optimizer*, der recht gut funktioniert – jedoch root voraussetzt.

6.4.4 Unnütze Apps raus!

Das sollte eigentlich so was von klar sein: Apps, die man überhaupt nicht mehr braucht, belegen unnütz Speicher – und können auch bei Nicht-Benutzung das System (leicht) ausbremsen. Also runter damit! Die notwendigen Details hierzu finden sich bereits weiter oben unter Apps verwalten (siehe Kapitel 2.2). Und was man nicht deinstallieren kann/möchte, kann man ja zumindest noch am automatischen Starten hindern (siehe Abschnitt »Apps am automatischen Starten hindern« weiter vorn in diesem Kapitel).

Noch Leichen im Keller? Im Laufe seines Androiden-Lebens hat unser Gerät so manche App »einmal kurz gesehen«, die dann wieder entfernt wurde – etwa weil wir etwas Besseres gefunden haben oder die App aus anderen Gründen nicht mehr benötigen. Nicht jede dieser Apps wurde restlos entfernt – manch eine App ließ noch ein paar »Leichen« zurück. Und dann wären da noch diverse »core dumps« von »Force Closes« (»Schließen erzwingen«), System-Logs und mehr.

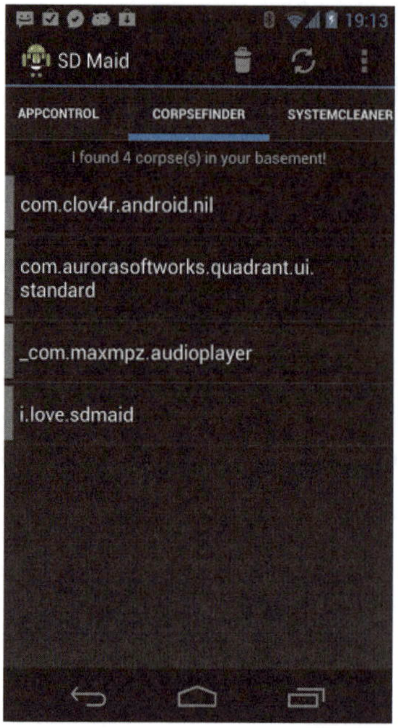

Abbildung 6.6 SD Maid

SD Maid

Eine App verspricht, sich genau darum zu kümmern: *SD Maid*. Was diese App tut: Sie durchsucht die typischen Verzeichnisse (`/data/data` und `/mnt/sdcard/Android/data` beziehungsweise bei Samsung-Geräten `/dbdata/databases` für erstere Location) und vergleicht die dortigen Einträge mit der Liste tatsächlich installierter Apps. Auf diese Weise wird Überflüssiges identifiziert und kann entweder einzeln (Eintrag antippen) oder gleich in einem Rutsch (CLEAN ALL) entfernt werden. Im Reiter CLEAN SYSTEM lassen sich weitere Plätze und Dinge bereinigen – etwa System-Logs, Core-Dumps oder – huch? – auch Cache. *SD Maid* kann zwar ohne root verwendet werden, bietet dann jedoch nicht den vollen Funktionsumfang.

6.4.5 CPU-Taktung anpassen

Tasker

Wieder mal nur für gerootete Geräte.

Hier gibt es generell eigentlich zwei Richtungen:

- Höhere Taktung > Schnellere Reaktion & Arbeitsgeschwindigkeit – aber auch der Akku wird so schneller leer.
- Niedrigere Taktung > Langsamere Reaktion & Arbeitsgeschwindigkeit – aber der Akku hält (teilweise deutlich) länger durch.

Eigentlich klar soweit – auch wenn die meisten beim Thema „CPU Taktung" nur/zuerst ans Übertakten denken, auch Untertakten kann seine Vorteile haben. Beim Übertakten sollte man überdies vorsichtig sein, dass man aus seinem Androiden nicht zuerst eine Warmhalteplatte, dann eine Kaffeemaschine und schließlich einen Ziegelstein macht – nicht übertreiben! Sinnvolle Szenarien beinhalten unter anderem:

- Wenn das Gerät nicht benutzt wird (Bildschirm aus, nachtschlafende Zeit, ...) > runter mit dem Takt
- Wenn das Gerät benutzt wird (Bildschirm an) > Auf »normalen« Takt schalten (was immer das für den Einzelnen ist)
- Wenn eine bestimmte (hungrige) App im Vordergrund läuft > Hoch mit dem Takt (Vorsicht – nicht zu hoch)

Viele der CPU-Taktveränderer decken die ersten beiden Punkte ab. Der dritte Punkt ließe sich zum Beispiel mit *Tasker* sicher realisieren.

SetCPU

Wiederum gibt es etliche Apps, die beim Drehen an der CPU-Schraube behilflich sein wollen. Die bekannteste ist sicherlich *SetCPU* (Abbildung 6.7), der bekannteste Mitbewerber dazu heißt *CPU tuner*. Weitere Kandidaten sind in der passenden Übersicht benannt oder finden sich auf den jeweiligen Seiten der Apps als Alternativen aufgeführt.

CPU tuner

CPU Einstellungen http://bit.ly/1natHhr

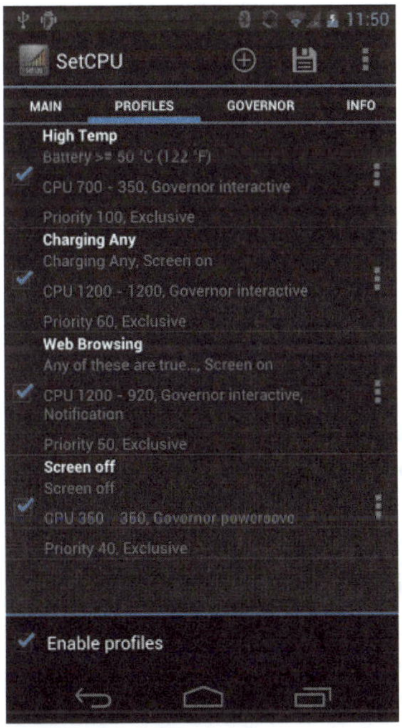

Abbildung 6.7 SetCPU

6.5 Durststrecke – mehr aus dem Akku herausholen

Wenn der Akku mit einer Ladung länger durchhalten soll, müssen wir den Energieverbrauch senken. So weit klar. Also stellen sich die Fragen:

- Was verbraucht Energie?
- Was ist dafür verantwortlich?
- Wie können wir dem beikommen?

Schauen wir uns diese Fragen also einmal nacheinander an.

6.5.1 Was verbraucht Energie?

Gleich von vornherein auf den Aspekt des »können wir dem beikommen« betrachtet, lassen sich die Verbraucher schnell auf wenige Punkte reduzieren:

- CPU
- Speicherzugriffe
- Netzwerkzugriffe
- »Peripherie-Geräte« (hier: Kamera, Display)

Dafür verantwortlich sind die Apps, die die Ressourcen beanspruchen – und natürlich nicht zuletzt der Benutzer, der einen gewissen Einfluss auf diese Apps hat. So ergeben sich einige Lösungsansätze schon von selbst:

6.5.2 Wie können wir dem beikommen?

Zum größten Teil sind diese Punkte bereits in den vorigen Abschnitten behandelt worden. Die entsprechenden Kandidaten seien daher hier nur noch einmal kurz aufgezählt:

- Apps, die nicht benötigt werden: Weg damit! Was nicht da ist, kann auch nichts verbrauchen (siehe Abschnitt »Vorinstallierte Apps entfernen« und »Unnütze Apps raus!« in diesem Kapitel).
- Was man nur selten braucht, muss nicht ständig laufen – diese Apps sollte man also am automatischen Starten hindern! Das gilt auch für auf den Homescreens installierte Widgets: Hier handelt es sich ja ebenfalls um laufende Apps, die automatisch gestartet werden. Daher sollte man diese möglichst sparsam einsetzen.
- Wenn im RAM genügend freier Platz existiert (also der »OOM-Killer« gut konfiguriert ist – siehe Abschnitt »RAM bereinigen« im vorigen Kapitel), wird dieser als Cache genutzt – und dafür weniger auf die Speichermedien zugegriffen.

- Exzessive Nutzung von Task-Killern verbraucht zusätzliche Energie – da viele Apps gleich nach dem Kill vom System wieder nachgeladen werden (siehe Kapitel »Von Task-Killern und bösen Buben« in Kapitel 2.5).
- Ist der Androide gerootet, lässt sich die CPU untertakten (zumindest dann, wenn man sein Gerät ohnehin nicht benutzt), siehe Abschnitt »CPU-Taktung anpassen« in diesem Kapitel.
- Das Display muss auch nicht unbedingt als Scheinwerfer herhalten – die Helligkeit lässt sich entsprechend anpassen.

Die meisten Dinge habe ich bereits erklärt. Ein paar jedoch noch nicht:

Speicherzugriffe: Ja, klar: mehr Cache mit sauberem Speicher – stand doch da schon. Richtig, aber das ist noch nicht alles. Die Frage ist auch: Was für eine SD-Karte steckt in meinem Gerät? Im Allgemeinen verbrauchen »ältere Karten« (also die langsameren Teile – erkennbar unter anderem an ihrer kleineren »Klasse«) mehr Strom als neuere, da Lese- und Schreibzugriffe bei diesen länger brauchen. Eine neue Karte verschafft uns also unter Umständen nicht nur mehr Speicher, sondern ist auch schneller – und der Akku hält länger. Steht also ohnehin ein Neukauf an, sollte man nicht zu knauserig sein: Lieber einen Euro mehr ausgeben und was Vernünftiges holen! »Class-6« sollte es mindestens sein.

Netzwerk-Zugriffe: Auch diese kosten Energie – manche mehr, manche weniger. 3G (UMTS) knabbert in der Regel stärker am Akku als 2G (GPRS/EDGE). Wer also nicht unbedingt auf »HighSpeed« an dieser Stelle angewiesen ist, schaltet 3G einfach komplett ab (schaut aber sicherheitshalber zuvor noch im Abschnitt »2G versus 3G: Spart 2G wirklich so viel Akku?« nach). Die passenden Schalterchen finden sich in Einstellungen | Drahtlos und Netzwerke | Mobile Netzwerke (Netzwerkmodus: Nur GSM beziehungsweise Nur 2G). Weitere Kandidaten sind Bluetooth und WLAN, die man bei Nichtgebrauch auch deaktivieren kann (siehe dazu unter »Helferlein« im nächsten Abschnitt).

In die Rubrik *Netzwerk-Zugriffe* gehört übrigens auch der **mobile Datenabgleich** – hier kann man ebenfalls einschränken: Wetterinformationen müssen nicht alle fünf Minuten aktualisiert werden (hier genügen in der Regel drei bis sechs Stunden als Intervall). Bei RSS-Feeds kommt es auf die Ansprüche an; normalerweise ist ein stündlicher Abgleich aber ausreichend. Bei vielen RSS-Readern lässt sich das sogar noch auf die Zeiträume beschränken, in denen eine WLAN-Verbindung verfügbar ist; das spart dann nebenbei auch noch Datenvolumen. Bei Mails empfiehlt sich ein Anbieter (und eine App), die das »IMAP Idle«-Protokoll unterstützen: Dann stößt der Server nämlich den Abgleich an, wenn neue Mail eintrifft – und man muss nicht alle paar Minuten unnötig nachschauen lassen (»Pollen«). Letzteres gilt jedoch nur, wenn man wirklich »ständig auf dem Laufenden« sein muss; wem eine Aktualisierung alle 30 (oder mehr) Minuten genügt, für den ist »Polling« sparsamer.

Kamera: Natürlich braucht auch diese »Saft«, und nicht unbedingt wenig. Das betrifft nicht nur das Fotografieren, sondern auch die Barcode-Scanner. Von Letzteren sind einige dafür bekannt, dass sie auch nach dem Beenden noch fleißig weiter nuckeln (was an einem Bug in der betreffenden Google-API zu liegen scheint). Hier könnte also ausnahmsweise ein Task-Killer-Einsatz gerechtfertigt sein. Oder aber die Wahl eines alternativen Barcode-Scanners.

Zu letzterem Fall gibt es sicher noch Parallelen, wo eine alternative App sparsamer wäre als die gerade eingesetzte. Um solche Kandidaten aufzuspüren, kann man zum Beispiel die Statistiken unter EINSTELLUNGEN | TELEFONINFO | AKKU | AKKUVERBRAUCH nutzen, die besonders hungrige Apps auflistet. Aber aufpassen: Die Statistik zählt seit dem letzten Boot – lief eine hungrige App also nur mal eben ein Minütchen, fällt sie hier (noch) nicht so ins Gewicht. Mehr Details liefert dann, je nach eingesetzter Android-Version, auch noch ein »Anruf« bei der magischen Nummer *\#*\#4636\#*\#** (siehe Anhang B).

6.5.3 Helferlein

Schnellumschalter http://bit.ly/1P6VudA

Nicht verschweigen möchte ich hier einige Helferlein, die dem Nutzer beim Energiesparen »unter die Arme greifen« können. Grob gesehen wären dies zwei Kategorien von Apps: Schnellumschalter (finden sich in der am Rand genannten Übersicht) und im Hintergrund laufende, auf »Events« reagierende Apps.

Extended Controls

Schnellumschalter sind meist Widgets auf dem Homescreen, mit denen man »toggeln« (also zwischen zwei Zuständen wechseln) kann, zum Beispiel »WLAN an/aus«, »Bluetooth an/aus« und so weiter. Einige dieser Widgets stehen schon »von Haus aus« zur Verfügung – aber damit kann man sich den Homescreen schnell »zupflastern«, wenn mehrere benötigt werden. Daher gibt es auch Apps, die mehrere Schalterchen sinnvoll vereinigen und so platzsparend mehr anbieten können. Als Beispiel sei hier *Extended Controls* genannt. Spätestens ab Android 4.0 (und auf einigen Geräten auch bereits früher) gibt es von Haus aus auch die »Quick-Settings« in der Benachrichtigungsleiste.

Juice Defender

Green Power

Hintergrund-Aufpasser beeinflussen den Energieverbrauch »ereignisgesteuert«, wobei der Anwender die Ereignisse meist selbst festlegt. Zum Beispiel: Wenn weniger als 20 Prozent Akkuleistung verbleibt, schalte Bluetooth und WLAN aus. Die bekannteste App in dieser Kategorie nennt sich *JuiceDefender*, wird jedoch anscheinend nicht mehr gepflegt; ein vergleichbarer Kandidat wäre *Green Power*.

Greenify

Ein Hintergrund-Aufpasser der besonderen Art ist *Greenify*, das sich um »unartige Apps« kümmert. Damit meine ich Apps, die nach ihrer Benutzung und vermeintlichen Beendigung im Hintergrund fleißig weiter Ressourcen verbrauchen (ein gutes Beispiel dafür wäre etwa *Google Maps*). *Greenify* kümmert sich um vom Anwender festgelegte Kandidaten und befördert sie nach ihrer Nutzung automatisch in den Ruhezustand –

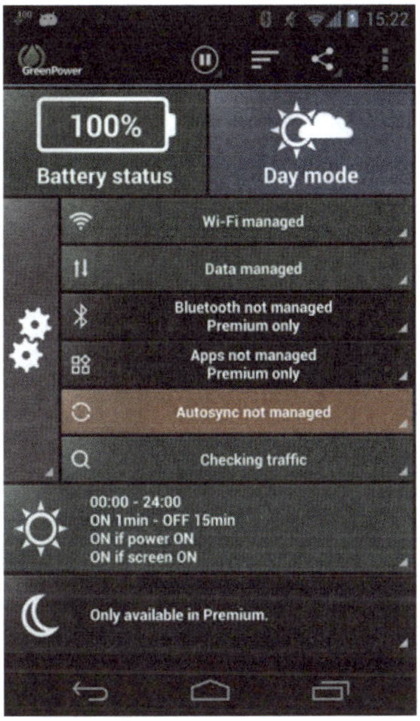

Abbildung 6.8 GreenPower

quasi ein »Einfrieren On-the-Fly«. Wer also derartige Bösewichter auf seinem Androiden hat, der kann mit *Greenify* noch einiges an zusätzlicher Akku-Laufzeit herausholen.

Wie ein einfacher Anwender passende Kandidaten ausfindig machen soll? Natürlich mit *Greenify* selbst. Die App greift ihm dabei nämlich durchaus hilfreich unter die Arme, wie Abbildung 6.9 zeigt. So werden zunächst bereits im Hintergrund laufende Apps aufgeführt, zusammen mit der von ihnen bereits verbrauchten Systemzeit. Sieht man hier auf den ersten Blick einen »Ausreißer« mit extrem hohen Werten, wäre das sicherlich ein guter Kandidat. Diesem Segment folgen weitere: etwa mit Apps, die das System bei bestimmten Ereignissen ausbremsen (weil sie zu diesen automatisch gestartet werden wollen). Zu guter Letzt lassen sich schließlich auch alle installierten Apps durchforsten.

Drei kleine »Handicaps« gilt es zu beachten: Erstens bedarf es zur Behandlung von System-Apps der Donation-Version. Dies betrifft zum Beispiel mein Parade-Beispiel *Google Apps*, sofern es bereits auf dem Gerät vorinstalliert war. Zweitens sollte man mit Bedacht an die Sache herangehen: *Greenified* man etwa eine Nachrichten-App wie *WhatsApp*, kann diese im »Ruhezustand« auch nicht mehr auf eingehende Nachrichten reagieren – es sei denn, man setzt das »Donation Package« ein. Drittens lässt sich *Greenify* zwar generell auch ohne root einsetzen – ihr volles Potenzial spielt die App allerdings erst mit root aus.

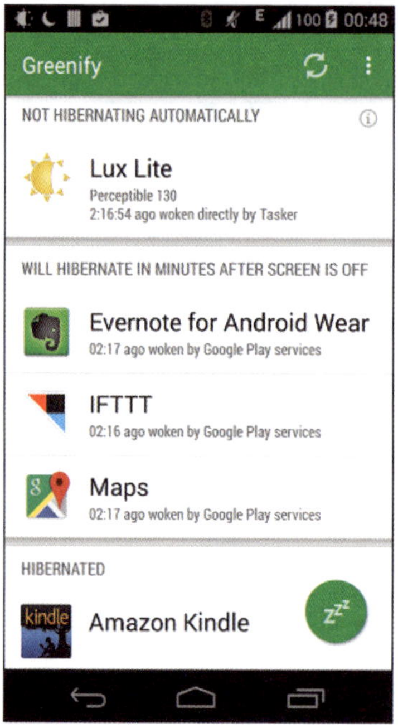

Android-User: Greenify http://bit.ly/1natHhx

Abbildung 6.9 Greenify

XDA TV http://bit.ly/1ZPx4w9

Weiterführende Informationen finden sich beispielsweise in einem Video bei XDA Developer TV, das jedoch in englischer Sprache gehalten ist, sowie in einem ausführlichen Artikel des AndroidUser auf Deutsch.

APNdroid

Nicht vergessen werden sollten an dieser Stelle auch spezielle Helferlein wie *APNdroid* (mit dem man sein Telefon – temporär – daran hindern kann, Netzwerk-Verbindungen aufzubauen) oder *3G Watchdog* (passt nicht so ganz hier, da es eher über das Datenvolumen wacht – aber es nutzt *APNdroid*, wenn man möchte, um bei einem bestimmten Volumen »abzuschalten«).

3G Watchdog

Sicher gibt es noch etliche mehr – und ich gebe auch frei heraus zu, nicht alle zu kennen. Aber ich hoffe, hier zumindest einen Einblick in die Möglichkeiten gegeben zu haben.

6.5.4 Wer saugt da meinen Akku leer?

So so, irgendwer saugt da also plötzlich den Akku leer – und der Anwender hat keinen blassen Schimmer, wer oder was das sein könnte? Da gibt es zunächst ein paar Bordmittel für die Analyse. Zum Beispiel die Übersicht der »größten Verbraucher«, die sich unter Menü | Telefoninfo | Akkuverbrauch finden. Und auch ein paar mehr Details, wenn man mal bei `*#*#4636#*#*` »anruft«.

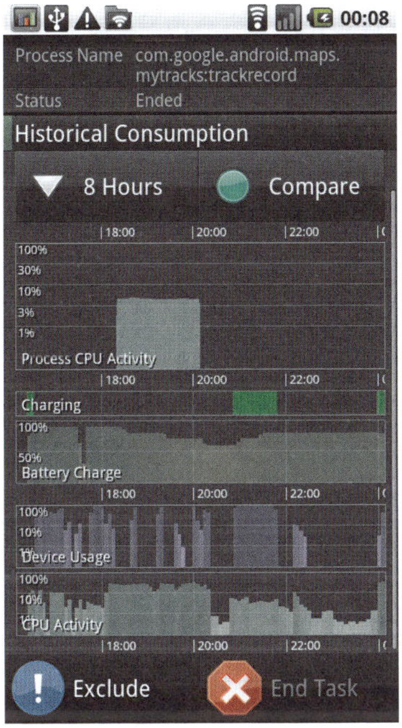

Abbildung 6.10 SystemPanel

Allerdings bieten beide Stellen nur einen groben Überblick über längere Zeiträume. Ein »Dauerläufer« sollte so zwar aufspürbar sein – doch manchmal hätten wir gern ein paar mehr Details zur Hand. Aber auch kein Thema: Einen passenden Kandidaten habe ich ja bereits unter System-Info (siehe Abschnitt 2.8.12) benannt (dort auch die aktuelleren Screenshots), die SystemPanel-App.

SystemPanel

Für die detaillierte Analyse muss es allerdings in der Tat die Kaufversion sein – denn nur diese bietet das Monitoring im Hintergrund. Sobald sie für eine Weile Daten gesammelt hat, können diese dann ausgewertet werden. Wie das in etwa aussieht, zeigt Abbildung 6.10 am Beispiel eines bereits beendeten Google-Maps: Der obere Graph lässt erkennen, dass diese App etwa von 18 Uhr bis 20 Uhr lief. Ein Ladekabel war offensichtlich nicht angeschlossen (kein grüner Balken bei CHARGING), dafür wurde der Akku aber permanent entladen (dritter Graph von oben). Auch die CPU war derweil gut beschäftigt (unterster Graph), obwohl das Gerät nicht selbst durchgehend aktiv genutzt wurde (blauer Graph). Während dieser zwei Stunden leerte sich der Akku von knapp 100 Prozent auf gut 50 Prozent – oh ja, das hat gut geschluckt! Und der Schuldige am »plötzlich leeren Akku« ist mit ziemlicher Sicherheit identifiziert.

Übersicht: Akku-Helfer http://bit.ly/1P6VwlK

Wie jetzt: Alternativen? Na gut, auch hier gibt es natürlich eine passende Übersicht. Oder einen Artikel im AndroidUser, der zeigt, wie man Akku-Fresser mit *PowerTutor* aufspürt.

PowerTutor http://bit.ly/1natJWB

6.5.5 2G versus 3G: Spart 2G wirklich so viel Akku?

Eine Empfehlung, die man häufig zu hören und zu lesen bekommt: 2G geht viel sparsamer mit dem Akku um als 3G (oder gar 4G). Schaut man sich die nackten Zahlen an (siehe Anhang C »Leistungsaufnahme verschiedener Komponenten«), scheint das auch zu stimmen. Aber ist das in der Praxis auch wirklich der Fall?

Vor dem Hintergrund dieser Frage habe ich den Selbstversuch gemacht. Als wenig telefonierender Wenigsurfer hatte ich bislang alle meine Geräte auf 2G/GSM fixiert. Zum Test habe ich diese Sperre für ein paar Tage deaktiviert, und mein *LG Optimus 4X* per 3G (UMTS) ins Netz gelassen. Eigentlich hätte ich nun einen sich schneller leerenden Akku erwartet – aber das Ergebnis war ein anderes: Die minimalen Unterschiede, die ich über die Tage feststellen konnte, lassen sich durchaus als »Mess-Fehler« interpretieren. Schließlich hatte ich nicht gerade Laborbedingungen. Wie aber ist das zu erklären?

Man darf nicht ausschließlich den »Verbrauch pro Zeiteinheit der Aktivität« betrachten. Es muss auch darauf geachtet werden, wie lange diese Aktivität ausgeführt wird! Genau das will ich an einigen praktischen Beispielen im Folgenden tun. Dabei habe ich aus den im Anhang genannten Daten Mittelwerte gebildet. Gleichzeitig habe ich 2G/GSM ein wenig »schöngerechnet« (also recht optimale Bedingungen zugrunde gelegt), während ich 3G/UMTS etwas pessimistischer betrachtete (weniger optimale Bedingungen, geringere Bandbreite). Dies sollte meines Erachtens der Praxis recht nahe kommen, da nicht jeder Anbieter auch die neueste Technologie voll ausreizt.

6.5.5.1 Der wenig telefonierende Wenigsurfer

Hier habe ich ja bereits im Selbstversuch (siehe oben) festgestellt, dass sich nichts geändert zu haben scheint. Legen wir einmal 150 bis 300 Minuten Telefonie und 50 MB Daten monatlich zugrunde, so kommen wir auf circa fünf bis zehn Minuten Telefongespräche sowie 1,5 MB Daten pro Tag. Beides Werte, die nahezu vernachlässigbar sind; es verbleibt daher der »Standby-Verbrauch«. Und der beträgt bei UMTS circa 15 mW, bei GSM circa 10 mW. Bedenkt man, dass das Display durchschnittlich mit 700 mW zu Buche schlägt, dürfen die 5 mW Differenz getrost ignoriert werden: Für diese Anwendergruppe spielt es also keine Rolle, ob die Datenverbindung auf 2G fixiert wird oder nicht.

6.5.5.2 Der Vieltelefonierer mit minimalem Datenverbrauch

In diesem Fall schaut die Sache ganz anders aus: Für Telefonate benötigt UMTS circa 800 mW, während GSM mit gerade einmal der Hälfte (also circa 400 mW) auskommt. Die Länge eines Telefonats verändert sich dabei nicht (man spricht mit UMTS ja nicht schneller) – der Verbrauch ist also mit UMTS in diesem Fall tatsächlich doppelt so hoch. Diese Anwender-Gruppe fährt also in der Tat mit 2G/GSM besser beziehungsweise Akku sparender.

6.5.5.3 Der wenig telefonierende Dauersurfer

Für diesen darf der Telefonie-Anteil wieder vernachlässigt werden, wie der erste Fall bereits zeigte: Im Standby sind die Unterschiede schließlich marginal. Bleibt der Datendurchsatz. Die »nackten Zahlen« zeigen auch hier nicht viel Differenz: Etwa 1.200 mW bei UMTS stehen etwa 1.000 mW bei 2G gegenüber. Schaut also gar nicht so wesentlich aus. Aber haben wir da eventuell etwas vergessen?

Werfen wir einmal einen Blick auf die Übertragungsgeschwindigkeiten: UMTS schafft mit HSDPA/HSUPA einen Durchsatz von circa 7 MBit für Downloads sowie einem MBit für Uploads. 2G kommt mit EDGE lediglich auf circa 300 kBit beim Download sowie 100 kBit beim Upload. Der Download einer Datenmenge von einem MB benötigt somit circa eine Sekunde mit UMTS – jedoch circa 30 Sekunden mit EDGE. Gemessen an der übertragenen Datenmenge ist der Stromverbrauch also bei EDGE fast um den Faktor 30 größer!

Ergebnis der Berechnung: Diese Anwender-Gruppe sollte besser auf 3G/UMTS setzen.

6.5.5.4 Der viel telefonierende Dauersurfer

Für diesen hängt es maßgeblich davon ab, was er unter »viel Telefonieren« und »Dauersurfen« versteht. Je nachdem, was von beidem überwiegt, muss er sich in eine der drei obigen Gruppen einordnen; eine generelle Aussage lässt sich hier nicht treffen.

6.5.5.5 Der »Grashüpfer«

Ein spezieller Fall, besonders in ländlichen Gegenden, in denen die Netzabdeckung ein wenig »wackelig« ist: Muss das Gerät ständig zwischen den Netzen hin und her hüpfen, geht das ziemlich auf den Akku. GSM und UMTS verwenden verschiedene Frequenzbänder. Wird das Signal daher schwach, sucht das Gerät auch im jeweils anderen Band nach »besseren Konditionen«. Ist man von diesem Missstand betroffen, sollte man sich gegebenenfalls ebenfalls für entweder 2G oder 3G entscheiden.

6.5.5.6 Fehlt da noch etwas?

Sofern jemand in obigen Ausführungen 4G/LTE vermisst hat, dies hat gute Gründe: Zum einen habe ich kein Gerät, mit dem ich das testen könnte – und zum anderen fehlen mir zu 4G auch die »nackten Daten«. Zu erwarten ist jedoch ein ähnliches Ergebnis: Es müsste für obige Ausführungen also lediglich »3G« durch »4G«, »2G« durch »3G«, »UMTS« durch »LTE« und »EDGE« durch »UMTS« ersetzt werden, während man die Zahlen entsprechend ignoriert.

6.6 ROMs: Stock, Vendor und Custom

ROM – was ist das denn nun wieder? Klar, eine Abkürzung. ROM steht für **R**ead-**O**nly **M**emory. Also eigentlich Speicher, auf den nur lesend zugegriffen werden kann. Im Falle einer CD oder DVD ist das klar – im Falle unserer Androiden eigentlich glatt gelogen: Hier gehörte dann noch ein »m« davor, für »mostly« (»meistens«). Denn natürlich kann man da auch schreiben: Irgendwie müssen die Updates ja da reinkommen.

Wie dumm von mir: Ich sollte erst einmal erwähnen, was da bei Android eigentlich drin ist. Nämlich das Betriebssystem sowie die »Core Apps« (*Google Play Store*, *Telefon* & Co.). Manchmal auch noch mehr – kommt auf das ROM an. Da gibt es nämlich verschiedene: Stock, Vendor, Custom ...

6.6.1 Stock-ROM

Als »Stock«-ROM bezeichnet man eigentlich das, was direkt aus der Google-Schmiede kommt (und für bessere Eindeutigkeit auch »Vanilla« genannt wird). Wörtlich eigentlich aus dem »Lager«. Also das »nackte Original«, so wie es von Google eigentlich gedacht war. Na ja, die meisten verstehen darunter auch (noch) das Folgende:

6.6.2 Vendor-ROM

Heise: Android-Update heise.de/-2072706

Area Mobile: Android-Update http://bit.ly/1K03XyP

Das vom Hardware-Hersteller vorinstallierte ROM. Also das, was aus dem gleichen Lager kommt wie das Gerät – weshalb es meist auch als »Stock-ROM« bezeichnet wird. Obwohl das so nicht ganz korrekt ist: Es gibt kaum einen Geräte-Hersteller, der hier nicht noch seine Modifikationen einbaut. Ich denke da nur an HTCs Sense, Motorolas Moto-Blur oder Samsungs TouchWiz-Oberfläche. Oder an das ganze Gesocks an vorinstallierten Apps, die »Otto Normalbenutzer« gar nicht und »Super User« auch nur mit Mühe wieder loswird (siehe Kapitel 6.3 »Vorinstallierte Apps entfernen« am Anfang dieses Buch-Teils). Genau genommen fehlt jetzt gar noch eine Kategorie, denn auch die Provider spielen nochmals dran rum und pappen ihren Brandy, pardon, ihr **Branding** noch oben drauf ...

Während Updates von Google natürlich recht regelmäßig und Updates vom Hersteller noch »relativ zügig« kommen, bremst das Branding natürlich ein weiteres Mal: Denn auch hier muss erst das Zusammenspiel getestet werden. So kommt ein Hersteller-

Update in der Regel frühestens im Quartal nach dem Google-Update. Und das Update fürs gebrandete Gerät kann sich durchaus noch zusätzlich um ein halbes Jahr verspäten (ein Artikel bei *Heise* aus dem Jahr 2013 sowie bei AreaMobile aus 2016 beschreiben das ausführlicher). Zu diesem Zeitpunkt ist unter Garantie schon wieder mindestens ein neues Stock-ROM-Update draußen.

6.6.3 Custom-ROM

Kostümiert? Zugegeben, auch das gewissermaßen. Aber eigentlich steht »Custom« für »customized«, also auf den Kunden (customer) angepasst. Im Gegensatz zum Hersteller, oder Provider, zu sehen. Hier stehen meist eingespielte Teams von Entwicklern dahinter – und ein neues Custom-ROM steht häufig schon kurz nach der »Vanilla«-Stock-Version (nicht selten auch mal vorher) zur Verfügung.

Wiki: ROMs http://bit.ly/2Ohz4tM

Das AndroidPIT Wiki schreibt zu diesem Thema:

Eine auf Open Source basierende Software ist zur Entwicklung durch Dritte freigegeben. Somit haben Entwickler die Möglichkeit, die Original-Software zu modifizieren, zu optimieren, Elemente hinzuzufügen oder auch zu entfernen [mit dem Ergebnis], für den Verbraucher das bestmögliche Ergebnis zu bieten in den Bereichen Performance, Energie, Effizienz etc.

CyanogenMod www.cyanogenmod.com

Womit auch bereits zahlreiche Vorteile geklärt wären. Hinzu kommt noch: Selbst Geräte, die in Sachen »Updates« von ihren Herstellern schon lange aufgegeben wurden, lassen sich dank Custom-ROMs noch mit der aktuellen Android-Version (oder zumindest einer aktuelleren als vom Hersteller bereitgestellt) versorgen. Haken an der Sache: Um ein Custom-ROM installieren zu können, muss der Androide in der Regel gerootet sein.

Android-Hilfe.DE

Die bekanntesten Custom-ROMs kommen sicher vom Team um Steve Kondik und hören auf den Namen *CyanogenMod*. Aber es gibt noch zahlreiche Spezial-ROMs, die direkt auf bestimmte Geräte zugeschnitten sind (wie etwa *WildPuzzle* und *OpenFire* im Falle des HTC Wildfire). Hier informiert man sich am besten im root-Forum des betroffenen Gerätes – etwa bei `Android-Hilfe.DE` oder (auf Englisch) bei den XDA-Developers.

XDA Developers http://bit.ly/1RC2NMy

Replicant replicant.us

Explizit erwähnt sei in diesem Zusammenhang auch *Replicant*. Dabei handelt es sich um einen Android-Fork, der sich »pures Open Source« zum Ziel gesetzt hat. Gerade vor dem Hintergrund der aktuellen Schnüffel-Skandale eine gute Sache: So lässt sich das Vorhandensein etwaiger vorinstallierter »Schnüffel-Software« genauestens prüfen (beziehungsweise ausschließen). Leider werden derzeit nur wenige Geräte unterstützt. Dennoch hat dieses Projekt sogar das Interesse der Free Software Foundation geweckt, die zur Finanzierung neuer Hardware für die Unterstützung weiterer Geräte eine Spendenkampagne ins Leben gerufen hat.

Free Software Foundation http://bit.ly/1VbZ1Ya

Spendenkampagne http://bit.ly/1natHxT

Find ROMs http:// bit.ly/ 1P6VwC0

Bei der generellen Suche nach einer passenden ROM ist dieser Artikel bei *Stack Exchange* ein guter Anlaufpunkt.

6.6.4 Selbst installieren?

ROM Manager

Kann man sich nun selbst ein ROM eigener Wahl installieren? Klar doch – denn außer vielleicht einem »guten Kumpel« nimmt einem das kaum jemand ab. Am wenigsten der Hersteller. Mit den richtigen Werkzeugen (wie zum Beispiel dem *ROM Manager*) ist das auch recht problemlos bewerkstelligt – die App bietet unter anderem eine Übersicht der für das jeweilige Gerät verfügbaren ROMs, lädt diese herunter und führt durch den Installationsprozess. Einschließlich Backups und was so dazugehört.

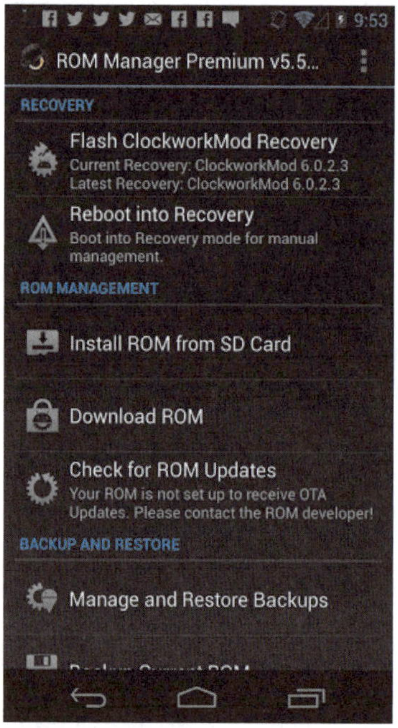

Abbildung 6.11 ROM Manager

Besonders vorbildlich ist das Ganze im Falle von *CyanogenMod*: Hier stellt das Wiki für jedes unterstützte Gerät eine Anleitung bereit.

wiki.cyano genmod. com

Wie bereits im vorigen Abschnitt beschrieben, ist allerdings das Rooten des Androiden (siehe »6.1 Der Super-User ›root‹« am Anfang dieses Buch-Teils) in der Regel eine Grundvoraussetzung, ohne die man kein Custom-ROM installieren kann.

6.7 Zugriffe sperren: Firewalls & Permission-Blocker

So mancher App möchte man kräftig auf die Finger hauen: Was will das Teil ständig im Internet? Dieser Teil der App-Funktionalität lässt sich leider auch nicht separat abschalten. Oder man weiß nicht, wann eine App ins Internet will und wozu, schon gar nicht. Nur die entsprechende Permission hat die App halt (jaja, das haben sie fast alle – in der Regel zum Laden von Werbung). Kurz und gut: Sie soll das nicht! Ist das hinzubekommen?

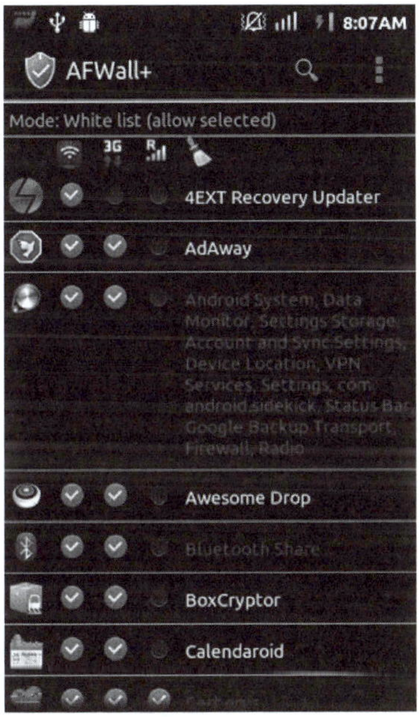

Abbildung 6.12 AFWall+

Na, wenn der Izzy das hier so dumm fragt, hat er bestimmt auch … Richtig. Eine mögliche Antwort nennt sich *DroidWall*. Dabei handelt es sich um ein Frontend für *iptables*, das im System integriert sein muss. Dies ist bei den vom Hersteller gelieferten Geräten von Haus aus leider nicht immer der Fall, sodass die App häufig ein Custom-ROM (siehe »Custom-ROM« im vorigen Kapitel) voraussetzt. Was **root** natürlich gleich impliziert.

DroidWall

iptables http://bit.ly/1natHxX

Sind diese Voraussetzungen jedoch gegeben, hat man mit *DroidWall* ein gutes Werkzeug zur Hand: Entweder man verbietet einzelnen Apps den Zugriff aufs Internet (erstellt also eine sogenannte »Blacklist« der »schwarzen Schafe«) – oder man verbietet den Internetzugriff generell für alle Apps außer denen, die auf eine sogenannte »Whitelist« (die Apps mit der »weißen Weste«) gesetzt wurden. Noch besser: Dies lässt sich auch getrennt nach »Netzwerk-Interface« tun – was sich zum Beispiel anbietet, wenn nur ein begrenztes Datenvolumen im Mobilfunkvertrag enthalten ist: So kann man einer App verbieten, die »mobile Datenleitung« zu benutzen – ihr aber gleichzeitig den Internetzugriff per WLAN erlauben.

AFWall+

Darüber hinaus lassen sich Zugriffe auch protokollieren. So weiß man anschließend zumindest, was »abging«.Seit einiger Zeit steht mit *AFWall+* sogar ein verbesserter Nachfolger zur Verfügung, der noch mehr Leistungsfähigkeit verspricht. Abbildung 6.12 liefert dafür auch sogleich ein Beispiel: So lässt sich zusätzlich der Netzwerk-Zugriff während des Roamings steuern.

Übersicht: Firewalls http:// bit.ly/ 1P6VwC6

Weitere Alternativen finden sich in einer passenden Übersicht – einschließlich einiger Kandidaten, die auch ohne root auskommen.

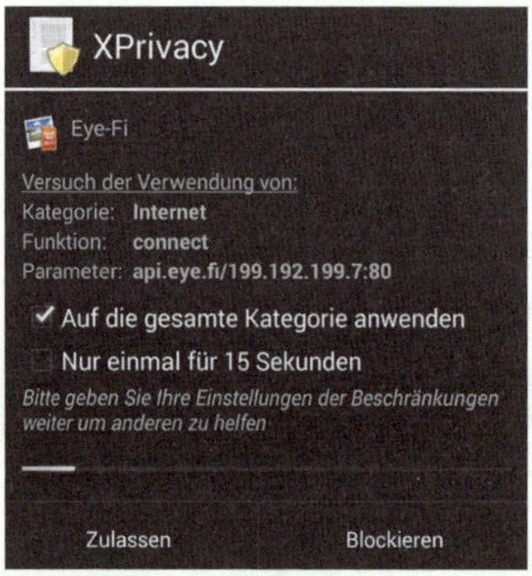

Abbildung 6.13 *XPrivacy*-Popup

Okay, prima – aber das betrifft ja nur Internetzugriffe. Klar, schon eine gute Sache: Eine App, die nicht ins Internet kommt, kann auch nicht meine privaten Daten dorthin übertragen. Aber wie schaut das mit den anderen Dingen aus? Zugriff auf meinen aktuellen Standort, meine SMS, meine Adressdaten?

Das sah lange schlecht aus. Als erste Lösung gab es dafür dann *LBE Privacy Guard*. Der passt im Hintergrund auf – und sobald eine App auf etwas »Kritisches« zugreifen will, erhält der Benutzer eine entsprechende Warnung. Nun kann dieser entscheiden: Darf, darf nicht? Nur diesmal – oder ist es eine dauerhafte Entscheidung? Im letzteren Falle setzt man das entsprechende Häkchen und erhält in der gleichen Situation beim nächsten Mal keine Warnung mehr.

Vorsicht ist jedoch geboten, wenn auf dem Androiden bereits **Jelly Bean** oder eine neuere Android-Version läuft: Keinesfalls die Version aus dem *Play Store* installieren, sonst hängt das Gerät anschließend in einem **Boot-Loop** fest! Eine Alternative

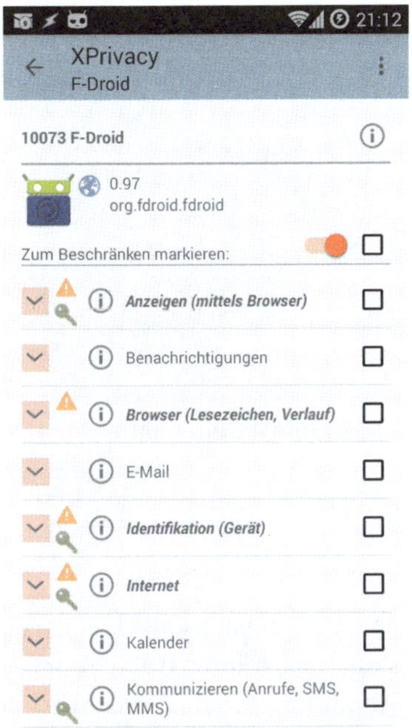

Abbildung 6.14 *XPrivacy*-Einstellungen

wäre der *LBE Security Master*, der im *Play Store* allerdings lediglich in einer chinesischen Version verfügbar ist. Zum Glück haben sich unsere Freunde bei den *XDA Developers* bereits mächtig ins Zeug gelegt und bieten lokalisierte Versionen der App zum Download an.

Wem *LBE* aufgrund seiner proprietären Eigenschaften spanisch, Pardon, zu chinesisch erscheint (die App kommt aus China und ist »Closed Source«; es kann also niemand für nichts garantieren), der mag vielleicht einen Blick auf *XPrivacy* werfen. Diese App ist vollständig »Open Source« (GPL v3) und baut auf dem *Xposed*-Framework auf. Das Framework legt zahlreiche Schnittstellen offen, die tief ins System reichen (daher auch der Name: »expose interfaces«). Wie Abbildung 6.14 zeigt, ist der Leistungsumfang in Sachen Zugriffsschutz durchaus mit *LBE* messbar: Auch hier lassen sich Apps einzelne Rechte entziehen. Eine Information, ob die betroffene App jemals versucht hat, von diesen Rechten Gebrauch zu machen, hat man ebenfalls: Ein grüner Schlüssel zeigt, dass die App über eine Permission verfügt – und ein rotes »Warndreieck« weist darauf hin, dass darauf zugegriffen wurde. (Das *Xposed*-Framework leistet übrigens sehr viel mehr; eine Auswahl verschiedener Möglichkeiten zeigt Nico in einem Blog-Beitrag bei AndroidPIT, eine Ressourcen-Sammlung sowie eine Vorstellung findet sich bei *IzzyOnDroid*.)

XDA: LBE
http://bit.ly/1natKcZ

XDA: XPrivacy
http://bit.ly/1P6Vuu0

XDA: Xposed
http://bit.ly/1natKd2

Xposed
http://bit.ly/1P8YK85

Xposed Ressourcen
http://bit.ly/1OAmKzl

Xposed Vorstellung
http://bit.ly/1OJuWLT

Fake personal data
http://bit.ly/1P6VwSw

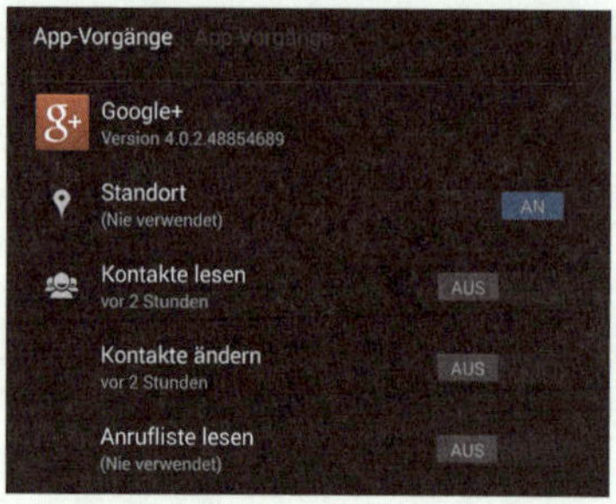

Abbildung 6.15 Android-Rechteverwaltung

Eine Auflistung weiterer Alternativen sowie ihrer Fähigkeiten gibt ein Post bei *Stack Exchange*.

Ach ja: Versteht sich von selbst, dass solche Apps natürlich **root** voraussetzen ...

Eine gute Nachricht: Mit Android 4.3 hat Google, wenn auch zunächst noch versteckt, eine Rechteverwaltung eingeführt, mit der man Apps auch nach ihrer Installation einzelne Berechtigungen wieder entziehen kann (siehe Abbildung 6.15). Ein Schritt, der längst überfällig war. Zwar lassen sich hier bei Weitem nicht alle Berechtigungen bearbeiten (der Zugriff auf das Netzwerk beziehungsweise Internet etwa ist hier nicht aufgeführt), doch zumindest kann man nun endlich auch ohne root für ein wenig mehr Privatsphäre sorgen. Unterbinden lässt sich etwa das Senden, Lesen und Empfangen von SMS, der Zugriff auf Kontakte, Kalender und Anruflisten, das Erzeugen von Benachrichtigungen sowie die Nutzung von Kamera und Mikrofon. Per App natürlich. Da hierbei allerdings tatsächlich lediglich der Zugriff unterbunden wird (anders als bei den oben genannten Kandidaten, die stattdessen Fake-Informationen liefern), kann eine darauf nicht vorbereitete App beim Versuch, auf eine entsprechende Ressource zuzugreifen, dann abstürzen; was sicher einer der Gründe ist, warum diese Funktionalität zunächst noch versteckt wurde.

App Ops Starter

Nova Launcher

Apex Launcher

Wie gelangt man nun an diese Konfigurationsmöglichkeit? Das Einfachste ist sicher die Installation eines passenden Shortcuts, etwa durch die App *App Ops Starter*. Wer allerdings einen Launcher wie beispielsweise *Nova Launcher* oder *Apex Launcher* verwendet, benötigt keine Extra-App dafür. Mit diesen Kandidaten lässt sich ein entsprechender Shortcut direkt erstellen, indem auf eine freie Stelle des Homescreens länger gedrückt und dann im Menü Verknüpfungen | Aktivitäten ausgewählt wird. Nun scrollt man zu Einstellungen und öffnet diesen Punkt. In der recht langen Liste ihrer Aktivitäten gilt es schließlich, den Eintrag App-Vorgänge (Untertitel: Settings$AppOpsSummaryActivity) zu finden und durch Antippen desselbigen den Shortcut auf dem Homescreen zu erzeugen.

Ab Android 4.4 verlegte man sich jedoch aufs Pingpong-Spielen – und versuchte, diese Funktionalität wieder zu sperren. So funktionieren die meisten dieser AppOps-Frontends lediglich bis Android 4.4.1 beziehungsweise wurden gar nicht mehr aktualisiert. Nur eines vermerkt explizit die Kompatibilität mit Android 5. Android 6 »Marshmallow« stellt die Einstellungen dann endlich offiziell »von Haus aus« zur Verfügung.

Übersicht: AppOps FrontEnds http://bit.ly/1P6Vuu7

6.8 ADB: Die Android Debug Bridge

Sie kam ja nun im Buch einige Male zur Sprache: die Android Debug Bridge. Wie ich zeigen konnte, ist dieses Werkzeug nicht nur für Entwickler interessant; auch für den »normalen Anwender« kann sie sich durchaus als nützlich erweisen. Mittels der ADB kann man nämlich unter anderem:

- Apps und ihre Daten sichern sowie wiederherstellen
- Apps installieren (oder auch installierte Apps löschen)
- System- und Fehlerprotokolle einsehen
- Direkt auf die Kommandozeile zugreifen
- Dateien kopieren (in beide Richtungen)
- Unter Linux gar das Android-Dateisystem einbinden
- Auch Daten retten
- Und weitere Dinge tun

Und da ich weiß, dass die meisten Leser erst dann an die Installation gehen, wenn sie dafür einen Grund sehen, kommt dieselbige auch erst am Schluss.

6.8.1 Backup & Restore

Diesem Thema widmete sich ja bereits der Abschnitt 2.3.4 und ging auch gleich auf grafische Helferlein ein. Nicht nur ein weitestgehend vollständiges Backup lässt sich auf diese Weise erledigen: Man kann auch gezielt einzelne Apps oder auch nur deren Daten sichern. Das bietet den Vorteil, dass sich selbige auf die gleiche Weise einzeln wieder herstellen lassen – eine Tatsache, die auch das dort vorgestellte *Helium Backup* ausnutzt.

Wer das Ganze von der Kommandozeile aus erledigen möchte, ist unter Umständen noch ein wenig flexibler. Allerdings muss er dazu die *Paketnamen* der zu sichernden Apps kennen. Doch diese lassen sich einfach herausfinden, indem man mit dem Webbrowser die Seite der entsprechenden App im *Google Play Store* aufsucht. Am Beispiel der App *Tasker* möchte ich das hier kurz veranschaulichen: Ihre URL heißt `https://play.google.com/store/apps/details?`**`id=net.dinglisch.android.taskerm`** und wird auch in der Adresszeile des Browsers angezeigt. Den Paketnamen findet man im

Parameter `id`, er lautet in diesem Beispiel also `net.dinglisch.android.taskerm`. Alles ab (und einschließlich) etwa folgenden `&`- oder `#`-Zeichen ist dabei zu ignorieren.

Da wir nun den Paketnamen kennen, ein kurzer Blick auf die Syntax der Befehle `adb backup` und `adb restore`:

```
adb backup [-f <file>] [-apk | -noapk] [-shared | -noshared] [-all] [-system |
-nosystem] [<packages...>]
```

- Mit `-f <file>` wird der Name der zu erstellenden Backup-Datei angegeben. Default ist: `backup.ab`, wobei `.ab` für »Android Backup« steht.
- `-apk` beziehungsweise `-noapk` gibt an, ob die `.apk`-Datei der App mitgesichert werden soll. Per Default geschieht dies nicht, da man sie ja (theoretisch) jederzeit aus dem *Play Store* wieder beziehen kann.
- `-shared` und `-noshared` beziehen sich auf den »geteilten Speicherplatz«, also den Inhalt der SD-Karte. Standardgemäß wird dieser nicht mit gesichert.
- `-all` heißt genau das, was man vermuten könnte: Alle Apps sichern.
- `-system`/`-nosystem` legt fest, ob System-Apps ebenfalls mit gesichert werden sollen. Gibt man keinen der beiden Parameter an, werden sie mit erfasst.
- Mit `<packages...>` am Schluss der Kette listet der Anwender die Apps auf, die gesichert werden sollen. Optional, wenn entweder `-all` oder `-shared` angegeben wurde.

Unsere Beispiel-App *Tasker* einschließlich ihrer Daten, aber ohne alles andere, würde also der Befehl `adb backup -f tasker.ab -apk net.dinglisch.android.taskerm` in die Datei `tasker.ab` sichern. Und wie schaut es mit dem Restore aus?

```
adb restore <file>
```

Hier gibt es keine zahlreichen Optionen: `adb restore` ist immer ein Alles-oder-Nichts und stellt jeweils den gesamten Inhalt der Backup-Datei auf dem Android-Gerät wieder her. Wer »Einzelteile« benötigt, greift entweder zu *Titanium Backup* oder zu einem Tool wie *Nandroid Manager*. Beide setzen allerdings ein gerootetes Gerät voraus.

6.8.2 Apps installieren und löschen

Sicher, dies sollte eigentlich über den *Google Play Store* geschehen. Doch ab und an findet man sich in einer Situation, wo doch einmal eine »alternative Quelle« herhalten muss – etwa, wenn der Entwickler auf einen eingeschickten Fehlerbericht hin darum bittet, zu prüfen, ob der Fehler behoben ist – bevor er die neue Version veröffentlicht. Oder wenn man eine App auf ein Gerät übertragen will, das selbst nicht ins Netz kommt. Das lässt sich dann beispielsweise mittels `adb install` erledigen:

```
adb install [-r] [-s] <file>
```

Der Befehl kennt zwar noch weitere Parameter, doch an dieser Stelle möchte ich mich auf diese zwei beschränken: `-r` für den »Re-Install« einer bereits installierten App unter Beibehaltung der Daten (für das Beispiel der App vom Entwickler) und `-s` für die Installation auf die SD-Karte. Haben wir also eine Datei namens `Fixed.apk` erhalten, kann diese mittels `adb install -r Fixed.apk` direkt über die bereits installierte »kaputte« App installiert werden.

Doch auch die Deinstallation einer App ist auf ähnliche Weise möglich:

```
adb uninstall [-k] <package>
```

Dafür wird wieder der Paketname der App benötigt (siehe Abschnitt »Backup & Restore«). Der Parameter `-k` kann dabei verwendet werden, wenn man die Daten noch auf dem Gerät behalten möchte (»keep«) – etwa weil man beabsichtigt, die App zu einem späteren Zeitpunkt wieder zu installieren.

6.8.3 System- und Fehlerprotokolle einsehen

Wenn einmal wieder etwas »spinnt« und man der Sache auf den Grund gehen möchte, sind Log-Dateien eine prima Sache. Nur herankommen muss man zunächst an selbige! Mittels ADB gar kein Problem. Im Gegenteil: Gleich mehrere Helferlein stehen dafür »Gewehr bei Fuß«:

- `adb bugreport > report.txt` erzeugt einen ausführlichen Fehlerbericht und legt diesen in der Datei `report.txt` ab. Technisch weniger Versierte können diesen an den »Guru ihrer Wahl« (oder den Entwickler der problemverursachenden App) weiterleiten.
- adb logcat [<option>] ... [<filter-spec>] ... ermöglicht den Zugriff auf Systemlogs. Die zahlreichen Parameter sind auf der Hilfeseite des Befehls ausführlich erklärt. Für die bessere Lesbarkeit möchte ich hier lediglich einen Parameter nennen und empfehlen: `-v time` erleichtert die Suche im Log, da es jeder Zeile zusätzlich Datum und Uhrzeit voranstellt.
- `adb shell dmesg` listet Log-Nachrichten vom Betriebssystemkern.

Logcat Help http://bit.ly/1P6VwSA

6.8.4 Shell-Zugriff

Linux-Anwender haben von »der Shell« zumindest schon einmal gehört. Die Chancen stehen für sie sogar gut, dass sie mehr oder weniger versiert im Umgang mit selbiger sind. Diese »Kommando-Zeile« bietet Zugriff auf zahlreiche Systemfunktionen; auch Aktivitäten verschiedener Apps lassen sich derart starten. Eine kleine Anleitung zum Aufspüren verfügbarer Befehle gibt unter anderem die *Android Shell Command Reference* des *Android Terminal Emulators*.

Shell Reference http://bit.ly/1natKdg

Im Umgang mit Apps sind hier insbesondere der *Package Manager* (pm) und der *App Manager* (am) interessant. Was man damit anstellen kann, geben beide Befehle kund, wenn man sie ohne Parameter aufruft:

```
adb shell pm
usage: pm list packages [-f] [-d] [-e] [-s] [-e] [-u] [FILTER]
       pm list permission-groups
       pm list permissions [-g] [-f] [-d] [-u] [GROUP]
       pm list instrumentation [-f] [TARGET-PACKAGE]
       pm list features
       pm list libraries
       pm path PACKAGE
       pm install [-l] [-r] [-t] [-i INSTALLER_PACKAGE_NAME] [-s] [-f] \
          PATH pm uninstall [-k] PACKAGE
       pm clear PACKAGE
       pm enable PACKAGE_OR_COMPONENT
       pm disable PACKAGE_OR_COMPONENT
       pm disable-user PACKAGE_OR_COMPONENT
       pm set-install-location [0/auto] [1/internal] [2/external]
       pm get-install-location
       pm createUser USER_NAME
       pm removeUser USER_ID [...]
```

Mit dem Package-Manager lassen sich also alle installierten Apps anzeigen, bereits auf dem Gerät befindliche `.apk`-Dateien installieren und generell Apps verwalten. Besonders interessant dürfte für einige die Tatsache sein, dass sie das bevorzugte Ziel für App-Installationen angeben können: Mit `adb shell pm set-install-location 2` etwa ließe sich das System anweisen, ab sofort (sofern möglich) alle Apps auf der SD-Karte zu installieren. Was aktuell als Installationsziel eingestellt ist, kann man mit `adb shell get-install-location` in Erfahrung bringen.

Dieser kurzen Auflistung folgen in der Ausgabe noch weitere Details, die die verfügbaren Optionen beschreiben.

```
adb shell am
usage: am [subcommand] [options]
usage: am start [-D] [-W] [-P <FILE>] [--start-profiler <FILE>] \
          [--R COUNT] [-S] <INTENT>
       am startservice <INTENT>
       am force-stop <PACKAGE>
       am kill <PACKAGE>
       am kill-all
       am broadcast <INTENT>
```

```
am instrument [-r] [-e <NAME> <VALUE>] [-p <FILE>] [-w] \
   [--no-window-animation] <COMPONENT>
am profile [looper] start <PROCESS> <FILE>
am profile [looper] stop [<PROCESS>]
am dumpheap [flags] <PROCESS> <FILE>
am set-debug-app [-w] [--persistent] <PACKAGE>
am clear-debug-app
am monitor [--gdb <port>]
am screen-compat [on|off] <PACKAGE<
am display-size [reset|MxN]
am to-uri [INTENT]
am to-intent-uri [INTENT] [...]
```


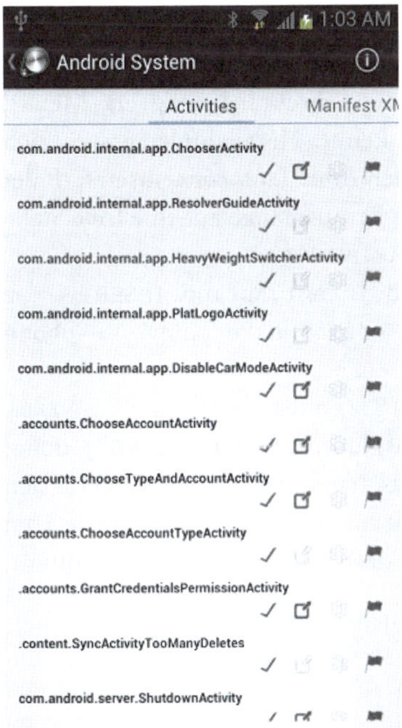

Abbildung 6.16 App Browser

Ähnlich sieht es für den *App Manager* aus. Mit diesem lassen sich Aktivitäten von Apps direkt starten (was etwa dem Antippen von Shortcuts auf dem Homescreen entspräche). Ebenso kann man Prozesse »killen« und mehr. Auch hier folgt der kurzen Auflistung wieder eine Erläuterung verfügbarer Optionen.

Das mag jetzt alles recht abstrakt erscheinen – daher ein paar kurze praktische Beispiele:

Command Line http://bit.ly/1P6S36v

- adb shell "am broadcast -a android.intent.action.MEDIA_MOUNTED -d file:///mnt/sdcard": Veranlasst den Media-Scanner, die SD-Karte auf gelöschte beziehungsweise hinzugefügte Medien zu untersuchen (genau genommen wird dem System vorgegaukelt, die SD-Karte wäre gerade eingebunden worden). Wer dies per SSH versuchen möchte, muss gegebenenfalls noch entsprechende Umgebungs-Variablen setzen.
- adb shell "am start -a android.intent.action.VIEW -d https://duckduckgo.com/": Öffnet die angegebene URL im Browser und bringt diesen in den Vordergrund.
- am start -a android.intent.action.CALL -d tel:012345678: Startet einen Anruf bei der angegebenen Nummer. Praktisch, wenn man schon das Headset aufhat.

App Browser

- adb shell "am start -n com.android.settings/com.android.settings.Settings": Öffnet das Einstellungsmenü und bringt es in den Vordergrund. Klappt auch mit anderen Apps beziehungsweise Untermenüs (so gelangt man zum Beispiel mit adb shell am start -a android.settings.WIRELESS_SETTINGS direkt ins Netzwerk-Menü), sofern man den Namen der zugehörigen Intents kennt. Herausfinden lassen sich selbige beispielsweise mit dem *App Browser*. Wer den *Apex Launcher* einsetzt, findet die passenden Aktivitäten auch direkt aus selbigem heraus: lange auf eine freie Stelle auf dem Homescreen drücken, VERKNÜPFUNGEN, AKTIVITÄTEN.
- adb shell "am start -a android.intent.action.INSERT -t vnd.android.cursor.dir/contact -e name 'Martin Mustermann' -e phone 1234567890": Einen neuen Kontakt anlegen
- busybox sed -n 's/<package name="\([^"]\+\)".*enabled="false".*/\1/p' /data/system/packages.xml | while read PKG; do pm enable "$PKG"; done: Wenn man im Übereifer zu viele Apps »eingefroren« (deaktiviert) hat, lassen sie sich alle auf einen Schlag wieder auftauen – auch, wenn man an das entsprechende Tool auf dem Androiden (etwa *Titanium Backup*) genau deshalb nicht mehr herankommt.

Schaut vielleicht ein wenig kryptisch aus (wer soll sich so was merken?) – aber es hindert uns schließlich niemand daran, es in Batch- oder Shell-Skripten zu verwenden. Ein Anruf-Skript könnte etwa folgendermaßen aussehen:

```
#!/bin/bash

if [ -z "$1" ]; then
  read -p "Welche Nummer soll angerufen werden: " NUMBER
else
  NUMBER=$1
fi
echo "Initialisiere Anruf..."
am start -a android.intent.action.CALL -d tel:$NUMBER
```

Das Ganze unter dem Namen `anruf` gespeichert, mit `chmod +x anruf` ausführbar gemacht sowie im `$PATH` abgelegt – und schon kann von der Kommandozeile mit `anruf 012345678` ein Anruf gestartet werden. Vergisst man, die Rufnummer mitzugeben, fragt das Skript sie sogar ab.

6.8.5 Dateien kopieren

Auch für diesen Zweck stellt die ADB zwei passende Befehle bereit: `adb push`, um etwas auf den Androiden zu befördern, sowie `adb pull`, um etwas herunterzuziehen. Dabei kann dieses »etwas« eine Datei, aber auch ein ganzer Verzeichnisbaum sein.

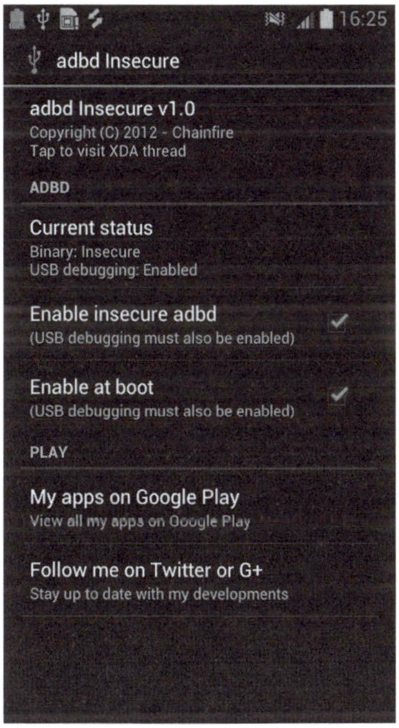

Abbildung 6.17 adbd Insecure

Das Tückische an diesen beiden Befehlen ist: Der Typ von Quelle und Ziel muss übereinstimmen. Der Versuch, eine Datei mit zum Beispiel `adb push MeineApp.apk /data/local` in ein Verzeichnis zu kopieren, schlägt daher fehl: Die Quelle ist eine Datei (`MeineApp.apk`), das Ziel jedoch ein Verzeichnis (`/data/local`). Damit es klappt, müsste es also heißen: `adb push MeineApp.apk /data/local/MeineApp.apk`.

`Analoges gilt auch für adb pull`. Und natürlich kann man damit nur Dinge vom Androiden holen, auf die man auch Zugriff hat. Da der ADB Daemon normalerweise

adbd Insecure

nicht im root-Modus läuft (was sich auf gerooteten Geräten beispielsweise mit *Chainfire's adbd Insecure* ändern lässt, wie in Abbildung 6.17), ist mit »Zugang verboten«-Meldungen für Verzeichnisse wie `/data/data` zu rechnen.

Linux-User müssen sich jedoch nicht unbedingt mit Push und Pull herumschlagen. Sie können den Androiden on the fly via ADB direkt in das lokale Dateisystem einbinden und dann mit den »ganz normalen« Kopierbefehlen (oder beliebigen grafischen Tools) darauf zugreifen:

6.8.6 Linux: Android-Dateisystem am Rechner einbinden

adbfs-rootless http://bit.ly/1P6VuKv

Linux-Anwender sollten unbedingt einen Blick auf adbfs-rootless werfen. Zwar muss der Code selbst kompiliert werden, doch das ist (nicht zuletzt dank der einfachen Anleitung) ein Kinderspiel. Das erzeugte Binary namens `adbfs` kopiert man in ein Verzeichnis, das in der `$PATH`-Variablen enthalten ist. Dann erstellt man sich ein Verzeichnis, in das das Android-Dateisystem eingebunden werden soll (beispielsweise `~/droid`), und schon kann man – als Anwender, ganz ohne root – jederzeit das Android-Gerät »einhängen«:

```
# Android Dateisystem einbinden:
adbfs ~/droid

# Dateisystem wieder aushängen:
fusermount -u ~/droid
```

Midnight Commander http://bit.ly/1natKtz

Ist das Android-Dateisystem auf diese Weise eingebunden, lässt sich darauf ganz normal zugreifen. Etwa mit dem *Midnight Commander* im Terminal-Fenster oder auch mit grafischen Dateimanagern wie *Dolphin*, *Thunar*, *Nautilus* oder *PCMan* – was immer man bevorzugt.

Um auf einem gerooteten Gerät auch auf Systemdateien zugreifen zu können, sei nochmals auf das bereits im Abschnitt »Dateien kopieren« erwähnte *adbd Insecure* von Chainfire verwiesen.

mc-extfs-adb http://bit.ly/1P6VuKw

Nutzer des *Midnight Commanders* kommen gar ganz ohne »Mount-Befehle« aus, indem sie `mc-extfs-adb` verwenden. Hierbei handelt es sich um ein »virtuelles Dateisystem«, das sich in den *Midnight Commander* integrieren lässt – wozu man einfach als root drei Dateien in das entsprechende Verzeichnis (`/usr/lib/mc/extfs.d` unter Debian und Derivaten, `/usr/libexec/mc/extfs.d` unter Fedora, RedHat & Co.) kopiert.

Anschließend lässt sich mit `cd adb://` direkt auf das Dateisystem zugreifen, ohne dass es zuvor explizit eingebunden wurde. Der erste Zugriff dauert allerdings ein wenig, da zunächst die gesamte Verzeichnisstruktur eingelesen wird. Dafür navigiert es sich anschließend umso schneller durch selbiges: Jetzt erfolgt der Zugriff auf die Strukturen nämlich ausschließlich über den Cache. Ein direkter Zugriff auf Dateien erfolgt erst dann wieder, wenn beispielsweise eine Datei kopiert oder angezeigt werden soll.

Da die unter zuvor genannter URL verfügbare Version bei mir unter Ubuntu 12.04 nicht sauber lief, habe ich sie ein wenig angepasst und um eine kleine Dokumentation ergänzt. Zu finden ist diese neuere Version bei Izzy's Android Downloads.

Downloads http://bit.ly/1natHOv

6.8.7 Daten retten

Dieses Einsatzgebiet beschreibt Joakim Roubert ausführlich in einem Artikel auf seiner Homepage. Die Nutzung ist allerdings an ein paar Voraussetzungen gebunden:

Jokke: Recovery http://bit.ly/1P6VwSF

- Der Androide muss gerootet sein.
- Auf dem Androiden muss *busybox* installiert sein.
- Auf dem PC benötigt man ADB (jedoch nicht, wie Jokke schreibt, das komplette SDK – eine einfache Variante tut es auch, siehe »6.8.9 ADB installieren« später in diesem Kapitel) und *TestDisk*.

TestDisk http://bit.ly/1NnNLCb

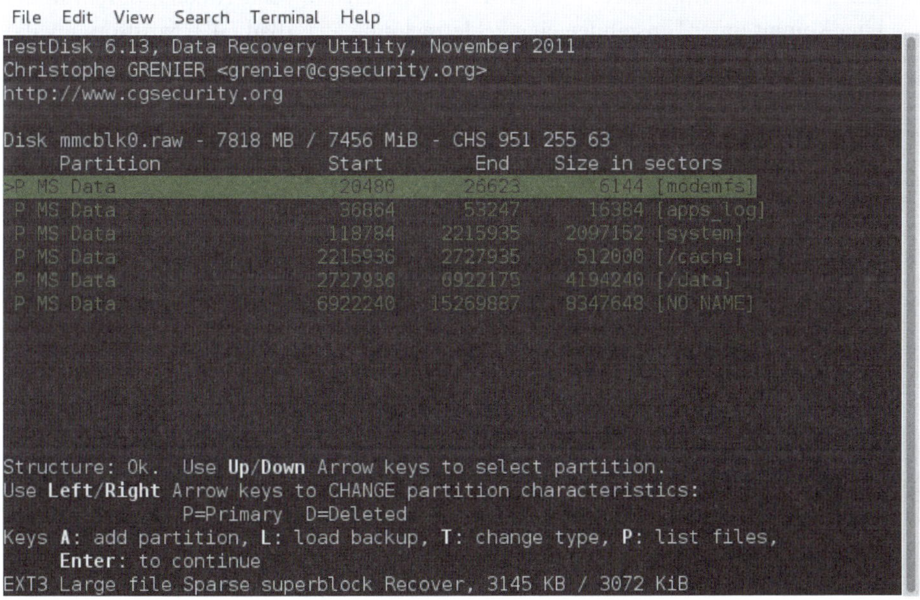

Abbildung 6.18 TestDisk mit erkannten Partitionen

Eine ausführliche und illustrierte Beschreibung findet sich hinter genanntem Link. Für den Fall, dass dieser einmal nicht erreichbar sein sollte, möchte ich das Vorgehen hier kurz skizzieren. Was getan wird, lässt sich in einem Satz zusammenfassen: Der gesamte interne Speicher wird in eine Image-Datei auf dem Computer kopiert, wo sodann mittels

TestDisk die Daten extrahiert werden können. Das genaue Vorgehen ist zwar ein wenig aufwendiger – sollte aber dennoch gut zu bewältigen sein.

1. Feststellen, ob sich diese Anleitung 1:1 umsetzen lässt: Gibt es die passende Block-Datei?
   `adb shell "ls /dev/block | grep mmc"`
   Taucht in der Liste `mmcblk0` auf, kann es weitergehen.
2. Image erstellen und auf den Computer kopieren:
   `adb shell su -c "cat /dev/block/mmcblk0" | pv > mmcblk0.raw`
   `pv` ist der »Pipe Viewer«, der uns eine Fortschrittsanzeige bietet. Wer ihn nicht hat, lässt einfach das `| pv` weg. Dieser Schritt kann durchaus ein wenig länger dauern (wie lange, hängt von der Größe des verbauten Speichers ab). Anschließend sollte eine Datei namens `mmcblk0.raw` im lokalen Verzeichnis auf dem Computer zu finden sein.
3. Auf diese Image-Datei setzen wir nun *TestDisk* an: `testdisk mmcblk0.raw` ruft das Tool entsprechend auf. Der Startbildschirm sollte dann auch die Datei auswählen lassen.
4. Im nächsten Schritt muss die Partitionstabelle ausgewählt werden. Als PARTITION TABLE TYPE wählen wir dafür »EFI GPT« und lassen dann eine ANALYSE durchführen. Hier kommt unter Umständen eine Fehlermeldung à la »Bad GPT partition, invalid signature«. Ein QUICK SEARCH sollte da Abhilfe schaffen.
5. Nun sollte eine Auflistung verfügbarer Partitionen zu sehen sein, wie in Abbildung 6.18 dargestellt. Für uns interessant ist hauptsächlich die letzte, die die interne SD-Karte beinhaltet. Doch zunächst bestätigen wir mit der »Eingabetaste«, dass wir die Partitionstabelle so übernehmen wollen – und wählen im nächsten Bildschirm WRITE, um sie zu schreiben. Der Hinweis auf einen etwa nötigen Reboot darf natürlich getrost ignoriert werden.
6. Jetzt wird aus dem Hauptmenü der Punkt ADVANCED und sodann die gewünschte Partition ausgewählt – in unserem Beispiel ist das die letzte, die die INTERNE SD-KARTE beinhalten sollte. Nun gibt *TestDisk* uns die Möglichkeit, das Dateisystem zu durchforsten, Dateien auszuwählen und sie (in das lokale Dateisystem unseres Computers) zu kopieren.

Et voilà! Schon lassen sich die verloren geglaubten Daten zurückholen. Will man jedoch auf die `/data`-Partition zugreifen, sieht es etwas anders aus: Im Gegensatz zur SD-Karte verwendet diese nämlich ExtFS als Dateisystem. Hier wählt man dann IMAGE CREATION, um eine Datei namens `image.dd` zu erstellen. Deren Inhalt lässt sich sodann beispielsweise mit `extundelete -restore-all image.dd` komplett auslesen.

Sollte *TestDisk* das Image nicht lesen können, hat ADB unter Umständen eine »Zeichensatz-Portierung« versucht. Um das zu vermeiden, kann `stty raw` eingesetzt werden. Unser Befehl aus Schritt 2 sähe dann, entsprechend angepasst, wie folgt aus:

```
adb shell su -c "stty raw; cat /dev/block/mmcblk0" | pv > mmcblk0.raw
```

6.8.8 Weitere Einsatzmöglichkeiten

Damit sind die Möglichkeiten von ADB noch lange nicht erschöpft. Auf alles im Detail einzugehen, würde jedoch den Umfang dieses Buchs sprengen. Einige Dinge möchte ich hier dennoch kurz anreißen:

6.8.8.1 Eine Geräte-Dokumentation erstellen

Wie die vorigen Beispiele bereits gezeigt haben, lassen sich per ADB dem Androiden so einige Angaben entlocken. Dies macht sich zum Beispiel auch mein kleines Tool *Adebar* zunutze, dessen Name sich als **A***ndroid* **DE***vice* **B***ackup* **A***nd* **R***eport* lesen lässt. Neben Skripten für Backup und Restore erstellt es auch eine Geräte-Dokumentation mit Angaben zu Hard- und Software, einschließlich installierter Apps und Details zu selbigen. Dafür kommen verschiedene ADB-Befehle zum Einsatz, von denen einige bereits zuvor in diesem Buch vorgestellt wurden.

Adebar http://bit.ly/1natKtE

XDA: Broken Screen http://bit.ly/1P6VvOW

6.8.8.2 Den Androiden »fernbedienen«

Das erweist sich als besonders praktisch, wenn etwa das Display beschädigt ist – kann aber ebenso genutzt werden, um einen ausgedienten Androiden »neuen Aufgaben« zuzuführen. Eine Beispiel-Anwendung dafür findet sich bei den XDA-Developers. Das dort vorgestellte Tool wurde ursprünglich für Windows entwickelt; mittlerweile gibt es jedoch auch Portierungen für Windows XP und Linux. Die Bedienung erfolgt aus einer grafischen Oberfläche heraus und auch der »Bildschirm« des Androiden wird auf dem Desktop angezeigt.

Droid Explorer de.codeplex.com

QtADB qtadb.wordpress.com

6.8.8.3 Den Androiden verwalten

Tools aus diesem Bereich stehen ebenfalls zahlreich zur Verfügung. Einige nur für Windows, wie etwa Ryan Conrads *Droid Explorer* – andere aber auch plattformübergreifend, wie *QtADB*. Weitere Tools und Apps finden sich bei *IzzyOnDroid* in der ADB-Tools-Übersicht.

Übersicht: ADB Tools http://bit.ly/1natKtl

6.8.9 ADB installieren

Hier denken wahrscheinlich die meisten Leser: Oh weh, das gesamte Android-SDK mit seinen über 30 MB Download installieren! Und das alles nur für so ein paar kleine Dinge! Weit gefehlt: Wer nicht selbst entwickeln möchte, kommt mit weitaus weniger

Android SDK http://bit.ly/1P6Vv11

zurecht. Etwa mit den *Platform Tools*, deren Download lediglich ein Drittel des Umfangs hat (installiert sind es dann allerdings auch wieder über 30 MB).

Minimal ADB http://bit.ly/1PlbbzJ

Doch es geht mit noch weniger: Unter Linux und Mac OS reicht eine einzige Datei, das `adb`-Binary. Für Windows kommen noch ein paar `.dll`-Dateien dazu. Das alles muss lediglich in ein Verzeichnis kopiert werden, das sich im Pfad befindet (damit der Aufruf problemlos aus jedem beliebigen Verzeichnis heraus funktioniert), und fertig ist die Installation. Unter Linux (sowie wahrscheinlich auch Mac OS) müssen die Binaries noch ausführbar gemacht werden (`chmod 0755 adb aapt`). Die nötigen Downloads finden sich unter bereits zuvor genannter URL auf meinem Server – und dokumentiert habe ich das Ganze unter anderem in einem Post bei *Stack Exchange*.

adbdriver.com

Driver Options http://bit.ly/1PlbbzS

Das war alles? Leider nein, denn unter allen drei genannten Betriebssystemen sind noch ein paar kleinere Anpassungen nötig. So benötigen unsere Freunde unter Windows wieder einmal einen speziellen Treiber für ihr Android-Gerät. Zum Glück muss man diesen in der Regel nicht mehr so umständlich suchen, wie das noch vor nicht allzu langer Zeit nötig war: Der von *ClockworkMod*, *ROM Manager* und auch *Helium Backup* bekannte Entwickler Koushik Dutta hat nämlich einen universellen USB-Treiber für Android-Geräte entwickelt, der mit den meisten Androiden funktionieren sollte. Ja, auch unter Windows 8. Alternativ lohnt sich auch wieder ein Besuch bei *Stack Exchange*.

Wie es bei unseren Freunden unter Mac OS aussieht, entzieht sich meiner Kenntnis. Wahrscheinlich aber ähnlich wie bei uns unter Linux. Wir brauchen nämlich nur eine kleine Zeile in eine Konfigurationsdatei einzufügen, damit unser Androide als solcher erkannt wird. Wie genau das funktioniert, beschreibt wiederum einer meiner Posts bei *Stack Exchange*:

Configure ADB http://bit.ly/2Ohz4tV

Zunächst wird der Androide mit aktiviertem *USB Debugging* per USB-Kabel an den Rechner angeschlossen. Jetzt schauen wir nach, wie er sich denn dort zu erkennen gibt:

```
user@kiste$ sudo lsusb [...] Bus 002 Device 054: ID 18d1:4e22 Google \
  Inc. Nexus S (debug)
```

Aha, ein Nexus im Debug-Modus. Für unsere Konfiguration sind jedoch die beiden durch einen Doppelpunkt getrennten Werte interessant: `18d1:4e22`. Hierbei handelt es sich um `manufacturerID:deviceID`, also die ID des Herstellers sowie die des Gerätes. Mit diesen Werten bewaffnet machen wir uns über eine spezielle Konfigurationsdatei her:

```
user@kiste$ sudo vi /etc/udev/rules.d/51-android.rules
```

Sollte die Datei noch nicht existiert haben, ist das nicht weiter schlimm. In diesem Fall wird sie automatisch erstellt. Und natürlich darf auch gern ein anderer Editor verwendet werden. Wichtig ist, was nun in diese Datei eingefügt wird:

```
MyDeviceName SUBSYSTEMS=="usb", ATTRS{idVendor}=="18d1", \
ATTRS{idProduct}=="4e22", MODE="0666" GROUP="androiddev", \
SYMLINK+="android%n"
```

Wer genau hinschaut, erkennt auch die beiden Werte wieder: Aus dem `manufacturer` wurde ein `Vendor` und aus dem `device` ein `Product`. Der Eintrag bezieht sich auf das USB-Subsystem und das Gerät soll automatisch mit Lese- und Schreibrechten für alle (`MODE="0666"`; vorsichtige Leute verwenden besser `MODE="0660"`, zumindest wenn sie sich den PC noch mit anderen Nutzern teilen) und der Gruppe `androiddev` zugeteilt werden. Ferner wird im Gerätezweig auch noch ein passender symbolischer Link erzeugt.

Ist diese Datei gespeichert, muss noch der entsprechende Dienst neu gestartet werden. Unter Ubuntu geschieht dies beispielsweise mittels `sudo service udev reload`, andere Linux-Derivate verwenden gegebenenfalls `sudo /etc/init.d/udev reload`. Ging dieser Neustart (eigentlich wurde UDev ja nur angewiesen, die Konfiguration neu einzulesen; einen Neustart erreicht man, indem man `reload` durch `restart` ersetzt) problemlos über die Bühne, sollte unser Androide nach einmaliger Abtrennung vom USB-Anschluss beim nächsten Anstecken erkannt werden:

```
user@kiste$ adb devices
List of devices attached
xxxxxxxxxxxx device
```

Anhang A
Android Permissions – und was sie bedeuten

Normalerweise sieht man eine Kurzbeschreibung der Permission (zum Beispiel bei der Installation einer App). Die technische Bezeichnung taucht selten im Klartext für den Anwender auf – man kann aber zum Beispiel auch einen Blick auf das Manifest werfen und da stehen sie im Klartext.

Nun werde ich aber hier nicht alle Permissions aufführen, das wäre einfach zu viel. Die findet man bei Interesse im Entwickler-Handbuch (allerdings auf Englisch). Ein Wiki zum Thema, an dem sich jeder beteiligen kann, existiert ebenfalls, und zwar bei *Stack Exchange* (wiederum auf Englisch), eine weitere gute (englische) Übersicht mit zusätzlichen Sicherheitstipps existiert bei `AndroidForums.Com`, und auch bei Go2Android findet sich ein gut erklärter Artikel von MaTT (übrigens Teil der Serie »anDROID für Anfänger«). Eine erklärte und ständig aktualisierte Übersicht, wer hätte das gedacht, gibt es natürlich auch bei IzzyOnDroid. Ein paar ausgewählte, die doch häufiger einmal auftauchen könnten, möchte ich aber hier kurz erklären.

Manifest http://bit.ly/1PIbdri

Entwickler Handbuch: Manifest http://bit.ly/2Ohz4Kf

Permissions http://bit.ly/1nqySdN

Android-Forums.COM http://bit.ly/1PIbc6N

MaTT's Artikel http://bit.ly/1K1cNwb

Permissions http://bit.ly/1KpFJc8

A.1 Permission Groups

Zunächst einmal sind die Permissions in »Berechtigungsgruppen« eingeteilt. Besucht man die PlayStoreSeite einer App, findet man diese »PermissionGroups« als Überschriften unter »Diese App möchte auf Folgendes zugreifen:« wieder. Eine vollständige Auflistung gibt es in der API-Dokumentation auf den Entwicklerseiten in englischer Sprache sowie auf der gerade genannten Seite bei IzzyOnDroid auf Deutsch. Jede dieser Gruppen fasst zugehörige Berechtigungen zusammen – so etwa »ACCOUNTS« (Konten) die Permissions für den direkten Zugriff auf vom *Account Manager* verwaltete Konten, »CALENDAR« alles, was auf den Kalender zugreift, »LOCATION« die für den Standort-Zugriff zuständigen Dinge oder »NETWORK« mit dem Netzwerk-Zugriff zusammenhängende Permissions.

Api-Doc: Permission Groups http://bit.ly/1PIbbQr

A.2 Protection Level

Eine weitere Einteilung stellen die sogenannten *Protection Level* dar (siehe Developers Reference: Permission Element). Fünf verschiedene Ebenen legen dabei fest, wie mit

Api-Doc: Permission Element http://bit.ly/2Ohz3pG

den entsprechenden Permissions umgegangen wird (die Kürzel in Klammern sind für die Referenz in der eigentlichen Permissions-Tabelle):

- **normal (no):** niedriges Risko beziehungsweise »Standard«. Diese Permissions werden dem Anwender bei der Installation nicht extra »vorgeführt«, sondern stillschweigend akzeptiert.
- **dangerous (da):** höheres Risiko: Zugriff auf persönliche Daten oder Kontrolle über das Gerät mit potenziellem negativen Impakt für den User. Das sind die Permissions, die bei der Installation vom Anwender explizit bestätigt werden müssen.
- **signature (si):** Der Herausgeber des Zertifikats muss mit dem des ROM-Zertifikats übereinstimmen. In der Regel heißt dies: Eine solche App muss vom gleichen Hersteller stammen.
- **signatureOrSystem (sy):** Wie »Signature«; alternativ darf es aber auch eine beliebige »System-App« sein. Da man eine solche nur mit root-Rechten installieren kann, ist dies für »normale Anwender« eher uninteressant.
- **development (dv):** Das ROM muss mit einem Entwickler-Key signiert sein. Diese Permissions sind eigentlich nur für Entwickler/Entwicklung gedacht. In der Regel scheinbar als »developmentOrSignatureOrSystem« zu verstehen.

A.3 Permissions

Auch hier wieder ein Auszug einiger gebräuchlicherer Kandidaten. Nochmals kurz zur Erklärung: »PL« bezeichnet den gerade beschriebenen Protection Level. »Risk« steht für das mit der jeweiligen Permission verbundene potenzielle Risiko, sofern sich das grob abschätzen lässt:

Android-Forums.COM http://bit.ly/1Plbc6N

- 0 = niedrig
- 1 = moderat
- 2 = medium
- 3 = hoch
- 4 = sehr hoch
- 5 = kritisch

Rupert's Blog http://bit.ly/20hz3pM

Dieses Risiko muss jedoch auch immer im Zusammenhang mit dem Protection Level gesehen werden: Von einer »kritischen Permission« ist der Normal-Anwender (ohne root) beispielsweise überhaupt nicht betroffen, wenn der Protection Level »Signature« beziehungsweise »SignatureOrSystem« heißt (es sei denn, es handelt sich um eine vorinstallierte System-App). Gelegentlich ändert sich eine solche Zuordnung mit neueren Android-Versionen (Beispiel: READ_LOGS wanderte ab Android 4.1 nach »sy«). Quelle für die Risiko-Klassen ist hier übrigens der bereits genannte Artikel bei `AndroidForums.Com`, die meisten Protection-Level finden sich in einem Blog-Eintrag zugeordnet. Folgende Tabelle beschreibt einige der häufiger verwendeten Permissions:

Permission	PL	Risk	Erklärung
ACCESS_COARSE_LOCATION	da	?	*Ungefährer (netzwerkbasierter) Standort*. Hier kommt kein GPS zum Einsatz, sondern die Informationen von Funkmasten (Cell-ID) sowie WLANs.
ACCESS_FINE_LOCATION	da	?	*Genauer (GPS-) Standort*. Exakte, per GPS ermittelte Standortdaten
ACCESS_NETWORK_STATE	no	?	*Netzwerkstatus anzeigen*. Informationen über Netzwerke (besteht eine Verbindung, und wenn ja, zu welchem Netzwerk?)
ACCESS_WIFI_STATE	no	?	*WLAN-Status anzeigen*. Informationen über WLAN-Netzwerke (besteht eine Verbindung, und wenn ja, zu welchem Netzwerk? Welche Netzwerke sind verfügbar?)
ACCOUNT_MANAGER	sy	?	*Als Konto-Manager fungieren*. App darf mit Konto-Authentifizierern interagieren (für Systemanwendungen reserviert).
AUTHENTICATE_ACCOUNTS	da	4	*Als Kontoauthentifizierer fungieren*. Konto-Authentifizierungsfunktionen verwenden, Konten erstellen, Abrufen und Einstellen der zugehörigen Passwörter. In der Regel stellt eine solche App eine Schnittstelle zu einem neuen Dienst bereit, der nicht von Haus aus in Android integriert ist (Beispiel: Dropbox) – implementiert also die Art und Weise, wie bei diesem die Anmeldung funktioniert. Darüber hinaus kann die App unter Umständen auch einschränken, was eine aufrufende App mit dem Zugang anstellen darf.
BLUETOOTH	da	?	*Bluetooth-Verbindungen herstellen*. Zugriff auf bereits »autorisierte« Bluetooth-Geräte
BLUETOOTH_ADMIN	da	2	*Bluetooth-Verwaltung*. Bluetooth-Geräte »autorisieren« (also »pairen« und so). Eine mit dieser Permission ausgestattete App darf selbstständig Bluetooth-Verbindungen aufbauen und etablieren – auch zu »wildfremden« Geräten.

Permission	PL	Risk	Erklärung
CALL_PHONE	da	3	*Telefonnummern direkt anrufen*. Anruf *ohne Bestätigung durch den Anwender* tätigen. Wird zum Beispiel für Kontakt-Widgets benötigt, wenn ein »Tapp« auf selbige direkt einen Anruf auslösen soll – macht aber bei einer Mal-App herzlich wenig Sinn. Gilt nicht für Notruf-Nummern.
CALL_PRIVILEGED	sy	?	*Alle Telefonnummern direkt anrufen*. Wie CALL_PHONE, aber inklusive Notruf-Nummern (»Hallo, Polizei – Anwender ist gerade in Bank eingebrochen. Bitte Fußboden reparieren ...«)
CAMERA	da	1-3	*Fotos aufnehmen*. Vollzugriff auf die Kamera. Nebenwirkung: Diese App lässt sich nicht auf Geräten installieren, die über keine Kamera verfügen. Die API-Referenz schreibt sinngemäß: »Wenn die App auch ohne Kamera bedienbar ist, diese Permission nicht anfordern.« Da sei die Frage erlaubt: Braucht man sie dann überhaupt, wenn es auch ohne geht?
CHANGE_NETWORK_STATE	da	?	*Netzwerkkonnektivität ändern*. Netzwerk-Status ändern (also zum Beispiel Verbindung trennen)
CHANGE_WIFI_MULTICAST _STATE	da	?	*WLAN-Multicast-Empfang zulassen*. `WiFi MultiCast` aktivieren. Damit können Datenpakete an mehrere Empfänger zeitgleich verschickt werden, ohne dass dies zusätzliche Bandbreite erfordert. Macht zum Beispiel Sinn bei einem Streaming-Server, der mehrere Clients bedient (»Radio«). Gleichzeitig ermöglicht dies auch den Empfang von Netzwerk-Paketen, die nicht an das eigene Gerät gerichtet sind (Netzwerk-Sniffer).
CHANGE_WIFI_STATE	da	?	*WLAN-Status ändern*. CHANGE_NETWORK_STATE für WLAN. Kann auch Änderungen an konfigurierten WLAN-Netzen vornehmen.

Permission	PL	Risk	Erklärung
CLEAR_APP_USER_DATA	sy	?	*Alle Cache-Daten der Anwendung löschen*. Benutzerdaten beliebiger/aller Apps löschen (siehe EINSTELLUNGEN | ANWENDUNGEN VERWALTEN, der Button DATEN LÖSCHEN bei jeder Anwendung) – richtiger wäre also *Anwendungsdaten* löschen oder CLEAR_APP_DATA, das »User« verwirrt hier ein wenig.
DISABLE_KEYGUARD	da	2-3	*Tastensperre deaktivieren*. Tastensperre (inklusive deren Passwort-Schutz) deaktivieren, sodass der Bildschirm nicht mehr automatisch gesperrt wird. Sinnvoll zum Beispiel bei Video-Apps und insbesondere bei Navis – und bei eingehenden Telefonaten.
EXPAND_STATUS_BAR	no	2-3	*Statusleiste ein-/ausblenden*. Status-Bar (Benachrichtigungsleiste) erweitern/kollabieren. Wohl die Lite-Version von STATUS_BAR.
GET_ACCOUNTS	no	?	*Bekannte Konten suchen*. Liste konfigurierter Accounts abrufen (nur die Accounts, nicht die Zugangsdaten selber). Mit dieser Permission lässt sich lediglich feststellen, welche Accounts existieren. So kann beispielsweise eine App, die Dropbox verwenden möchte, feststellen, ob bereits ein passendes Zugangskonto eingerichtet ist.
GET_TASKS	da	2-3	*Laufende Anwendungen abrufen*. Informationen über laufende Anwendungen abrufen. Wird natürlich von Task-Managern und -Killern, aber auch von Akku-Statistik-Apps benötigt. »Böse Apps« können dies nutzen, um auszukundschaften, wo sich lohnende Daten zum Klauen finden lassen.
INSTALL_PACKAGES	sy	?	*Anwendungen direkt installieren*. Andere Apps installieren. Kann okay sein (App-Manager), muss aber nicht (Wallpaper und so weiter wollen vielleicht eher Schadsoftware nachladen, wenn sie diese Permission anfordern).

Permission	PL	Risk	Erklärung
INSTALL_SHORTCUT	?	1-3	*Verknüpfungen auf dem Homescreen erstellen.* Malware nutzt dies, um unerwünschte Dinge dort abzulegen. Beispielsweise ein Icon, das wie das vom *Play Store* aussieht – allerdings ganz woanders hinführt.
INTERNET	da	?	*Uneingeschränkter Internetzugriff*. Öffnen von Netzwerk-Sockets. Die App kann also beliebige Internet-Verbindungen herstellen. Wird von allen Apps gebraucht, die Werbung anzeigen wollen.
KILL_BACKGROUND_PROCESS	no	3	*Alle Anwendungen im Hintergrund schließen*. Hintergrund-Prozesse »töten«, also beenden. Dabei kann es sich um die eigenen Prozesse handeln (was dem Anwender die Möglichkeit gibt, das Programm tatsächlich zu beenden, statt es nur in den Hintergrund zu schieben) – es können aber ebenso gut fremde Prozesse beendet werden. In der Regel handelt es sich dann um einen Task-Manager oder Task-Killer (siehe Kapitel 2.5). Eine böswillige App könnte dies jedoch auch nutzen, um Schutzmechanismen auszuhebeln (etwa eine Anti-Malware-App abzuschießen, bevor sie mit ihrem eigentlichen Unwesen beginnt).
MANAGE_ACCOUNTS	da	?	Als Konto-Manager fungieren. Accounts/Zugangsdaten *verwalten* – also auch verändern. Die Doku ist leider wieder einmal sehr vage. Laut einem Post bei *Stack Exchange* heißt dies jedoch nur, dass die betreffende App ihre eigenen Konten (nicht aber andere) mit Unterstützung des (System-eigenen) Account-Managers verwalten darf.

MANAGE_
ACCOUNTS
http://
bit.ly/
1Plbdrx

Permission	**PL**	**Risk**	**Erklärung**
MODIFY_PHONE_STATE	sy	?	*Telefonstatus ändern*. *Status* der Telefonie anpassen: Power, MMI-Codes (zum Beispiel Rufumleitung [de]aktivieren, Rufnummernübermittlung ein/ausschalten) und so weiter – jedoch nicht Anrufe tätigen. Allerdings kann das Netzwerk (zu einem anderen Anbieter, Roaming) gewechselt oder die Mobilfunkverbindung ein- beziehungsweise ausgeschaltet werden, ohne dass der Benutzer davon informiert wird. Auch können mit dieser Permission eingehende Anrufe abgefangen werden.
READ_ATTACHMENT	da	3	*Attachments lesen*. Bezieht sich auf Dateianhänge in E-Mails der Stock-Mail-App (trifft also weder auf die *GMail*-App noch auf *K-9 Mail* zu). Dateianhänge können sensible Informationen enthalten, die eine böswillige App an andere Stellen weiterleiten könnte.
READ_CALENDAR	da	2	*Kalenderdaten lesen*. Sollte klar sein: Alle Termine können damit gelesen werden.
READ_CONTACTS	da	2-3	Kontaktdaten lesen. Damit ist das Adressbuch fällig. Was damit alles einsehbar ist, verrät die App *permission.READ_CONTACTS*.
READ_HISTORY_BOOKMARKS	da	2-3	Erlaubt lesenden Zugriff auf Lesezeichen und Browserverlauf (Chronik). Was das im Einzelnen bedeutet, lässt sich mit der *READ_HISTORY_BOOKMARKS*-App ermitteln.
READ_OWNER_DATA	da	?	*Eigentümerdaten lesen*. Auslesen der auf dem Gerät gespeicherten Eigentümerdaten.

permission.READ_CONTACTS http://bit.ly/1NpxrRw

READ_HISTORY_BOOKMARKS http://bit.ly/1ndGgbZ

ReadPhone State http:// bit.ly/ 23jhWWR

Permission	PL	Risk	Erklärung
READ_PHONE_STATE	da	?	Telefonstatus lesen und identifizieren. Zugriff auf die Telefonfunktionen des Gerätes. Eine Anwendung erhält mit dieser Berechtigung unter anderem die Möglichkeit, die Telefon- und Seriennummer des Telefons zu ermitteln. Um festzustellen, ob ein Anruf aktiv ist, wird sie jedoch trotz gegenteiliger Behauptungen keineswegs benötigt, wie die App *permission.READ_PHONE_STATE* zeigt. Bei Werbung (zum Beispiel AdMob) wird dies häufig zum Auslesen der IMEI/IMSI genutzt, um festzustellen, welche Werbung auf dem Gerät bereits angezeigt wurde (eindeutige Identifizierung, Tracking – seit August 2014 darf die IMEI laut Play-Store-Richtlinien dafür nicht mehr verwendet werden, und schon stoßen auch etliche Apps diese Permission ab …). Apps, die auch für Android 1.6 und früher kompatibel sein sollen, wird diese Permission automatisch gesetzt.
READ_PROFILE	da	2-3	*Das persönliche Profil des Anwenders lesen.* Bezieht sich auf den neuen »Me«-Kontakt für das eigene Profil. Macht beispielsweise Sinn für Messenger-Apps, die den Diskussionsverlauf darstellen.
READ_SMS	da	1-3	*SMS oder MMS lesen*. Damit lassen sich bereits gespeicherte Kurznachrichten lesen. Darunter können natürlich auch vertrauliche Informationen sein.
READ_SOCIAL_STREAM	da	3	*Den Social-Media-Stream lesen.* Diese Permission wurde mit Android 4.0 eingeführt. Eine damit ausgestattete App kann Status-Updates der sozialen Netzwerke lesen – sowohl eingehende als auch ausgehende.

Permission	PL	Risk	Erklärung
RECEIVE_BOOT_COMPLETED	no	1-3	*Automatisch nach dem Booten starten*. App möchte benachrichtigt werden, wenn der Bootvorgang abgeschlossen ist. In der Regel heißt das: Sie möchte nach dem Booten automatisch gestartet werden.
RECEIVE_MMS, RECEIVE_SMS	da	3	*MMS empfangen, SMS empfangen*. Eingehende MMS/SMS abfangen – da möchte wohl jemand mitlesen. Kann aber durchaus okay sein, wenn die App auf MMS/SMS reagieren *soll*. Auf der anderen Seite kann man damit eingehende Nachrichten auch »im Nirwana« verschwinden lassen.
RECORD_AUDIO	da	1-3	*Audio aufnehmen*. Tonaufnahmen erstellen. Das kann sowohl für ein »Diktafon« genutzt werden – als auch zum Mitschneiden von Telefonaten.
SEND_SMS	da	3	*Kurznachrichten senden*. Und zwar ohne Zutun des Benutzers, auch an richtig teure Premium-Dienste (womit klar ist, wozu »böse Apps« das gern hätten). Es gibt aber auch »gute« Gründe für diese Permission: Natürlich die SMS-Apps, aber teilweise auch In-App-Käufe, die nicht über Google Checkout abgewickelt werden.
STATUS_BAR	sy	?	Kann die Status-Bar (Benachrichtigungsleiste) öffnen, schließen und ausblenden. Meist will die App wohl Letzteres, um einen »Vollbild-Modus« zu ermöglichen.
SYSTEM_ALERT_WINDOW	da	3	*Warnungen auf Systemebene anzeigen*. Fenster mit Systemwarnungen einblenden. Eine böswillige App kann so den gesamten Bildschirm blockieren. Sollte eigentlich nicht benutzt werden, da dies für System-Meldungen gedacht ist. Erlaubt das Anzeigen von »Alert Windows«, das heißt Nachrichtenfenstern, die immer im Vordergrund angezeigt werden.

Permission	PL	Risk	Erklärung
USE_CREDENTIALS	da	?	*Authentifizierungsinformationen eines Kontos verwenden*. Möchte die konfigurierten Zugangsdaten verwenden. Das heißt nicht unbedingt, dass es sie »zu sehen bekommt« – aber die App kann sich quasi »im Namen des Anwenders« anmelden. Beim ersten Mal wird der Anwender jedoch vom *Account Manager* gefragt, ob er dies zulassen möchte.
USE_SIP	da	2-3	App kann Internet-Telefonie nutzen (SIP ist das Protokoll dafür).
WAKE_LOCK	no	?	*Standby-Modus deaktivieren*. App kann das System daran hindern, einen Ruhezustand einzunehmen (also den Bildschirm zu dimmen, die CPU »schlafen« zu lassen und so weiter). Wäre doch blöd, wenn die Navi-App läuft und plötzlich der Bildschirm ausgeht.
WRITE_APN_SETTINGS	sy	?	Einstellungen für Zugriffspunktname schreiben. App kann die Zugangsdaten zum Internet und so weiter (siehe **APN**) verändern. Meist geht es der App nur darum, den Namen des APN zu ändern – um die Verwendung des mobilen Datenverkehrs zu steuern (Beispiel: *APNDroid*).
WRITE_CALENDAR	da	2	*Kalenderdaten schreiben*. Diese Permission erlaubt lediglich den Schreib-, nicht aber den Lesezugriff auf den Kalender. Die damit versehene App kann also Termine hinzufügen, nicht aber lesen oder ändern.
WRITE_CALL_LOG	da	2-3	*Anruflisten schreiben*. Macht sicher Sinn für VoIP- und Backup-Apps. Andere Apps sollten hier jedoch nichts verloren haben.
WRITE_CONTACTS	da	1-3	*Kontaktdaten schreiben*. Wie WRITE_CALENDAR, nur in Bezug auf die Kontaktdaten beziehungsweise Browser-History (Chronik) und Lesezeichen.
WRITE_HISTORY _BOOKMARKS	da	2-3	

SIP

APNdroid

Permission	PL	Risk	Erklärung
WRITE_EXTERNAL_STORAGE	da	2	App darf beliebige Daten auf der (externen) SD-Karte lesen, schreiben, verändern und auch löschen – prinzipiell auch die Daten anderer Apps. Diese Permission ist aber beispielsweise essenziell für diverse Backup- und Kamera-Apps, die natürlich Daten auf der Karte manipulieren müssen. **Warnung:** Apps, die für Android 1.5 oder älter geschrieben wurden, erhalten diese Permission implizit!
WRITE_OWNER_DATA	da	?	*Eigentümerdaten schreiben*. Schreiben/Verändern der auf dem Gerät gespeicherten Eigentümerdaten
WRITE_PROFILE	da	1-3	Das persönliche Profil des Anwenders schreiben. Gegenstück zu READ_PROFILE.
WRITE_SECURE_SETTINGS	dv	4	*Allgemeine Systemeinstellungen ändern*. Lesen und Schreiben von Systemeinstellungen. »Secure Settings« können nur von Systemanwendungen (also solchen, die ins »**ROM**« integriert wurden) angefordert werden.
WRITE_SETTINGS	da	2	
WRITE_SMS	da	3	*SMS-Nachrichten schreiben* (jedoch nicht senden). Eine böswillige App könnte darauf hoffen, dass der Anwender die »ungesendete Nachricht« dann doch noch auf den Weg bringt.
WRITE_SYNC_SETTINGS	da	2	*Synchronisierungseinstellungen schreiben*. Schreibzugriff auf die Einstellungen der Synchronisation. Eine mit dieser Permission ausgestattete App kann unter anderem die Synchronisation von Kontakten und Kalendern aktivieren beziehungsweise deaktivieren. Sinn macht so etwas unter Umständen bei einer SMS-Backup-App.
`com.android.vending.BILLING`	?	5	In-App Payment (in der App integrierte Bezahldienste, die über den *Play Store* abgewickelt werden)

Anhang

A

N-Droid Tutorial http://bit.ly/1PlbdHR

LifeHacker: Permissions http://bit.ly/20hz50P

Wer noch immer »Bahnhof« versteht, dem sei ein kleines Tutorial bei N-Droid.DE empfohlen. Etwas tiefgreifender wird das Thema bei LifeHacker beschrieben. Für Anfänger gut verständlich, sofern sie keine Probleme mit der englischen Sprache haben – definitiv empfohlene Lektüre!

Anhang B
Secret Codes oder Magische Nummern

Klar kann man mit einem Telefon telefonieren. Dazu gibt man eine Ziffernfolge ein und drückt die Taste für »Abheben«. Was aber passiert, wenn man noch ein paar Sonderzeichen hinzufügt?

Beschränken wir uns dabei auf die Zeichen # und *, erhalten wir – richtig kombiniert – sogenannte GSM-Codes. Der Wikipedia-Artikel beschreibt ganz gut, worum es dabei geht (kurz gefasst: Steuer-Codes für diverse Netzanbieter-Funktionen, die eigentlich auf allen Geräten gleich funktionieren sollten, aber nicht bei allen Anbietern in gleichem Umfang verfügbar sind). Unterteilen lassen sich diese Codes grob in mehrere Untergruppen:

GSM-Code http:// bit.ly/ 1Plbdl2

B.1 USSD-Codes:

Diese folgen dem Muster `*1nn#` – also der `*` Taste, gefolgt von einer `1` und weiteren zwei Ziffern, abgeschlossen durch eine Raute (optional mit Parametern: `*1nn*<Parameter>#`). Dabei handelt es sich um Zugangsnummern für einfachere Mobilfunkdienste, die zum Beispiel Zugang zu vorkonfigurierten Services bereitstellen, die für den Betreiber des jeweiligen Mobilfunknetzes spezifisch sind. Gibt man einen solchen USSD-Code auf dem Mobilfunk-Gerät ein, wird die Antwort des Betreibernetzes normalerweise innerhalb weniger Sekunden auf dem Bildschirm dargestellt.

B.2 Erweiterte Service-Codes:

Diese werden für erweiterte Service-Dienste wie etwa Anrufweiterleitungen oder die (De-)Aktivierung der Rufnummernübermittlung, aber auch zum Ändern beziehungsweise Entsperren der PIN genutzt.

B.3 Geräte-, Hersteller- und systemspezifische Codes:

Diese dienen in der Regel dem zuständigen Service-Personal zur Abfrage/Anpassung diverser Geräte-Parameter, für Status-Tests und anderes mehr.

Disclaimer: Naturgemäß kann es sein, dass einige dieser Codes nicht auf allen Geräten beziehungsweise nicht bei allen Mobilfunkanbietern funktionieren. Sofern sie nicht im Handbuch des Gerätes aufgeführt sind, mag das durchaus seine Gründe haben: So kann der eine oder andere Punkt, unsachgemäß angewendet, unter Umständen Schäden verursachen. Ich übernehme keinerlei Garantien dafür, dass folgende Codes a) funktionieren, b) das tun, was da steht, oder c) »folgenfrei« genutzt werden können. Insbesondere übernehme ich keinerlei Verantwortung für etwaige negative Folgen! Für etwaige positive Folgen stelle ich natürlich gern mein Bankkonto zur Verfügung.

Ebenso kann es vorkommen, dass nach Eingabe des einen oder anderen Codes nichts passiert. Es kann aber auch sein, dass dies nur so scheint (bei meinen Tests fand ich anschließend – am nächsten Tag – einige der »magischen Nummern« in der »Verbraucherliste« wieder). Es können durchaus Hintergrunddienste gestartet oder aber »versteckte Klassen/Menüs« in Apps freigeschaltet werden, was sich unter Umständen nur durch einen Werksreset wieder rückgängig machen lässt.

B.4 USSD-Codes

Code	Bedeutung
*100#	Prepaid-Guthaben anzeigen
*135#	Eigene Rufnummer anzeigen

B.5 Erweiterte Service-Codes

Code	Bedeutung
**21*<Rufnummer># / *21# / #21# / *#21#	Anrufweiterleitung einrichten /aktivieren /deaktivieren / überprüfen
##002#	Alle Rufumleitungen deaktivieren
*30# / #30# / *#30#	CLIP: Eingehende Rufnummern anzeigen /unterdrücken / Status
#31#<Rufnummer>	CLIR: Mit unterdrückter Rufnummer anrufen
43# / #43# /#43#	Anklopfen aktivieren /deaktivieren /Status abfragen
76# / #76# /#76#	COLP: Wenn der ausgehende Anruf weitergeleitet wird, Zielrufnummer anzeigen
77# / #77# /#77#	COLR: Bei eingehendem umgeleiteten Anruf die Ursprungsnummer anzeigen
*N# (TCom: *T#)	Wird eine SMS mit dieser Zeichenfolge begonnen, erfolgt eine SMS-Empfangsbestätigung.

GSMCodes-Online http://bit.ly/20hz6li

Obige Tabelle ist keinesfalls vollständig. Weitere »GSM Codes« finden sich unter anderem bei:

- GSMCodes-Online.DE
- Inside-Handy.DE (einschließlich Tipps zu versteckten Menüs)

Inside-Handy http://bit.ly/1PlbdYx

Secret Codes http://bit.ly/20hz5hf

Secret Codes http://bit.ly/1Plbfzo

B.6 Geräte-, Hersteller- und System-spezifische Codes

Die fett gedruckten Codes sollten nach Informationen bei *Stack Exchange* auf allen Android-Geräten (zumindest mit Android Version 4.1) gleichermaßen funktionieren. Ob das »Spielen« damit deswegen unbedingt ratsam ist (zumal wenn man nicht genau weiß, was sich dahinter verbirgt), steht auf einem anderen Blatt. Daher habe ich die Codes, die mir als »absolut harmlos« bekannt sind, kursiv hervorgehoben.

Die ursprünglich hier stehende längere Liste findet sich jetzt bei *IzzyOnDroid*.

Code	Bedeutung
*#0011#	GSM-Infos
*#0228#	ausführliche Infos zum Batteriestatus
**05*<PUK Code>*<neue PIN>*<neue PIN zur Bestätigung>#	Entsperren des Telefons aus dem Notruf-Modus
*#06#	IMEI anzeigen
##1234#*#*	Firmware-Info
##197328640#*#*	Service-Menü mit verschiedenen Test-Möglichkeiten
##225#*#*	Kalender-Debug
##232337#*#	MAC-Adresse des BlueTooth-Interfaces anzeigen
##232338#*#*	MAC-Adresse des WLAN-Interfaces anzeigen
##2432546#*#* (*#*#CHECKIN#*#*)	Nach **OTA**-Updates suchen
##4636#*#* (*#*#INFO#*#*)	Öffnet ein Menü, aus dem sich wählen lässt: Telefon-Infos, Akku-Infos, Akku-History, Verbrauchsstatistiken.
##7378423#*#* *#*#SERVICE#*#*	Ein weiteres Service-Menü: Service-Information, Service-Settings, Service-Tests ...
*#7465625#	Netz- und Subnetzsperre, Simlook, Service Provider und Corporate Lock (Galaxy-S?)
##759#*#*	GooglePartnerSetup
##7594#*#*	Verhalten des Einschalt-Knopfes ändern (zum Beispiel direktes Abschalten ohne Menü)
##7780#*#*	**Zurücksetzen auf Werkseinstellungen**

Anhang C
Leistungsaufnahme verschiedener Komponenten

Heise hat für seinen Artikel *Energiesparplan* ein Motorola Milestone angepasst und ausführlich getestet, was welche Komponente so verbraucht. Und wie man das einschränken kann (das war jetzt eine klare Empfehlung, den Artikel zu lesen!). Die Daten davon werden einerseits ein »war ja klar«, aber bei einigen Daten auch ein »oh, das hätte ich jetzt nicht gedacht« hervorrufen. Passende Angaben zum Galaxy S3 hat die c't in ihrer Ausgabe vom August 2012 gesammelt – und dabei den Test gleich noch ein wenig ausgeweitet – um sie schließlich im c't Special Android (Januar 2016) auch noch um die Werte des Galaxy S5 zu erweitern.

heise.de/
-1145579

Anmerkungen zum Galaxy S3/S5 (*): Der Energieverbrauch des Displays hängt hier auch stark von den dargestellten Inhalten ab, was auf das verwendete Amoled-Display zurückzuführen ist. Bei vollständig schwarzem Display entspricht der Verbrauch auf allen Stufen nicht mehr als dem Minimum.

c't Special
Android
http://
bit.ly/
1WOjOm8

Anmerkungen zu den Messwerten des Galaxy S5: Anders als bei den vorigen Messreihen, wurde hier die Grundlast nicht abgezogen. Im Folgenden habe ich das (nach Rücksprache mit dem Redakteur) entsprechend angepasst, damit es vergleichbar bleibt. Die »nackten Zahlen« weichen daher geringfügig von denen des Artikels ab.

Weiterhin sollte man beim Vergleich der Werte auch die unterschiedliche Hardware-Ausstattung im Hinterkopf behalten: So werkelt beispielsweise im Galaxy S3 ein mit 1,4 GHz getakteter Quad-Core-Prozessor und zur Anzeige dient ein 4,8-Zoll-Display – im Milestone waren es noch eine Single-Core-CPU mit 550 MHz und ein 3,7-Zoll-Display.

Betriebszustand	**zusätzliche Leistungsaufnahme**			
	Motorola Milestone	**Samsung Galaxy S3**	**Samsung Galaxy S5**	**ø**
Videoaufnahme[1]	1557 mW	1683 mW	2277 mW[4]	1839 mW
UMTS-Upload	1410 mW	1033 mW	908 mW	1117 mW
UMTS-Download	1349 mW	1074 mW	1138 mW	1187 mW
EGDE-Upload	1179 mW			
WLAN-Download	1158 mW	549 mW	906 mW[5]	871 mW
Video abspielen (fullscreen)[1]	1135 mW	597 mW	395 mW[6]	709 mW
UMTS-Telefonat	983 mW	637 mW	362 mW	660 mW
Kamera[1]	934 mW	1460 mW	2335 mW[7]	1576 mW
EGDE-Download	853 mW		635 mW	
Bluetooth empfangen	751 mW	487 mW		
Display (höchste Stufe)	730 mW	1568 mW*	1227 mW*	1175 mW
GPS-Suche	550 mW	263 mW	191 mW	335 mW
GSM-Telefonat	511 mW	297 mW	310 mW	373 mW
Bluetooth senden	487 mW	454 mW		
WLAN-Upload	479 mW	488 mW	987 mW[8]	651 mW
Display (niedrigste Stufe)	310 mW	567 mW*	260 mW*	379 mW
WLAN-Tether [2]		372 mW	542 mW[9]	
MP3 abspielen über Bluetooth		296 mW	255 mW	
MP3 abspielen	160 mW	153 mW	140 mW	151 mW
UMTS-Standby	18,3 mW	13,8 mW	16,2 mW	16,1 mW
GSM/EDGE-Standby	11,6 mW	9.5 mW	15 mW	12 mW
WLAN-Standby 2,4 GHz	7,8 mW	9.3 mW	18 mW	11,7 mW
WLAN-Standby 5 GHz	N/A	14.6 mW	20 mW	
NFC-Standby	N/A	4 mW	0,1 µW	
Bluetooth-Standby	2,8 mW	1.8 mW	2,9 mW	2,5 mW
GPS-Standby	0,4 mW	0.7 mW	0,2 mW	0,4 mW
WLAN-Tether-Download[3]		1254 mW	1871 mW	

[1] Leistungsaufnahme des Displays bereits abgezogen [2] Tethering aktiv, 1 Benutzer [3] Download vom Notebook per WLAN-Tether [4] Hauptkamera, Full-HD; bei 4K wären es 4079 mW [5] im 2.4 GHz Band; im 5 GHz Band 2064 mW [6] HD Auflösung; SD: 307 mW, Full-HD@60fps: 843 mW, 4K: 1520 mW [7] Hauptkamera im Normalmodus; im Nachtmodus: 1342 mW; Frontkamera: 809 mW [8] im 2.4 GHz Band; im 5 GHz Band 1298 mW [9] hier mit LTE

Damit man sich ein besseres Bild machen kann, habe ich in der letzten Spalte die theoretischen Durchschnittswerte der drei Geräte berechnet, und daraus eine Tortengrafik erstellt – sodass die Relationen besser erfassbar sind:

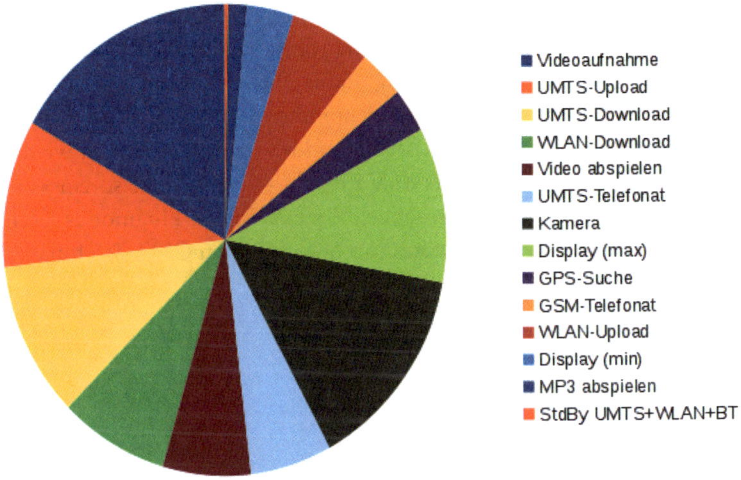

Abbildung C.1 Grafische Darstellung der größten Stromverbraucher

Für die Gesamt-Leistungsaufnahme muss natürlich noch die Grundlast hinzugerechnet werden (was das Gerät verbraucht, wenn alles in der Tabelle Genannte abgeschaltet ist; also »Flugmodus«). Das wären beim Motorola Milestone sowie beim Galaxy S3 ganze fette 6,4 mW. Wird das Gerät also des Nachts in diesen versetzt, spart das bereits enorm:

Betriebszustand	**zusätzliche Leistungsaufnahme**			
	Motorola Milestone	**Samsung Galaxy S3**	**Samsung Galaxy S6**	**ø**
Flugmodus	6,4 mW	6,4 mW	10,7 mW	7,8 mW
GSM-Bereitschaft	18 mW	9,5 mW	15 mW	14,2 mW
GSM-Bereitschaft + WLAN-Standby	25,8 mW	18,8 mW	26,4 mW	23,7 mW
GSM-Bereitschaft + WLAN-Standby + Bluetooth-Standby	28,6 mW	20,6 mW	40 mW	29,7 mW
UMTS-Bereitschaft	24,7 mW	10,9 mW	16,2 mW	17,3 mW
UMTS-Bereitschaft + mobile Daten aktiv		13,8 mW		
UMTS-Bereitschaft + WLAN-Standby	32,5 mW	20,2 mW	27,6 mW	26,8 mW
UMTS-Bereitschaft + WLAN-Standby + Bluetooth-Standby	35,3 mW	22,0 mW	41,2 mW	32,8 mW

Die Werte sind natürlich alle spezifisch für oben genanntes Motorola Milestone beziehungsweise das Samsung Galaxy S3/S5 und können auf anderen Geräten abweichen. Die Größenordnungen sollten aber zumindest ähnlich sein.

Nur so noch mal erwähnt: Selbst wenn WLAN und so weiter alles aus sind und nur Telefonate (und SMS) noch durchkommen (den Datenverkehr also mal ganz außen vorgelassen), reduziert sich der Verbrauch im Flugmodus auf ein Drittel (GSM) oder gar ein Viertel (UMTS). Einmal sechs Stunden angenommen (von 0 Uhr bis 6 Uhr), hält der Akku damit (theoretisch) für bis zu gut zwei Stunden länger. Natürlich wieder nur, wenn man dann anschließend auch nichts damit macht – also wieder so ein »Laborwert«. Trotzdem kann man sich leicht ausrechnen: Sechs Stunden Flugmodus (statt GSM-Bereitschaft) schaffen Raum für zusätzliche circa acht Minuten GSM-Telefonat ...

Anhang D
Begriffserklärungen

An dieser Stelle möchte ich einige Begriffe kurz erklären, da ich danach des Öfteren gefragt wurde. Wie gewohnt, versuche ich mich dabei kurzzufassen – und verweise für Details auf »externe Quellen«.

2G Gemeint ist damit die Datenübertragung der »zweiten Generation« (die erste ist bereits nicht mehr verfügbar). Hierzu gehören sowohl **GPRS** als auch **EDGE**.

3G Da dies ein Android-Handbuch ist, denken wir jetzt mal nicht an das iPhone 3G. Obwohl der Zusatz auch hier bedeutet: dritte Generation. Gedacht ist in unserem Fall jedoch an die Datenübertragung mittels **UMTS** beziehungsweise **CDMA**.

ADB Die **A**ndroid **D**ebug **B**ridge ist Bestandteil des Android-**SDK**. Anders als der Name es nahelegt, ist ADB für mehr als nur das **Debuggen** gut. So lässt sich hiermit ein Android-Gerät steuern und kontrollieren, Dateien können übertragen, installiert oder auch gelöscht werden und mehr. Details finden sich in Kapitel 6.8.

Android Hierfür zitiere ich einmal kurz das Wesentliche aus dem passenden Wikipedia-Artikel:

Android ist ein Betriebssystem wie auch eine Software-Plattform für mobile Geräte wie Smartphones, Mobiltelefone, Netbooks und Tablets, die von der Open Handset Alliance entwickelt wird. Basis ist der Linux-Kernel 2.6. Android ist freie Software und quelloffen.
[...]
Als erstes Gerät mit Android als Betriebssystem kam am 22. Oktober 2008 das HTC Dream unter dem Namen T-Mobile G1 in den Vereinigten Staaten auf den Markt. Dass bereits dieses erste Gerät auf das Global Positioning System zugreifen konnte und mit Bewegungssensoren ausgestattet war, gehörte zum Konzept von Android.

Android
http://
bit.ly/
20hz6lo

Open
Handset
Alliance
http://
bit.ly/
1PlbeeY

Also grob zusammengefasst: Speziell für mobile Geräte – Linux unten drunter, »eine Art Java« obendrauf, und ganz zuoberst laufen unsere lieben Apps.

Android-Versionen Der kleine Andy (der grüne Roboter Androide) ist ein Süßer. Entsprechend hat Google auch die Namen der Android-Versionen recht süß gewählt. Kommen also entsprechende Kuchen-Varianten ins Spiel, zielt das in der Regel auf eine Android-Version:

Version	Name	wichtigste Neuerungen
1.1		
1.5	Cupcake	AutoRotate, Bildschirmtastatur, Videos
1.6	Donut	VPN, Verbesserungen bei der Energieverbrauchssteuerung, TTS, Gesten
2.0	Eclair	Digitalzoom, Blitzlicht, Exchange, Bluetooth 2.1
2.1	Eclair	Webkit-Erweiterungen (HTML5, GeoLocation, unter anderem)
2.2	Froyo (Frozen Yoghurt)	sparsamerer Kernel, mehr **RAM** nutzbar, Hotspot und **Tethering**, **App2SD**, Bluetooth-Sprachwahl
2.3	Gingerbread	DualCore, **NFC**, **SIP**
3.0	Honeycomb	Optimierungen für Tablets
3.1	Honeycomb	USB-Host-Modus
3.2	Honeycomb	Optimierungen für Tablets
4.0	Ice Cream Sandwich	Data-Tracking, Screenshots
4.1	Jelly Bean	Offline-Sprachsteuerung, Notification Bar Actions (Ursprung ermitteln, direkter Rückruf ...)
4.2	Jelly Bean	Daydream (interaktiver Bildschirmschoner mit API), Unterstützung für »Secondary Screens« (gleicher Inhalt auf zwei Bildschirmen), Lockscreen-Widgets, Multi-User, Swype
4.3	Jelly Bean	Erweiterter Bluetooth-Support (BTLE, AVRCP), Support für OpenGL ES 3.0, eingeschränkte Profile für Benutzerkonten, (versteckte) Rechte-Verwaltung für Apps
4.4	KitKat	Reduzierter Speicherverbrauch, SMS in *Hangouts* integriert, Drucker-Unterstützung, Storage Access Framework, Caller-ID via Google, Screencast, Miracast, NFC HCE, IR
5.0	Lollipop	**ART** statt **Dalvik** als Default, Support für 64-Bit-Architektur, Floating Notifications, beschleunigte Grafik mit OpenGL ES, Audio bis 7.1 Kanäle, RAW-Kamera-Format, 4K-Video, Screen Recording, verbesserte Akku-Laufzeit und Statistik
5.1	Lollipop	Multiple SIM Card Support, HD Voice, Captive-Portal-Erkennung
6.0	Marshmallow	Neues Berechtigungssystem, Unterstützung für Fingerabdruckscanner, Android Pay, Multi-Fenster-Modus, Doze (verbesserte Akkuleistung), SD-Karte als interner Speicher, Unterstützung für USB Typ-C

Wen die Unterschiede zwischen den einzelnen Versionen genauer interessieren, der schaue doch einfach mal bei Wikipedia vorbei ...

Android-Versionen http://bit.ly/20hz5ho

AndroidPIT AndroidPIT ist eine Community, in der sich Android-Nutzer austauschen. Wo sie aber auch in Blogs, Wiki, Foren und Testberichten fundierte Informationen erhalten. Kurzum: eine Anlaufstelle für alle Fragen rund um Android. Aber was verbirgt sich hinter diesem seltsamen Namen?

androidpit.de

Da steckt der Name »Android« drin, den ich ja gerade erklärt habe. Bleiben die drei Großbuchstaben am Ende: PIT. Was heißen die denn nun? **P**rogramme, **I**nformationen, **T**ests? **P**izza **I**m **T**iefkühlfach? (Unserem Apple-Stevie zufolge müsste das »P« ja sicher für »**P**orno« stehen – doch findet sich eh kein Regisseur, der einen solchen **i**m **T**iefkühlfach dreht.) Ich bin sicher, daraus ließe sich eine Preisfrage machen – und der Gewinner bekommt dieses Buch ...

Online-Community http://bit.ly/20hz6ls

Na? Erraten? Ich helfe mal ein wenig nach: Denken wir mal an Autos. Ganz schnelle. F1 (Hilfe? Nee, Formel 1 meine ich). Und genau: »Pit stop«, der Boxen-Stopp. Auftanken, und weiter geht's!

Weitere Informationen gibt es unter anderem in der FAQ.

FAQ http://bit.ly/1Plbevp

AOSP Zwar heißt es immer, Android würde von Google entwickelt – doch so ganz korrekt ist das nicht: Hinter der Entwicklung steht das *Android Open Source Project*. Hier laufen die Fäden der Entwicklung des Android-Systems zusammen: Interessierte Entwickler können den Sourcecode herunterladen, aber auch eigene Anpassungen einreichen. Das Projekt wacht dabei darüber, dass am Ende alles auch wieder zusammenpasst.

AOSP source.android.com

API Kurzform (oft gesprochen, wie man es schreibt – aber auch als Abkürzung buchstabiert) steht für *Application Programmers Interface*. Gemeint ist hier eine definierte Schnittstelle, über die Informationen bezogen werden können. Die Android-API bietet auf diese Weise zum Beispiel Informationen über Akkustand und anderes mehr. So muss nicht jeder Programmierer das Rad neu erfinden.

APK-Datei Die Abkürzung steht für *Android Package*, und da drin befindet sich in der Regel eine App zur Installation unter Android. Da diese Apps ja in Java geschrieben sind, verwundert es sicher nicht, dass das APK-Format eine »Abwandlung« des JAR (**J**ava **AR**chive) ist und sich somit mittels WinZip & Co. ein Blick in selbige werfen lässt ...

Datei-Manager unter Android erkennen diese Packages natürlich und bieten an, die enthaltene App zu installieren.

APN ***Kürzel für Access Point Name*** (zu Deutsch: Name des Zugangspunkts). Gemeint ist in der Praxis mitnichten nur der Name, sondern vielmehr der komplette Datensatz. Siehe auch mobiles Datennetz (siehe 2.1.1.2) für eine detailliertere Beschrei-

APN Liste http://bit.ly/1U7GOLg

Anhang D

bung sowie bei *IzzyOnDroid* für eine nach Netzanbietern sortierte Liste von APN-Definitionen.

Neudeutsch http:// bit.ly/ 1Plbevw

App *Kurzform für Application.* Wird auch im Deutschen (Neudeutsch: Applikation) verwendet, da »Anw« einfach blöd klingt. Denn nichts anderes bedeutet das englische Wort *Application*: Anwendung.

Im Zusammenhang mit Smartphones aller »Couleur« (also Früchte wie auch KGMs, kleine grüne Männchen) hat sich die Kurzform »App« eingebürgert – »Application« (oder im Deutschen »Anwendung«) wird hier eher selten verwendet.

App2SD Das hat nix mit dem abendlichen »Jezz abba App ins Bett« zu tun – sondern vielmehr mit der Frage: »Wie kann ich mehr Apps installieren, als in den internen Speicher passen?« Dazu gibt es mehrere Ansätze, die unter dem Begriff »App2SD« zusammengefasst sind:

- **App2SD:** Mit **Froyo** eingeführt. *App2SD* verschiebt Teile der App auf die (einzige) **Partition** der SD-Karte, wobei die App dies unterstützen muss. Mit Widgets klappt dies in der Regel nicht – hier kommt es zu Abstürzen, da die SD-Karten-Partition bei Anschluss an den PC via USB auf dem Androiden nicht mehr zur Verfügung steht, wenn der **USB-Massenspeicher**-Modus verwendet wird. Dies war ursprünglich der Standard; ab **Android 4.0** wurde unter anderem aus diesem Grund auf **MTP** umgestellt.
- **App2SD+:** Gibt es mit einigen Custom-ROMs. Hier wird das Widget-Problem dadurch umgangen, dass eine eigene Partition auf der SD-Karte verwendet wird. Android gibt bei USB-Anschluss lediglich die erste Partition frei, die zweite mit den Apps bleibt somit unangetastet. Wie bereits geschrieben: Benötigt root und Custom-ROM (siehe Abschnitt 6.6.3), wobei auch nicht jedes Custom-ROM App2SD+ anbietet (*CyanogenMod* zum Beispiel nicht).
- **Link2SD:** Im Prinzip wie App2SD+ – nur bedarf es keines Custom-ROMs: Die App wird dabei zunächst auf die zusätzliche Partition verschoben und sodann ein sogenannter »symbolischer Link« dorthin im internen Speicher angelegt. Somit wird die App gefunden, als wäre sie im internen Speicher – obwohl sie ganz woanders steckt ... Benötigt **root** und eine zweite Partition auf der SD-Karte.

Appbrain Ein alternatives »Frontend« für den *Google Play Store*, der sowohl als App als auch als Website verfügbar ist. Nicht so bunt, dafür aber meines Erachtens weitaus übersichtlicher. Eine ausführlichere Beschreibung findet sich im Abschnitt 2.2.5« unter »Appbrain«.

Aptoide Ein alternativer Android-Markt, über den man Apps beziehen kann. Näher beschrieben ist er unter »Öffentliche Märkte« (siehe 2.2.5.3).

ART Die **A**ndroid **R**un**T**ime löst mit Android 5 **Dalvik** ab. Experimentell lässt sie sich bereits ab **Android 4.4** aktivieren, damit Entwickler ihre Apps im Vorfeld auf Kompatibilitäts-Probleme überprüfen können. Für den täglichen Einsatz sei davon jedoch (zumindest bei Android 4.4) noch abgeraten. Ab Android 5.0 wird ausschließlich ART verwendet.

Doch was ist mit *ART* denn nun anders? Es ist ein ganzes Stück schneller (bis um das Doppelte). Statt wie im Falle von *Dalvik* »Byte-Code« zu erzeugen, wird hier gleich auf nativen Code gesetzt. Das benötigt meist etwas mehr Speicherplatz (durchschnittlich etwa 25 Prozent zusätzlich) sowie ein wenig länger bei der Installation – arbeitet dafür aber performanter und ressourcenschonender.

Wer es genauer wissen möchte, wirft am besten einen Blick in den Artikel ART statt Dalvik bei AndroidNext.

ART statt Dalvik http:// bit.ly/1PlbfQ9

Baseband Auch »Radio-ROM« beziehungsweise »Radio-Image« wird es gern genannt. Das ist quasi die eigentliche Geräte-Firmware. Hat weniger direkt mit Android als vielmehr mit der Hardware zu tun – und initialisiert Letztere, sodass sie von Ersterem genutzt werden kann. Also so was Ähnliches wie das BIOS beim PC. Und genau wie dieses befindet es sich in der Regel auf einem separaten Chip.

Das Teil bootet also die Hardware und übergibt dann an den eigentlichen Bootloader, der sich dann um Android kümmert. Daher muss das Radio-Image auch zum verwendeten **Bootloader** passen. Flasht man das falsche Image, hat man einen Ziegelstein (englisch: »**Brick**«) oder Briefbeschwerer, aber kein brauchbares Telefon mehr.

Bloatware Vom Hersteller und/oder **Provider** zusätzlich auf dem Gerät fest vorinstallierte und oftmals völlig unerwünschte (oder gar unnötige) Apps. Da diese Installation in der Regel im **ROM** erfolgt, kann Otto Normalnutzer diese Apps auch nicht einfach deinstallieren (ab Android 4.0 aka **Ice Cream Sandwich** allerdings zumindest deaktivieren). Das Vorhandensein dieser Apps stellt für sich nicht das große Problem dar – nur lassen diese häufig Hintergrunddienste laufen, die natürlich Systemressourcen verbrauchen.

Bootloader Sozusagen der »zweite Teil« nach dem **Baseband** (daher auch »SPL« oder »Secondary Program Loader« genannt). Bleiben wir weiter bei den Hinke-Vergleichen, sind wir hier etwa im »Boot-Manager« (Lilo, Grub) gelandet (davor wäre noch der »MBR« oder »Master Boot Record« auf dem PC – das wäre in diesem Fall der »IPL«, der »Initial Program Loader« – der ist bei Androiden in Hardware gegossen und daher nicht veränderbar). Aber das wäre jetzt nur sehr grob und ungenau, denn hier steckt mehr drin: der Android-Bootloader sowie weitere Boot-Optionen wie das Recovery-Menü, Fastboot und anderes mehr.

Boot-Loop Eine Dauer-Boot-Schleife beim Starten des Androiden: Das Gerät fährt hoch, man sieht das Boot-Logo, eventuell sogar noch kurz den Homescreen oder Sperrbildschirm – dann wird es plötzlich schwarz und fängt wieder von vorn an. Bis man das Gerät ausschaltet. Erste Hilfe zur Behebung dieses Problems findet sich unter anderem im Boot-Loop Tag-Wiki bei *Stack Exchange*.

boot-loop tag-wiki http:// bit.ly/20hz6lt

Branding **Provider**-spezifische Anpassungen am **ROM**. Das kleinste Ärgernis dabei ist eventuell noch die Boot-Animation, die gegebenenfalls das Provider-Logo anzeigt. Haarsträubender sind oftmals die zusätzlich installierten Apps (siehe **Bloatware**), die der Benutzer ohne **root**-Rechte nicht entfernen kann. Darüber hinaus stellt das Branding gelegentlich wünschenswerte zusätzliche Funktionalitäten bereit – wie etwa das Bezahlen von Apps im *Play Store* über die Mobilfunkrechnung (T-Mobile).

Brick In der Regel das Lebensende eines Androiden – der dann nur noch als Briefbeschwerer oder Ähnliches herhalten kann. Wörtlich heißt das zwar »Ziegelstein«, aber das würde im Deutschen unter Umständen zu meilenweiten Verwechslungen mit gewissen Androiden aus dem Hause Motorola führen ...

Was sich die Entwickler dabei dachten, als sie die gleichnamige Permission einführten, sei der Fantasie anheimgestellt ...

Wie verwandelt man einen Androiden nun in einen »Brick«? Dazu werde ich keine Schritt-für-Schritt-Anweisung geben (da wenig sinnvoll). Nur so viel sei gesagt: In etwa 95 Prozent aller Fälle hängt das mit dem **Flashen** eines zum Gerät inkompatiblen **RUU** zusammen. Vermeiden lässt sich solches also durch gründliches Lesen der Anleitungen und Prüfen des »Zubehörs« ***vor*** dem »Brutzeln«.

WebDAV http:// bit.ly/ 1PIbevz

CalDAV Ein Standard für die Synchronisation von Kalendern (»Cal«) über WebDAV. Ermöglicht es, ohne größeren technischen Aufwand Kalenderdaten mit eigenen Ressourcen abzugleichen.

CardDAV Das Gegenstück zu **CalDav** für Kontaktdaten.

CDMA2000 http:// bit.ly/ 20hz6BN

CDMA CDMA (***C****ode* ***D****ivision* ***M****ultiple* ***A****ccess*) ist ein Mobilfunkstandard der dritten Generation (3G), der primär in Amerika und Teilen von Asien und Afrika für den Betrieb von Mobilfunknetzen Anwendung findet. Die maximal möglichen Datenraten reichen hier fast bis an die 5 MBit/s.

CupCake Eine Tasse Kuchen, klar. Oder doch eher eine **Android-Version**? Genau, nämlich 1.5.*.

Daemon http:// bit.ly/ 1PIbg6x

Daemon Kein »Teufelchen«, sondern unter Unix-artigen Systemen ein im Hintergrund laufender Prozess, der bestimmte Dienste zur Verfügung stellt. Auf Android-Systemen läuft beispielsweise bei aktiviertem *USB Debugging* ein **ADB** Daemon, der mit einem speziellen Client den Zugriff vom Computer aus ermöglicht. Vertiefende Informationen finden sich unter anderem in der Wikipedia.

Dalvik Dafür muss ich ein klein wenig ausholen: Android besteht, vereinfacht ausgedrückt, aus einem Linux-Kernel, auf dem eine spezielle Java-Version läuft. Letzteres ist die sogenannte *Dalvik-VM* (wobei »VM« für »Virtual Machine« steht). Android Apps sind also in Java geschrieben.

Für die Ausführung der App wird der Java-Code in einen sogenannten »Byte-Code« übersetzt, der optimal auf die Hardware (und Android-Version) angepasst ist. Damit dies nicht bei jeder Ausführung der App geschehen muss, passiert diese »Übersetzung« unmittelbar nach der Installation der App – und der Byte-Code wird im sogenannten *Dalvik-Cache* abgelegt. Da dies nach der Installation eines »neuen Systems« für alle Apps geschehen muss, dauert auch der erste Start nach der Neuinstallation (beziehungsweise bei Erst-Inbetriebnahme) ein wenig länger (dafür geht die Ausführung der Apps nachher entsprechend schneller).

Bei der Installation eines neuen **ROM**s muss aus genannten Gründen (optimale Anpassung ans System) der *Dalvik-Cache* neu aufgebaut werden. Dafür gibt es im **Recovery-Menü** einen extra Menüpunkt.

Debuggen Wörtlich »entkäfern«. Ein Computer-antiker Begriff, der noch aus einer Zeit stammt, in der »Programmierung« durch das Ziehen von Drähten, Stecken von Röhren und Löten von Leiterbahnen stattfand. Da war der »Bug« im »Programm« nämlich durchaus wörtlich zu nehmen – wenn ein verbrutzelter Käfer für einen Kurzschluss sorgte ...

Die Käfer sind mittlerweile zu groß geworden (oder vielmehr die Chips zu klein), trotzdem haben sich beide Begriffe gehalten: »Bug« für einen Fehler im Programm und »Debuggen« für die Suche nach und das Entfernen desselben.

Derivat *Eine Abspaltung (auch Fork; englisch fork = Gabel, üblicherweise als Maskulinum verwendet) ist in der Softwareentwicklung ein Entwicklungszweig nach der Aufspaltung eines Projekts in zwei oder mehr Folgeprojekte, wobei Teile des Quelltextes und seiner Historie kopiert werden und dann unabhängig von dem ursprünglichen Projekt weiterentwickelt werden. Mit Bezug auf das Urheberrecht wird auch von einem Derivat (derivativ, lat.: derivare = ableiten) gesprochen. (Wikipedia).*

Derivat http://bit.ly/20hz6BP

DLNA Die DLNA (***D**igital **L**iving **N**etwork **A**lliance) ist eine internationale Vereinigung von Herstellern von Computern, Unterhaltungselektronik und Mobiltelefonen mit dem Ziel, die Interoperabilität von informationstechnischen Geräten unterschiedlicher Hersteller aus dem Bereich Heim- und Eigengebrauch sicherzustellen.* (Wikipedia). Klingt nach viel (»Oh, da kann ich meine Waschmaschine, das Licht, den Rollladen ...«) – beschränkt sich meist jedoch auf die Steuerung von Bild- und Tonkonserven kompatibler Geräte (auf denen dann auch »DLNA« steht).

DLNA http://bit.ly/1Plbg6D

Donut Die Lieblingsspeise eines gewissen Homer Simpson – aber was soll das hier? Na klar, süßes Backwerk und daher folgerichtig eine **Android-Version** (1.6).

Downgrade Kurz und schmerzlos: Das Gegenteil eines **Upgrades**. Also ein (oder mehrere) Versionsschritt(e) rückwärts.

Warum man so etwas tun sollte/möchte? In der Regel natürlich gar nicht. Aber wenn man nach einem Upgrade wesentlich schlechter dran ist als davor und auch kein **Update** zur Abhilfe in Sicht – dann bleibt einem nicht viel anderes übrig.

Ein weiterer Grund ist häufig, dass man sein Gerät **rooten** möchte, das aber mit der aktuellen Firmware nicht möglich ist.

DroidDream http://bit.ly/20hz5xM

DroidDream DroidDream ist ein Trojaner, der eine Sicherheitslücke in Android-Versionen vor **Froyo** ausnutzt. Er sendet private Daten an einen Server im Netz und installiert eine »Hintertür« im Android-Gerät, durch die Code aus dem Netz nachgeladen werden kann.

Bekannt wurde dies Anfang März 2011: Etwa 50 infizierte Apps wurden im *Google Play Store* aufgespürt und aus diesem entfernt. Dies war auch einer der seltenen Fälle, dass Google von der Möglichkeit Gebrauch machte, diese Schadsoftware aus der Ferne von betroffenen Android-Geräten zu löschen.

Weitere Informationen finden sich im Netz – unter anderem bei AndroidNews.DE.

DroidSheep http://bit.ly/1K1mevG

DroidSheep DroidSheep ist eine Android-App zur Sicherheitsanalyse des verbundenen WLAN und zum Abfangen offener Facebook-, *Twitter-* und anderer Sitzungen. Wie häufig, lässt sich eine derartige Lösung allerdings auch missbrauchen – wogegen man sich unter Android zum Beispiel mit *DroidSheep Guard* schützen kann.

DroidSheel Guard http://bit.ly/1PlbeM0

Eclair Klingt nach einem süßen Backwerk – und lässt daher korrekt auf eine **Android-Version** (2.0.*/2.1.*) schließen.

EDGE EDGE steht für ***E**nhanced **D**ata Rates for **G**SM **E**volution.* Als Erweiterung zu **GPRS** dient es der Datenübertragung, wobei es die maximal mögliche Datenrate auf 384 kbit/s mehr als verdoppelt. Dennoch gehört es noch zur Kategorie **2G**. In der Statusleiste von Android-Geräten macht es sich durch ein »E« bemerkbar.

EDGE http://bit.ly/20hz6BV

F-Droid Ein alternativer Android-Market, der sich auf **Open-Source**-Apps spezialisiert hat. Details finden sich unter *Öffentliche Märkte* (siehe 2.2.5.3).

FaceNiff FaceNiff ist ein Tool ähnlich **DroidSheep**. Sein Name setzt sich zusammen aus »Facebook« und »Sniff« (schnüffeln) – obwohl sich das »Schnüffeln« dieser Android-App nicht auf Facebook allein beschränkt. Schutz bietet auch hier bereits benannter *DroidSheep Guard*.

FaceNiff faceniff.ponury.net

Fastboot Der Name ist zunächst ein wenig irreführend – handelt es sich dabei doch nicht um die Möglichkeit, das Android-Gerät schneller einsatzbereit zu haben. *Fastboot* hat eigentlich mit dem installierten Android-Betriebssystem nicht einmal direkt etwas zu tun.

Zu finden ist ein Fastboot-Eintrag gelegentlich im **Boot-Menü**. Und gedacht ist es in erster Linie zum schnellen Bearbeiten von **Partitionen** via USB. Dazu wählt man am Android-Gerät diesen Punkt aus und kann dann vom PC aus mit der entsprechenden Software passende Befehle absetzen – etwa um die Daten auf einer Partition zu löschen, mit einer Image-Datei zu überschreiben oder schlicht das Gerät neu zu starten.

Factory-Reset Auch *Rücksetzen auf Werkseinstellungen* genannt: Wiederherstellung des Auslieferungszustandes. Stimmt natürlich nicht so ganz, denn die ursprüngliche Firmware wird dabei nach einem Update nicht wieder hergestellt; es werden lediglich alle Nutzerdaten einschließlich vom Anwender installierter Apps und so weiter gelöscht.

Flaschen **A:** Behälter für Bier, Cola, Wein und anderes mehr

B: Taugenichtse, Tagediebe, Apfeldiebe ...

C: Gesucht war bestimmt eher der Begriff **Flashen**, gelle?

Flashen
- **Foto:** Benutzung des Blitzlichts (englisch: »flash«)
- MIB: Löschen von Teilen des biologischen Speichers, sodass Gedächtnis-Lücken entstehen. Der Vorgang wird auch als »Blitzdingsen« bezeichnet.
- **Android:** Den Androiden mit einem neuen **ROM** versehen, indem entweder ein reguläres **Update** oder ein Custom-ROM installiert wird. Der Name rührt daher, dass hier die Daten größtenteils im »internen Speicher«, dem sogenannten »Flash-Speicher«, landen. Oft geht damit auch ein teilweises »Blitzdingsen« einher, etwa für den **Dalvik**-Cache.

  Es muss jedoch nicht gleich ein komplettes neues System sein – auch kleinere Updates gelangen hin und wieder auf diese Weise in die Geräte.

MIB http://bit.ly/1TdgocE

FOTA Ein **OTA**-Update der Firmware. Auf einigen **Custom-ROMs** läuft auch ein Prozess namens *FOTA kill*, der eben selbiges (insbesondere seine Verfügbarkeitsmeldungen) verhindern soll. Die machen ja da auch keinen Sinn ...

Froyo Eigentlich *Frozen Yoghurt*: Eine **Android-Version** (2.2.*)

GingerBread Eine **Android-Version** (2.3.*)

GingerBreak In Anlehnung an den Namen **GingerBread** ist dies zum einen der Name eines Algorithmus als auch einer App zur Erlangung von **Root**-Rechten unter Android > 2.2.1.

GPRS GPRS steht für ***G**eneral **P**acket **R**adio **S**ervice*. Es dient der Datenübertragung und ist aktuell wohl die langsamste Fassung davon. GPRS gehört in die Kategorie **2G**, zusammen mit der Erweiterung **EDGE**. Die maximal mögliche Datenrate beträgt bei *GPRS* 171,2 kbit/s. Zeigt die Statusleiste eines Androiden ein »G«, muss sich dessen Besitzer hiermit begnügen ...

GPRS http://bit.ly/20hz5xU

Hardreset Wenn der **Softreset**, also das »weiche Herunterfahren«, nicht mehr funktioniert, muss dem Gerät zum Ausschalten die Stromzufuhr entzogen werden. Dies geschieht in der Regel durch Entfernen der Batterie oder im Falle einer fest verbauten selbigen durch das »Anpiksen« des Reset-Löchleins. Fehlt auch dieses, schafft häufig das Gedrückt-Halten des Power-Buttons für circa 30 Sekunden Abhilfe.

Nicht selten wird dieser Begriff als Synonym für den **Factory-Reset** verwendet, der jedoch etwas ganz anderes ist (siehe dort).

HBoot So nennt HTC seinen **Bootloader**.

HSDPA http://bit.ly/1Plbgn7

HSDPA HSDPA (***H**igh **S**peed **D**ownlink **P**acket **A**ccess*) ist eine Erweiterung des **3G**-Mobilfunkstandards **UMTS**, der Datenraten von bis zu 14 MBit/s ermöglicht. Wird manchmal auch gern als »3,5G« oder »3G+« bezeichnet und macht sich in der Statusleiste eines Androiden durch ein »H« bemerkbar.

HTTPS http://bit.ly/20hz6Sh

HTTPS ***Dieses Kürzel steht für H**yperText **T**ransport **P**rotocol **S**ecure*, was sich auf Deutsch am besten mit »sicheres Hypertext-Übertragungsprotokoll« wiedergeben lässt. Sämtliche Daten werden hierbei verschlüsselt über das Netzwerk übertragen. Nähere Details finden sich unter anderem in der Wikipedia.

Ice Cream Sandwich Hmmm, wieder etwas Süßes? Richtig: eine **Android-Version**, nämlich 4.0

Image Die Fotos, die mit der Kamera des Androiden gemacht wurden, sind damit *nicht* gemeint. Die nennt man nämlich *Pictures*.

Ein **Image** nennt man das Speicher-Abbild einer **Partition** (für Windows-User: Das, was sich hinter einem Laufwerksbuchstaben verbirgt; eine Partition kann schließlich wie ein eigenständiges Laufwerk behandelt werden). Im Zusammenhang mit Android werden Images häufig in folgenden Kontexten genannt:

- **Nandroid-Backup** erstellt Images von allen Partitionen
- **Update.zip** enthält nicht selten ein (oder mehrere) Image(s)
- **Custom-ROMs** kommen auch oft als Images daher
- **Fastboot** kann zum **Flashen** verschiedener Images verwendet werden

IMEI http://bit.ly/1Plbgnc

XDA: IMEI http://bit.ly/1PlbgDr

Richtlinien http://bit.ly/20hz6Sm

IMEI *»Die International Mobile Station Equipment Identity (IMEI) ist eine eindeutige 15-stellige Seriennummer, anhand derer jedes GSM- oder UMTS-Endgerät eindeutig identifiziert werden kann.«* (Wikipedia). Diese Nummer ist also gerätespezifisch und wird von diversen Werbemodulen gern zur Identifizierung herangezogen (was jedoch die Play-Store-Richtlinien seit August 2014 verbieten). Mit ihr lässt sich aber auch ein Gerät beim Netzanbieter sperren, sodass ein Dieb es nicht mehr verwenden kann (zumindest nicht im gesperrten Netz – dies weltweit durchzusetzen, dürfte ein wenig aufwendig sein). Genauere Details finden sich unter anderem bei den XDA-Developers.

IMSI Abkürzung für ***I**nternational **M**obile **S**ubscriber **I**dentity*. Diese aus 15 Ziffern bestehende interne Teilnehmerkennung dient in GSM- und UMTS-Mobilfunknetzen der eindeutigen Identifizierung von Netzteilnehmern und wird auf der SIM-Karte gespeichert.

Jelly Bean Code-Name der **Android-Versionen** 4.1 bis 4.3

Linux Kernel http://bit.ly/1RWPvdR

Kernel Da steckt das Wort »Kern« drin, genau. Wenn wir hier vom »Kernel« sprechen, meinen wir den »Betriebssystem-Kern«, den »Linux-Kernel«. Das ist, vereinfacht ausgedrückt, eine Abstraktionsschicht: Unten speziell an die jeweilige Hardware angepasst, stellt der *Kernel* »oben« eine einheitliche Schnittstelle (**API**) für die Software zur Verfügung.

Bei Android läuft auf dem *Linux-Kernel* die **Dalvik**-VM (eigentlich je eine pro App) und in der *Dalvik-VM* sodann die **App**.

KitKat Ein Schoko-Riegel. Aber auch Code-Name der **Android-Version** 4.4

KML Die *Keyhole Markup Language* ist ein spezieller **XML**-Dialekt, der zum Austausch geografischer Informationen verwendet wird. Die bekanntesten Vertreter, die dieses Format verwenden, sind *Google Maps* und *Google Earth*.

Eine Spezialform davon ist *KMZ*: Hier steht das »Z« für »ZIP«, die Datei ist also komprimiert. Auf diese Weise ist es möglich, zusätzliche Elemente wie Icons mit der KML-Datei beisammenzuhalten.

Launcher Der *Launcher* ist sozusagen die »Grafische Benutzeroberfläche« (GUI) von Android – das, was nach dem Entsperren des Bildschirms angezeigt wird. Anders als bei Windows (und eher ähnlich wie bei Linux) gibt es bei Android nicht *den* Launcher, sondern eine ganze Reihe von Alternativen: Angefangen von »besonders Ressourcen schonend« bis hin zu »mit allen (un)möglichen Features«. Mehr Details dazu finden sich in Kapitel 1.3.

Lollipop In diesem Fall nichts zum Lutschen, sondern die **Android-Version** 5.x

Marshmallow Das ist keine Leckerei, sondern Android-Version 6.

MTP Das *Media Transfer Protokoll* löste ab **Android 4.0** den **USB-Massenspeicher** ab. Damit kann bei bestehender USB-Verbindung gleichzeitig vom Androiden und vom Computer auf die SD-Karte (und gegebenenfalls weitere Speichermedien) zugegriffen werden – was allerdings auf dem Computer passende Treiber-Software voraussetzt. Auch ist vom Computer ein Direktzugriff auf die Speicherkarte (zum Beispiel zum Formatieren) damit nicht länger möglich.

MTP http://bit.ly/1WyN686

Nandroid Backup Ein vollständiges System-Backup, das sich zum Beispiel aus dem **Custom-Recovery-Menü** heraus erstellen und auch wiederherstellen lässt. Hier werden nicht einzelne Dateien gesichert, sondern ein Abbild (»Image«) des gesamten Systems wird angelegt. Es ist also ein »Alles-oder-Nichts«: Die Wiederherstellung einzelner Dateien ist hier nicht vorgesehen (jedoch mit speziellen Apps möglich siehe Abschnitt 5.4.2).

Insbesondere bevor man ein Custom-ROM (siehe Abschnitt 6.6.3) einspielt, aber auch generell vor einem System-Update sollte ein Nandroid-Backup angelegt werden. Es ist natürlich auch sonst immer eine gute Idee, ein komplettes Backup zur Hand zu haben.

NFC Nein, nicht **N**ashville **F**ried **C**hicken, sondern ***N**ear **F**ield **C**ommunication*. Dient zum Ultra-Kurzstrecken-Datenaustausch (Reichweite also noch kleiner als bei Bluetooth) und soll unter anderem zum »Bezahlen mit dem Handy« genutzt werden.

NFC http://bit.ly/1RWPx5v

Aber auch Dinge wie »Handy als Autoschlüssel« oder »Handy als Fahrkarte« und so weiter sind denkbar (und schon gedacht worden).

Open Source http:// bit.ly/ 1WyN688

Open Source Bei Open Source liegen die Quellen offen: Hier handelt es sich um Software, bei der jeder Zugriff auf den Quelltext haben kann. So lässt sich nicht nur herausfinden, wie einzelne Funktionalitäten umgesetzt wurden – sondern auch beispielsweise prüfen, ob eventuell Hintertüren eingebaut oder andere Sicherheitsmängel vorhanden sind. Derartige Prüfungen werden etwa bei **F-Droid** durchgeführt und die Apps dann direkt aus dem geprüften Code erstellt.

Backdoor http:// bit.ly/ 1RWPve3

Kotau http:// bit.ly/ 1WyN8gj

OTA Da liegt was in der Luft. Denn OTA steht für ***O**ver **T**he **A**ir*. Ja was denn? Beim Rundfunk ist es »On The Air« und heißt Musik. Bei Phil Collins »In The Air Tonight«. Und bei Android ein »(komplettes) Over The Air Update« – also ein Kotau, sozusagen. Die Frage wäre da nur, wer dabei der Kaiser ist ...

Also, kurz gefasst: Beim *OTA* werden Software-Updates des Herstellers/Providers über das Funknetz des Letzteren verteilt.

Partition http:// bit.ly/ 1RWPx5A

Partition Eine Partition ist ein zusammenhängender Bereich auf einem Datenträger (unter Windows häufig mit einem Laufwerksbuchstaben verbunden).

Auf einem Android-System sind immer mehrere Partitionen in Benutzung, auch wenn nur der interne Speicher zur Verfügung steht (und keine SD-Karte eingelegt ist): So ist das »`/system`« in der Regel nur lesend eingebunden (um Änderungen im Betrieb zu verhindern), während für **Apps** und Daten eine eigene Partition (`/data`) bereitsteht.

Die SD-Karte beinhaltet meist nur eine (in der Regel unter `/sdcard` eingebundene) Partition. Es sind aber auch hier mehrere Partitionen möglich (und werden zum Beispiel mit **App2SD**+/*Link2SD* verwendet) – wobei Android bei Anschluss an den PC via USB nur jeweils die erste Partition davon freigibt.

Weitere Details können zum Beispiel in der Wikipedia nachgelesen werden.

Provider In der Regel ist damit der »Netzanbieter« gemeint (also E-Plus, T-Mobile, A1 & Co).

Zum anderen könnte aber auch ein Dienst des Android-Systems gemeint sein: So stellt etwa der *Location Provider* über eine **API** den Apps die aktuelle Position bereit.

RAM Diese drei Buchstaben stehen für ***R**andom **A**ccess **M**emory* – also Speicher, auf den man nach Belieben an beliebiger Stelle zugreifen kann. Im Gegensatz nicht etwa zu **ROM**, sondern zu Dingern wie Bandlaufwerken (ja, ja, so alt ist der Begriff schon), bei denen man sich erst mühsam vom Start zur gewünschten Position (linear) vortasten muss.

Sowohl auf PCs wie auch auf unseren Androiden ist damit meist der Arbeitsspeicher gemeint, in den die Programme/Apps zur Ausführung geladen werden. Üblicherweise ist dies der Bereich, der generell zu klein ist – oder von dem man halt nie genug haben kann ...

Recovery-Menü Ein separater Bereich des Boot-Menüs (siehe **Bootloader**), aus dem heraus verschiedene Operationen wie **Nandroid-Backup** oder auch das Bereinigen des **Dalvik-Cache** möglich sind.

In das *Recovery-Menü* gelangt man in der Regel durch eine spezielle Tastenkombination beim Einschalten. Diese ist aber zumindest von Hersteller zu Hersteller unterschiedlich. Bei HTC ist es üblicherweise das Halten der »Leiser«-Taste während des Einschaltens. Bei Motorolas Milestone muss die Kamera Taste beim Einschalten gedrückt gehalten und anschließend die »Lauter-Taste« betätigt werden. Und so weiter. Bei Bedarf also am besten im Forum erlesen/erfragen.

Einfacher geht es mit dem bereits in Abschnitt 6.6.3 genannten *ROM Manager*: Diese App erlaubt auch einen direkten Boot ins Recovery-Menü. Ebenso integrieren einige Custom-ROMs einen entsprechenden Punkt in dem Menü, das sich bei langem Drücken der Power-Taste öffnet.

Repository *Ein Repository (engl. für Lager, Depot, Quellen oder Archiv), auch Repositorium, ist ein verwaltetes Verzeichnis zur Speicherung und Beschreibung von digitalen Objekten. Bei den verwalteten Objekten kann es sich beispielsweise um Programme (Software-Repository), Publikationen (Dokumentenserver), Datenmodelle (Metadaten-Repository) oder betriebswirtschaftliche Verfahren handeln. Häufig beinhaltet ein Repository auch Funktionen zur Versionsverwaltung der verwalteten Objekte. (Wikipedia)*

Repository http:// bit.ly/ 1WyN68b

Reset Je nachdem: Siehe **Softreset**, **Hardreset**, **Factory-Reset** sowie **Wipe**.

ROM **R**ichtig **o**ffensichtlicher **M**ist ist diese **r**eal **o**fferierte **M**ehrdeutigkeit: Manchmal hat man den Eindruck, er wurde nur zur Verwirrung der Massen eingeführt. Wer einmal den Namen für eine Android-Komponente nicht kennt, sagt einfach »ROM«. Klingt, als wüsste man voll Bescheid – und die Chance, dass das auch noch Sinn ergibt, ist verdammt hoch ...

Aber im Ernst: Worum geht es hier? Eigentlich steht der Begriff »ROM« für ***R**ead **O**nly **M**emory* – also Speicher, auf den ausschließlich lesend zugegriffen werden kann. Ja, richtig: So wie bei CD-ROM, da steckt das ja auch drin. Nur bei Android, da kann das alles Mögliche sein. Nicht selten sachlich falsch – aber wen kümmert's? Schauen wir uns also die einzelnen Bedeutungen einmal an:

Systemspeicher: Teile des Android-Systems werden in der Tat »nur lesend« eingebunden. Unter anderem eine Schutzmaßnahme, um Veränderungen zu erschweren (damit wir die dusseligen Apps, mit denen uns die Hersteller/Provider »beglücken«, nicht einfach löschen können). So heißt es zum Beispiel in den Spezifikationen des HTC Wildfire: »384 MB RAM; 512 MB ROM«. Nonsens(e): Ein Blick hinter die Kulissen offenbart, dass nur 250 MB read-only (`/system`) eingebunden sind. Die restlichen 250 MB »ROM« stehen zur Installation von Anwendungen zur Verfügung. Read-only? Mitnichten. De facto kann der ganze Bereich jederzeit schreibbar gemacht werden, sofern man **root** hat. Also eher irreführend – richtiger müsste es hier heißen: »interner Speicher« oder – in Abgrenzung vom **RAM** – »interner Flash-Speicher«.

Das System selbst: Um die Verwirrung komplett zu machen, wird auch hier gern von »ROMs« gesprochen (siehe Abschnitt 6.6.3). Das hat schon Tradition: Auch bei älteren Spiele-Konsolen sprach man davon, »ein ROM zu laden«. Dabei handelte es sich aber »seinerzeit« tatsächlich um eine Cartridge – also einen Speicher-Chip, den man an das Gerät ansteckte. Später kamen dann die Emulatoren, die die »antiken Geräte« auf moderner Hardware emulieren können. Und bei diesen kommt die »Cartridge« natürlich in Form einer Datei daher. Den Begriff »ein ROM laden« hat man beibehalten. Und schließlich weiter übertragen.

UOT
uot.dakra.lt

ROM Kitchen ROM-Knast? Nein, gemeint ist der englische Begriff »Küche« (also wenn man schon »Knast« hat). In einem ROM Kitchen kann der Anwender sich sein eigenes **ROM** kochen. Natürlich setzt dies **root** voraus (sonst kann man das fertige »Gericht« nicht servieren/installieren) und ist etwas Geräte-Spezifisches.

XDA: UOT
http://bit.ly/1WyN8gp

Neben »vollständigen ROM-Küchen« gibt es auch noch welche, die sich auf Elemente der Gestaltung beschränken, wie zum Beispiel das UOT (Ultimate Online Kitchen, Beschreibung und Video findet sich bei den XDA-Developers). Hier tauscht man lediglich einzelne Elemente (Batterie-Anzeige in der Statusbar, Icons und so weiter) eines bereits installierten ROMs aus. Natürlich braucht auch dieses root, da sonst kein Austausch von Systemdateien möglich ist.

root Aus Herstellersicht: die Wurzel allen Übels. Objektiv betrachtet: der Administrator (auch »Superuser«) eines Linux-Systems. Der darf alles und kann alles (kaputtmachen auch, ja). Näheres ist im Kapitel 6.1 ausführlicher beschrieben.

RUU

- ***R**adio **U**nit **U**pdate*: Eine Art **update.zip** für das **Radio-Image**, also ein »Firmware-Upgrade«.
- ***R**OM **U**pgrade **U**tility*: Wie der Name bereits sagt, ein Utility zum Upgrade des **ROM**, das entweder vom Hersteller oder von Drittanbietern zur Verfügung gestellt und vom PC aus installiert wird.

Wenn nicht ganz klar ist, was von beidem gemeint ist, ist es in der Regel das Erste – wobei das durchaus mit dem Zweiten identisch sein kann, da die Begriffe oftmals gleichbedeutend verwendet werden. Was mancherorts als »ROM Upgrade Utility« bezeichnet wird, ist nämlich nichts anderes als das Update des Radio-Images ...

Safe Mode Vielen aus der Windows-Welt als »Abgesicherter Modus« bekannt. Bootet man in diesen, werden beim Systemstart alle Anwender-Apps ignoriert. Dies ist beispielsweise hilfreich, wenn das Gerät bei einem normalen Start in einer Force-Close-Schleife festhängt (siehe Abschnitt 5.10.4).

SDK ***Das SDK (S****oftware* ***D****evelopment* ***K****it*) ist die Grundlage für die Android-App-Entwicklung und liegt für die jeweilige Version von Android vor. Es ist aber nicht nur dafür verwendbar, sondern bringt auch einige brauchbare Tools wie **Fastboot**, den **Dalvik** *Debug Monitor* sowie **ADB** mit.

Ergänzt man das Ganze noch um Eclipse, kann es mit der Entwicklung von **Apps** losgehen!

SIP Das Kürzel SIP steht für ***S****ession* ***I****nitiation* ***P****rotocol*. In unserem Zusammenhang kann es quasi als Alias für »Internet-Telefonie« beziehungsweise »IP-Telefonie« betrachtet werden, da es bei dieser zum Einsatz kommt.

S-OFF Mit *S-OFF* (kurz für Security off) ist der volle Zugriff (lesen und schreiben) auf den **Bootloader** gemeint. Üblich ist dieses »secu_flag« nur bei HTC, somit kann man es bei Nicht-HTC-Geräten ignorieren. Eine ausführliche Beschreibung findet sich unter anderem bei AddictiveTips in englischer Sprache.

Softreset Ein »weiches« Herunterfahren des Systems, wenn nichts mehr geht – vergleichbar mit [Strg]+[Alt]+[Entf] am PC. Siehe *Weiches Zurücksetzen* (Abschnitt 2.4.1) für Details.

Stack Exchange Das *Stack Exchange* Network ist eine vernetzte Gruppe von Communitys, auf denen sich im Frage-und-Antwort-Stil über diverse Probleme (und natürlich deren Lösungen) ausgetauscht wird. Die Inhalte stehen unter einer Creative-Commons-Lizenz, wie auch dieses Buch.

Der Name setzt sich aus zwei Wörtern zusammen: »Stack« (Stapel, Packen, Aufschichtung) und »Exchange« (Austausch) – was den Charakter des Netzwerks recht gut beschreibt: Zum Austausch steht ein ganzer Stapel verschiedener themenspezifischer Sites zur Verfügung, die untereinander vernetzt sind. Sei es zu technischen Aspekten wie Android, Ubuntu, Software Recommendations und Datenbanken, zu diversen wissenschaftlichen oder kulturellen Themengebieten oder gar zu Lifestyle-Themen; für jeden ist etwas dabei. Über 100 Sites sind es mittlerweile, und es kommen ständig neue hinzu. Allen »Stacks« gemein ist die Sprache zur Verständigung: Englisch. Ebenfalls gemein ist das Benutzer-Konto, will man sich aktiv beteiligen: ein Account für alle beteiligten Sites.

Viele Verweise aus diesem Buch gehen in dieses Netzwerk, in dem ich selbst auch (u. a. als *Community Moderator*) aktiv bin.

Eclipse http://bit.ly/1RWPxm1

SIP http://bit.ly/2Ohz3pQ

AddictiveTips http://bit.ly/1WyN8wl

Stack Exchange http://bit.ly/1RWPxm4

Creative Commons http://bit.ly/1WyN8wJ

Datenbanken dba.stackexchange.com

AskUbuntu askubuntu.com

Android.SE http://bit.ly/1RWPvuA

SoftwareRecs http://bit.ly/1VeiBTy

tar http:// bit.ly/ 1WyN8wS

Tar-Archiv ***Die Abkürzung steht für*** **T***ape* **Ar***chiver*, da ursprünglich für Backups auf Bandlaufwerke gedacht. Doch auch heute noch ist tar unter Unix/Linux ein oft genutztes Packprogramm.

Tethering Die Leinen los! Ja, so kam es einigen vor, als das mit *Froyo* zur Standard-Funktionalität wurde: Mittels Tethering (siehe 2.1.1.3) lässt sich die mobile Internet-Verbindung mit anderen Geräten teilen.

UMTS http:// bit.ly/ 1RWPxCA

UMTS UMTS (**U***niversal* **M***obile* **T***elecommunications* **S***ystem*) ist ein Mobilfunkstandard der dritten Generation und wird deshalb umgangssprachlich auch einfach **3G** genannt. Seine maximale Datenrate liegt – wie übrigens auch die der **2G**-Erweiterung **EDGE** – bei 384 kBit/s. Schneller wird es mit der Erweiterung **HSDPA**.

Unroot Rückgängigmachen des sogenannten »Rootens« (siehe **root**), also das System wieder vom root-Zugang befreien (und in den Hersteller-konformen Zustand zurücküberführen). Dies geschieht in der Regel durch das **Flashen** einer Stock-Firmware (sauberste Variante) im Abschnitt 6.6.1– wobei mittlerweile auch etliche Rooting-Tools eine entsprechende »Undo-Funktion« anbieten.

Update Das Ersetzen etwas Bestehenden durch etwas Neueres. Meist handelt es sich hier um eine Fehlerbereinigung von System oder Apps, aber auch neue/zusätzliche Features können damit einhergehen.

Update.Zip Ganz offensichtlich eine Datei. Und ebenso offensichtlich will diese etwas aktualisieren – nur was?

Titanium Backup

Es handelt sich hier um ein »flashbares Update«. Offizielle Firmware-Updates kommen oft unter diesem Namen daher. Und da das System eine solche Datei, so sie im Wurzel-Verzeichnis der SD-Karte liegt, als ein solches betrachtet, lässt sich auf diese Weise auch so einiges anderes ins System mogeln. Das nutzt zum Beispiel *Titanium Backup* aus, wenn es ein `update.zip` erstellt.

Einspielen lässt es sich zum Beispiel über das **Recovery**-Menü.

Upgrade Ist mit einem **Update** ein Versionssprung verbunden (etwa von Eclair auf Froyo oder von Froyo auf Gingerbread oder gleich von Eclair auf Gingerbread), spricht man von einem Upgrade.

Wechseldatenträger http:// bit.ly/ 1WyN8Ne

USB-Massenspeicher Taucht der Speicher des Androiden nach dem Verbinden mit dem Computer per USB-Kabel wie von Zauberhand als Wechseldatenträger auf Letzterem auf, handelt es sich dabei um **USB-Massenspeicher**. Ein Teil des Androiden wird quasi zum »Kartenleser« umfunktioniert, der Computer erhält somit »Vollzugriff« – was sich auch zum Formatieren der Karte (oder zum Retten versehentlich gelöschter Daten) nutzen lässt. Da dies jedoch eine dedizierte **Partition** voraussetzt, die entweder nur am Computer oder nur auf dem Androiden bereitstehen kann, setzt Android ab **Version 4.0** stattdessen auf **MTP**.

VoIP Abkürzung für ***V**oice **o**ver **IP*** oder auch »Internet-Telefonie«. Aber so wie man heute simst (SMS schickt), googelt (mit Google sucht) und skypt (mit Skype chattet oder telefoniert), so voipt man auch.

VPN Steht für ***V**irtual **P**rivate **N**etwork* – zu Deutsch: Virtuelles Privates Netzwerk. Hier wird vom Client eine verschlüsselte Verbindung zu einem VPN-Server aufgebaut, der Ersteren sodann in sein eigenes Netz integriert. Aller Datenverkehr lässt sich somit über diese verschlüsselte Strecke leiten – sodass die übertragenen Daten vor Schnüfflern (etwa in offenen WLANs) relativ sicher sind.

VPN http:// bit.ly/ 1RWPxCF

WebDAV Die Abkürzung WebDAV steht für ***Web**-based **D**istributed **Au**thoring and **V**ersioning* und ist ein offener Standard zur Bereitstellung von Dateien im Internet – kann also quasi für »Online-Festplatten« genutzt werden. Doch nicht nur das, auch einige andere Dienste setzen darauf auf. Beispiele wären etwa **CalDAV** und **CardDAV**.

WebDAV http:// bit.ly/ 1Plbevz

Wipe Wörtlich übersetzt: Löschen. Das »Was« ist hier allerdings die Frage. Und da kommt es darauf an, wen man fragt beziehungsweise wie man den Wipe initialisiert.

- **Factory-Reset:** Eine Form des Wipe ist mit diesem gleichbedeutend, denn sie löscht lediglich die `/data`-**Partition** und den Cache. Das ist der Bereich, in dem die selbst installierten Apps sowie die Daten abgelegt werden.
- **Dalvik-Cache:** Mit dem Wipe/Löschen des Dalvik-Cache erzwingt man eine Neu-Übersetzung des Programmcodes aller Apps. Damit geht kein Datenverlust einher: Lediglich der nächste Gerätestart dauert etwas länger.
- **Komplett-Wipe:** Den gibt es in verschiedenen Versionen des **Recovery**-Menüs. Sollte nur ausgeführt werden, wenn man auch wirklich weiß, was man da tut: Der löscht nämlich alle Daten von allen Partitionen, auch von `/system`. Danach geht dann nichts mehr – es lässt sich lediglich ein neues **ROM** einspielen.

XML *Die e**X**tensible **M**arkup **L**anguage* stellt hierarchisch strukturierte Daten in Form von Textdaten dar, und wird unter anderem für den plattform- und implementationsunabhängigen Austausch von Daten zwischen Computersystemen eingesetzt. Normalerweise enthalten XML-Dateien keinen Binärcode, auch wenn dies aufgrund der Erweiterbarkeit durchaus möglich ist. Daher kann man selbige notfalls auch im »Texteditor« betrachten – wenn auch nicht unbedingt sehr komfortabel.

XML http:// bit.ly/ 1WyN8Ni

Weiterführende Informationen finden sich in der Wikipedia.

Stichwortverzeichnis

2G
- Energieverbrauch, 210

A

Abgesicherter Modus, 267
Account-Manager, 180
ADB, 229
- installieren, 229
Akku
- Laufzeit verlängern, 197, 204
- Verbrauch, 161
- Verbrauch anzeigen, 206
aLogCat, 160
Amazon
- App-Shop, 55
Andmade Share, 184
Android
- auf PC sichern, 76
Android Beam, 78
Android Debug Bridge, 219
Android Drawer, 56
Angriff
- aus dem Netz, 116
Anrufeinstellung, 43
Anschalten, 19
Antivirus-App, 107
Anwendung, 49
Apotheken-App, 89
App
- alternative Quellen, 58
- am PC anzeigen, 150
- auf mehreren Geräten, 147
- auslagern, 198
- automatisch aktualisieren, 155
- automatischer Start verhindern, 193
- Banking, 90
- Definition, 45
- deinstallieren, 50, 57
- Diebstahl-Schutz, 109
- Fahrpläne, 87
- Hyperlink, 85
- organisieren, 59
- Rauchentwöhnung, 89
- System-Info, 100
- unnütze entfernen, 201
- verwalten, 49
- vorinstallierte entfernen, 196
- Zugriffserlaubnis, 112
- ältere Versionen, 159
App-Drawer, 36
AppBrain, 53
Application, 45
AppMonster, 58
ART-Cache, 73
Augmented Reality, 95
Authenticate_Accounts, 180

B

Backup, 61, 162
- ohne root, 67
Banking-App, 90
Barcode-Reader, 90
Bedienung, 19
Benachrichtigung
- verbieten, 28
Benachrichtigungsbereich, 26
Benachrichtigungsleiste, 25
Benachrichtigungsverlauf, 29
Benutzer-Konto
- verwalten, 180
Benutzer-Typ, 103
Benutzerverwaltung, 103
Bildschirm-Foto, 20
Bluetooth, 77

C

Cache
- bereinigen, 200
- leeren, 50
Carbon Backup, 69
Closed Source, 217
Code
- Geräte-, Hersteller- und systemspezifischer Code, 247
Custom-ROM, 213

D

Dalvik-Cache, 73
Datei
- kopieren, 225
Daten
- Googles Nutzung, 125
- löschen, 50
- retten, 227
- von Google gesammelt, 124
Datenaustausch
- PC, 75
Datensammeln
- WhatsApp, 129
Datensicherung, 61
Datenvolumen
- Verbrauch prüfen, 171
Default-App
- vorbelegen, 51
Digitales Testament, 128

E

eBook-Reader, 84
- App, 85
Edge, 212

Eingeschränktes Profil, 115
Energieverbrauch
– Kamera, 206
– mobiler Datenabgleich, 205
– Netzwerk-Zugriffe, 205
– SD-Karte, 205
– senken, 204
Expandable Notifications, 28

F

F-Droid, 56
Fahrplan, 87
Fehler
– 25, 153
– 502 beim Download, 153
– Error RPC S-5:AEC-0, 153
Fernbedienung
– Multimedia-Geräte, 96
– PC, 96
Firewall, 106
Force Close Loop, 184
Foto
– speichern, 166

G

Galerie, 182
Gebogener Pfeil, 21
Gerät
– orten, 110
– Vorbereitung zum Verkauf, 178
Gerätebezogene Informationen, 124
Gesundheit-App, 88
Get_Accounts, 180
GMV, 105
Google Cloud Backup, 64, 119, 181
Google Maps, 182
Google Now
– deaktivieren, 135
Google Play Store
– bezahlen, 156
– Server nicht erreichbar, 151
– verschwunden, 148
Google Play-Dienste
– Akkuverbrauch, 161
Google Standort Dienst, 124
Google-Account, 120, 147
– mehrere, 148
– ändern, 147
Googles Datenschutzerklärung, 124
GSM-Code, 247

H

Hardreset, 72
Hausautomatisierung, 96
Hausüberwachung, 96
Helium Backup, 69
Home-Key, 21
Homescreen, 33

I

Installation
– schlägt fehl, 151
Interne SD-Karte, 63
Internetzugriff
– sperren, 215

K

Kabel, 187
Kalender-App, 91
Kamera-App, 98
Kinderschutz, 114
Kindle, 84
Knopf, 19
Kontaktdaten
– Schutz, 121

L

Location Services, 123
Log-Datei, 221
LTE, 212

M

Malware, 105
Manage_Accounts, 180
Mobiles Datennetz, 39
Mobilfunknetz, 40
Mobilität
– Verkehrsmittel, 87
Modifikation des Share-Menüs, 184
Monitoring, 100
Mouse-Over-Menü
– bedienen, 170
Multi-Tasking-Taste, 21
MyPhoneExplorer, 76

N

Nahrungsmittel, 88
Nandroid-Backup, 163
Near Field Communication (NFC), 79
Netzanbieter-Funktion
– Steuer-Codes, 245
Netzteil, 187
Notfall-App, 89
Notification Area, 26
Notification Bar, 25

O

Öffentlicher Markt, 55
Ordner
– anlegen, 59
Ortsdaten-Cache, 124
Ortsdienst, 123

P

Paketname, 219
PDF-Datei, 93
Permission
– prüfen, 106
Permission Group, 233
Play Sstore
– Ergänzungen, 52
Plays Store, 46
Power-Knopf, 19
Power-Menü, 20
PRISM, 131
Privatsphäre, 31, 32
– Einstellungen, 122
Profil, 104
Profil-Wechsel, 20
Protection Level, 233
Protokolldaten, 125

Q

Quelle
- prüfen, 105
- unbekannte, 179
Quick Settings, 44

R

RAM
- bereinigen, 200
Rauchentwöhnung-App, 89
Reset, 72
Rezepte-App, 88
Rich Notifications, 27
Roaming, 39, 173
ROM, 212
root-Zugang
- erlangen, 191
- Risiken, 191
- Vorteile, 190
Routenplanung-App, 88
Rufumleitung, 173
- deaktivieren, 173

S

Safe Mode, 74, 185
Schmier-Attacke, 178
Schmutz-Attacke, 178
Schnelleinstellungen, 44
Schutz
- Kinderschutz, 114
- Konten, 122
- Privatsphäre, 119
Screenshot, 183
SD-Karte, 166
- App verschieben, 168
- externe, 63
- Speicherplatz, 166
Server
- überwachen, 96
Service-Code, 245, 246
Shell-Zugriff, 221
Shortcut, 35
- erstellen, 218
Sichern, 62
SIP-Einstellung, 175
SIP-Konto, 43
Skype, 82
Sleep as an Droid, 98
SlideMe, 56
Smart Lock für Passwörter, 181
SMS, 182
Smudge Attack, 178
Soft Key, 20
Softreset, 71
Speicher
- bereinigen, 200
Speicherkarte, 166
Sperrbildschirm, 22, 23
Standardeinstellung
- zurücksetzen, 51
Standort-Informationen, 125
Standortdaten, 182
Standortdienst, 123
Standortverlauf
- deaktivieren, 127
Steuer-Code, 245
Stock-ROM, 212
SuperBeam, 80
Synchronisation, 122
- Kalender, 182

T

Tastatur, 99
Telefon-App, 50
Telefon-Widget, 82
Telefonie, 81
Termin
- Schutz, 121
Tethering, 42
Threema, 83
Titanium Backup, 69
Touchscreen
- verschmiert, 178

U

UMTS, 212
Use_Credentials, 181
USSD-Code, 245, 246

V

Vendor-ROM, 212
Verbindung
- verschlüsselte, 116
Verbindungsdaten
- Privatsphäre, 144
Verlust, 109
Verschlüsselung, 100
Video
- speichern, 166
Video-Player, 97
Virus, 105
Vollständiges Backup
- ohne root, 67
Vorratsdatenspeicherung, 146

W

Webprotokoll, 126
Wecker, 98
Werbemodul, 137
Werbung
- aggressive, 141
- Benachrichtigungsleiste, 184
Werksreset, 72
WhatsApp, 83
Widget, 35
Wipe, 179
Wischgeste, 22
WLAN, 38
- offenes, 116

Z

Zeiterfassung, 94
Zugangscode, 113
Zurücksetzen, 71
- Werkseinstellungen, 72
Zwei-Finger-Geste, 22